Lothar Krisch

Fernsehtechnik

Aus dem Programm Nachrichtentechnik

Schaltungen der Nachrichtentechnik
von D. Stoll

Verstärkertechnik
von D. Ehrhardt

Berechnungs- und Entwurfsverfahren der Hochfrequenztechnik
von R. Geißler, W. Kammerloh und H.W. Schneider

Entwurf analoger und digitaler Filter
von O. Mildenberger

Mobilfunknetze
von R. Eberhardt und W. Franz

Optoelektronik
von D. Jansen

Signalanalyse
von W. Bachmann

Digitale Signalverarbeitung
von Ad. v. d. Enden und N. Verhoeckx

Analyse digitaler Signale
von W. Lechner und N. Lohl

Weitverkehrstechnik
von K. Kief

Fernsehtechnik
von L. Krisch

Methoden der digitalen Bildsignalverarbeitung
von P. Zamperoni

Lothar Krisch

Fernsehtechnik

Grundlagen
Verfahren
Systeme

Mit 143 Abbildungen, 15 Tabellen und 65 Aufgaben mit Lösungen

Herausgegeben von Wolfgang Schneider

vieweg

Die Deutsche Bibliothek – CIP-Einheitsaufnahme

Krisch, Lothar:
Fernsehtechnik: Grundlagen, Verfahren, Systeme;
mit 15 Tabellen und 65 Aufgaben mit Lösungen /
Lothar Krisch. Hrsg. von Wolfgang Schneider. –
Braunschweig; Wiesbaden: Vieweg, 1993
ISBN-13: 978-3-528-04920-1 e-ISBN-13: 978-3-322-86500-7
DOI: 10.1007/978-3-322-86500-7

Der Verlag Vieweg ist ein Unternehmen der Verlagsgruppe Bertelsmann International.

Umschlaggestaltung: Klaus Birk, Wiesbaden

Gedruckt auf säurefreiem Papier

ISBN-13: 978-3-528-04920-1

Vorwort

Die stürmische Entwicklung der Mikroelektronik hat auch beim Fernsehen bedeutende Entwicklungen ausgelöst. Die digitale Signalverarbeitung hielt Einzug in die Geräte der Fernsehtechnik. Die Breitbandübertragung über Satelliten und Lichtwellenleiter ermöglicht neue, leistungsfähigere Fernsehübertragungstechniken. Unsere bewährten Farbfernsehsysteme müssen durchdacht werden. Neue Fernsehsysteme – ohne die mangelhaften Beeinflussungen zwischen Helligkeit und Farbe und mit verbesserter Detailauflösung – sind bereits eingeführt (MAC) oder werden weltweilt lebhaft diskutiert (hochauflösendes Breitwandfernsehen HDTV). Bei allen Neuerungen kommt dem Übergang von den jetzigen Standardsystemen zu den neuen Fernsehsystemen besondere Aufmerksamkeit zu.

Die begonnene rasche Weiterentwicklung der Fernsehsysteme ist von großer technischer und ökonomischer Bedeutung. Für alle an der Entwicklung Beteiligten ist das Wissen um die bestehenden Prinzipien der Fernsehübertragung unabdingbar.

Mit diesem Buch wende ich mich an Ingenieure, Techniker und Studenten. Der mathematische Aufwand wurde möglichst niedrig gehalten. Es werden mathematische und elektrotechnische Kenntnisse erwartet, wie sie ein Student der Elektrotechnik an einer Universität oder Fachhochschule in den ersten Semestern erwirbt. Viele dargestellte Verfahren können aber auch ohne diese Vorkenntnisse gut begriffen werden.

Es kommt mir stets auf das Verständnis der nicht immer einfachen prinzipiellen Zusammenhänge an. Dabei ist es ebenso notwendig, die verschiedensten Gebiete wie beispielsweise subjektive Hellempfindungen, Farbmetrik und Modulationsverfahren anzusprechen. Auf die Beschreibung detaillierter Schaltungen habe ich jedoch zugunsten von Systemdarstellungen vollständig verzichtet. Zum einen existiert dazu gute Literatur, zum anderen werden Einzelschaltungen immer mehr durch digitale Signalverarbeitung ersetzt werden.

Auch bei der Darstellung der heute bekannten Verfahren des hochauflösenden Fernsehens (Kapitel 10) habe ich mich auf die Prinzipien beschränkt. Für das tiefere Verständnis der Details sind erhebliche theoretische Kenntnisse auf den Gebieten der Codier-, Signalverarbeitungs- und Nachrichtentechnik erforderlich.

Allen, die zum Gelingen des Buches beigetragen haben, danke ich an dieser Stelle. Mein Dank gilt insbesondere meiner Frau Ulrike Krisch für die Durchsicht und dem Herausgeber Professor Dr. W. Schneider für das Korrekturlesen des Manuskriptes. Für die gute und angenehme Zusammenarbeit bedanke ich mich beim Herausgeber und beim Verlag.

Kaiserslautern, Sommer 1993 *Lothar Krisch*

Inhaltsverzeichnis

1 Farbkomponenten, Bildabtastung und Übertragung – ein Überblick

Beim Fernsehen geht es um die elektrische Übertragung von farbigen Bewegtbildern einschließlich der dazugehörigen Toninformationen.

Während die Umwandlung der akustischen Signale in elektrische lediglich akusto-optische Wandler erfordert, müssen Bildsignale mit der opto-elektrischen Wandlung nach Farbkomponenten zerlegt und die Bildfläche in viele kleine Bildpunkte aufgeteilt werden. Die Information der einzelnen Bildpunkte wird dann durch den Abtastvorgang nacheinander als serielles elektrisches Signal übertragen. Auf der Empfängerseite erfolgt mit der elektro-optischen Rückwandlung auch die Erzeugung des flächigen Bildes.

1.1 Farbkomponenten eines Bildes

Licht besitzt physikalisch eine Doppelnatur. Man kann es als eine Ansammlung von Energiequanten (Lichtquanten) und auch als elektromagnetische Strahlung verstehen.

Für die elektromagnetische Strahlung gilt der bekannte Zusammenhang zwischen Wellenlänge und Frequenz:

$$\lambda = c/f \qquad (1.1)$$

mit λ = Wellenlänge
c = 300.000 km/s Ausbreitungsgeschwindigkeit im Freiraum (Vakuum)
f = Frequenz in 10^{17} Hz

Üblicherweise kennzeichnet man die elektromagnetische Seite des Lichtes durch die Freiraumwellenlänge der Gl.(1.1).

Das menschliche Auge besitzt Hell- und Farbempfindung im Wellenlängen-Bereich zwischen 400 nm (blau) bis 700 nm (rot).

Die relative Hellempfindung des Auges verläuft wie in Bild1.1 dargestellt. Bei Dunkelheit verschiebt sich die Kurve in Bild 1.1 zu kleineren Wellenlängen-Werten. Genauere Kurven sind in der Literatur (z.B. [5.01]) zu finden.

Verantwortlich für das Sehempfinden sind fotochemische Vorgänge in Stäbchen und Zäpfchen des menschlichen Auges. Dabei sind die Stäbchen (ca. 120 Millionen) Hell-Dunkel-Sensoren, während die Zäpfchen (ca. 4 bis 7 Millionen) auch Farbempfindungen erzeugen.

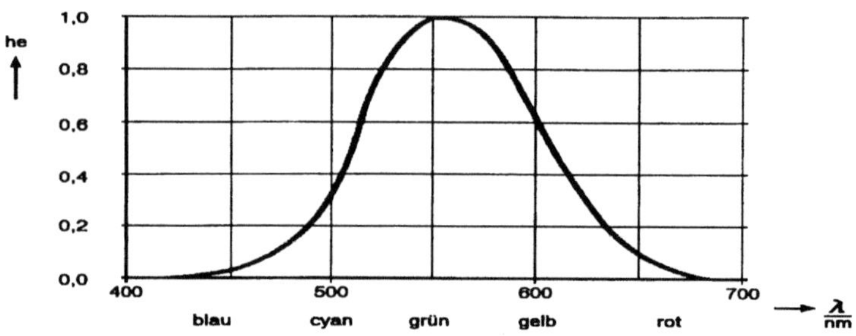

Bild 1.1 Relative Hellempfindung als Funktion der Wellenlänge

Es gibt drei Zäpfchenarten. Sie unterscheiden sich in ihrer spektralen Sensitivität. Man kann grob von rot-, grün- und blau-empfindlichen Zäpfchen sprechen. Die relativen Erregungen bestimmen die Farbtonempfindung. Die Zäpfchen sind jedoch gegenüber den Stäbchen vergleichsweise unempfindlich. Bei Dunkelheit reagieren daher lediglich die wesentlich empfindlicheren Stäbchen, so daß wir dann keine Farbempfindung mehr haben.

Unser Auge löst Farbunterschiede weit schlechter auf als Helligkeitsunterschiede. Dies hat beim Fernsehen praktische Auswirkungen: Für die Übertragung der Farbinformation wird erheblich weniger Bandbreite als für die Übertragung der Helligkeitsinformation benötigt (Einzelheiten s. Kapitel 6).

In der Natur kommen keine spektralreinen (monochromatischen) Farben, wie sie z.B. von Lasern erzeugt werden, vor. Vielmehr finden wir stets Mischfarben. Es handelt sich um Strahlungen mit breiten Spektren bis hin zu weißem Licht, dessen ebenes Spektrum über den gesamten sichtbaren Bereich reicht.

Ziel der Farbzerlegung bei der Aufnahme und der Farberzeugung während der Wiedergabe von Fernsehbildern ist die Aufteilung des Farbbildes in möglichst wenige spektrale Komponenten. Nach der Dreifarbentheorie läßt sich nun jeder Farbeindruck durch additives Mischen von Licht aus drei monochromatischen Quellen geeigneter Wellenlängen erzeugen. Das gelingt auch tatsächlich – wenigstens näherungsweise – mit den von der IBK (Internationale Beleuchtungs-Kommission, auch CIE = Commission Internationale de l'Eclairage) festgelegten Strahlern.

Die Wellenlängen dieser Quellen wurden wie folgt festgelegt:

$$\begin{aligned} \lambda_{PR} &= 700{,}0\,\text{nm} \quad &\text{Rot} \\ \lambda_{PG} &= 546{,}1\,\text{nm} \quad &\text{Grün} \\ \lambda_{PB} &= 435{,}8\,\text{nm} \quad &\text{Blau} \end{aligned} \tag{1.2}$$

Beim Fernsehen muß man allerdings insbesondere auf die bei der Wiedergabe verfügbaren Leuchtstoffe Rücksicht nehmen. Aus diesem Grunde konnten für das Fernsehen auch keine monochromatischen Strahler festgelegt werden, sondern lediglich solche mit stark gesättigten Farben. Man benutzt die Fernseh-Normfarben Rot, Grün und Blau. Ihre spektralen Schwerpunkte weichen geringfügig von den Wellenlängen der

Gl. (1.2) ab. Darüberhinaus gibt es kleine Unterschiede zwischen den Fernsehsystemen NTSC auf der einen und SECAM, PAL auf der anderen Seite.

Bei der Aufnahme von Fernsehbildern werden prinzipiell drei Farbauszüge erzeugt und danach über Kameras in drei elektrische Signale umgewandelt.

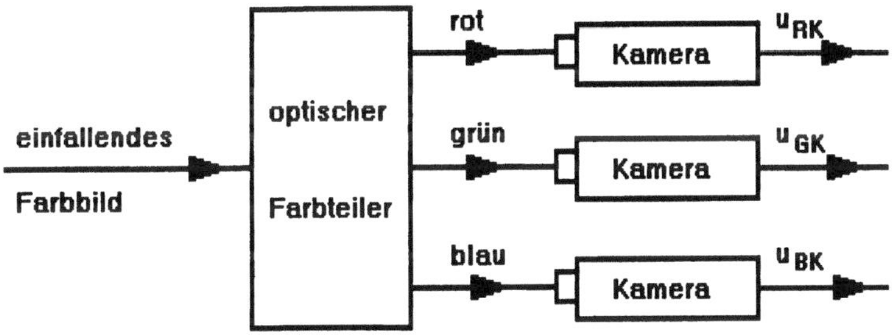

Bild 1.2 Prinzip der Farbbildaufnahme

Wiedergabeseitig werden die drei elektrischen Signale zur Ansteuerung von drei Wiedergabeeinheiten benutzt. Deren Bilder werden aufeinander projeziert (s. Bild 1.3).

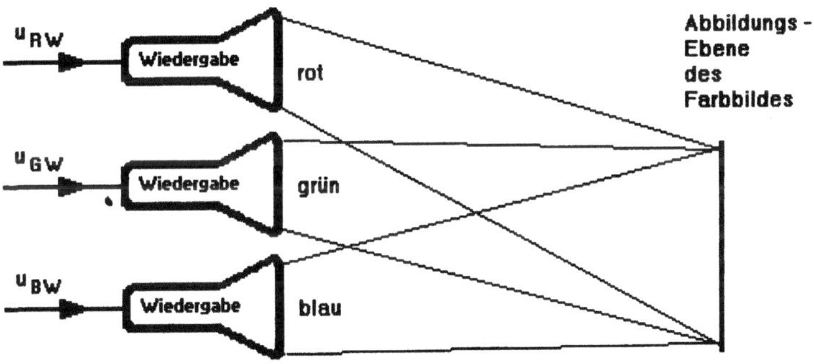

Bild 1.3 Prinzip der Farbbildwiedergabe

In unseren Heim-Fernsehempfängern sind die drei Wiedergabeeinheiten in der Bildröhre vereint. Die drei Farbbilder entstehen gemeinsam direkt auf dem Leuchtschirm.

1.2 Bildabtastung

Zur Übertragung eines zweidimensionalen Bildes wird es in viele kleine Bildpunkte aufgeteilt. Jeder Bildpunkt existiert wegen der drei Farbkomponenten jeweils für Rot, Grün und Blau. Die Helligkeitswerte aller Punkte werden nun fortlaufend nacheinander übertragen (s. Bild 1.4).

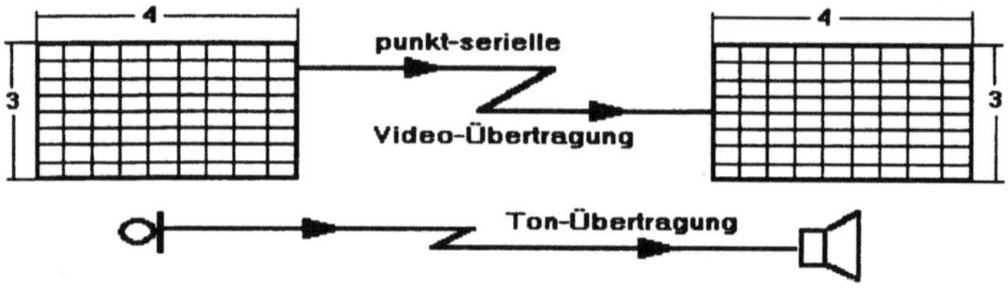

Bild 1.4 Standard-Bildaufteilung im Verhältnis 4:3

Geht man von der Standardbildaufteilung 4:3 aus und unterstellt man gleiche horizontale wie vertikale Bildauflösung, so ergeben sich bei den in Europa üblichen 625 Zeilen je Bild ca. 500.000 Bildpunkte für die gesamte Bildfläche. Für ein Farbbild ist mit dem Dreifachen zu rechnen. Eine so große Anzahl an Signalwerten läßt sich sinnvoll nur im Zeitmultiplex – also seriell – übertragen.

Ein Fernsehbild wird zu diesem Zweck zeilenweise von oben links beginnend abgetastet (s. Bild 1.5).

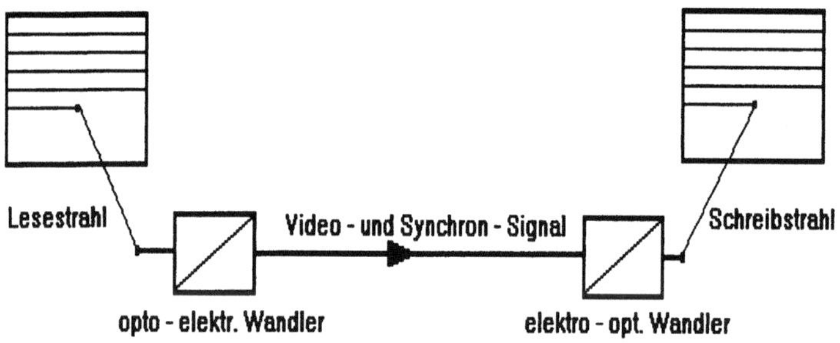

Bild 1.5 Abtastprinzip

Während der Lesestrahl jeweils von links nach rechts läuft, überstreicht er kontinuierlich alle Punkte einer Zeile. Die Signalwerte der einzelnen Bildpunkte gehen dabei ineinander über, es entsteht ein analoges stetiges Signal. Am Ende jeder Zeile wird der Lesestrahl schnell wieder nach links geführt ohne dabei abzutasten. Danach wiederholt sich der Vorgang für die nächst tiefer liegende Zeile. Am unteren Ende des Bildes angekommen, wird der Strahl ohne Abtastung nach oben links zum Ausgangspunkt zurückgeführt.

Auf der Wiedergabeseite verläuft der Vorgang synchron. Dies wird durch zusätzlich übertragene Synchronisierungssignale erreicht. Die Synchronisation wird getrennt für die horizontale und vertikale Abtastrichtung durchgeführt, man verwendet sogenannte H- und V-Synchronimpulse.

Es sei daran erinnert, daß die Abtastung und Wiedergabe jeweils parallel für die drei Farbkomponenten Rot, Grün und Blau erfolgt.

Die Zeilen der Bilder in Bild 1.5 verlaufen annähernd horizontal. Nun bewegen sich die elektronischen Lese- und Schreibstrahlen bei Aufnahme- und Wiedergaberöhren aber gleichzeitig horizontal und vertikal. Dadurch liegen die Zeilenenden geringfügig tiefer als die Anfänge, die Zeilen verlaufen etwas schräg. Dies ist praktisch jedoch bedeutungslos. Es fällt lediglich bei Bildern mit sehr geringen Zeilenzahlen auf (wie z.B. in Bild 1.6).

1.3 Bildwechselfrequenz und Zeilensprungverfahren

Bei der Wiedergabe eines kontinuierlichen Bewegungsablaufs müssen erfahrungsgemäß mindestens 16 Bilder/s wiedergegeben werden. Andernfalls erscheinen die Bewegungen ruckartig. In der Kinotechnik arbeitet man mit 24 Bilder/s. Das dabei immer noch auftretende Flimmern wird durch die zwei- oder dreimalige Wiedergabe des gleichen Bildes beseitigt.

Beim Fernsehen werden in Europa 25 Bilder/s und in Nordamerika 30 Bilder/s übertragen und wiedergegeben. Die Unterschiede sind historisch bedingt und beruhen auf der anfänglich so wichtigen Verkopplung mit der jeweiligen Netzfrequenz von 50 Hz bzw. 60 Hz. Netzfrequente Einflüsse (z.B. magnetische Streufelder des Netztransformators) führten zu groben Störmustern auf dem Bildschirm. Durch die feste Verkopplung mit der Netzfrequenz erreichte man wenigstens feststehende Störmuster. Sie sind weniger unangenehm als solche, die ständig über den Fernsehschirm laufen.

Die Wiedergabe eines Fernsehbildes erfolgt nicht durch eine trägheitslose Bildprojektion auf eine Leinwand, wie sie in der Kinotechnik angewandt wird. Vielmehr wird auch heute noch meist eine Bildröhre eingesetzt. Es handelt sich dabei um eine Braun'sche Elektronenstrahlröhre, bei der ein oder mehrere Elektronenstrahlen die Bildpunkte des Leuchtschirms zum Leuchten anregen. Die Intensität der Lichtabgabe muß jedoch nach der Anregung rasch wieder abfallen, damit das nächste zu übertragende Bild neu aufgebaut werden kann. Dies führt dazu, daß beispielsweise die oberen Teile des Schirmes bereits wieder dunkel sind, wenn der Schreibstrahl am unteren Bildrand angekommen ist. Das Bild flimmert. Das Problem wird gelöst durch Anwendung des Zeilensprungverfahrens. Man beschreibt jeweils nur jede zweite Zeile eines Bildes und erst danach die dazwischenliegenden (s. Bild 1.6).

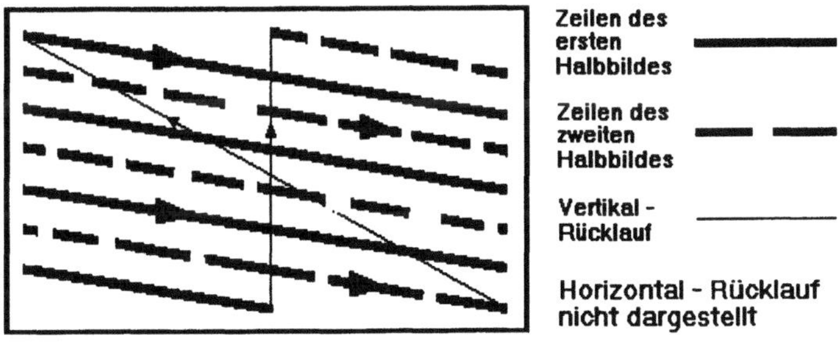

Bild 1.6 Zeilensprungverfahren

Beim Fernsehen werden demnach statt der 25 bzw. 30 Bilder/s Halbbilder abgetastet, übertragen und wiedergegeben. Die vertikalen Abtastfrequenzen f_V betragen:

- 50 HB/s (f_V) Europa u.a. (1.3a)
- 60 HB/s (f_V) Nordamerika, Japan (1.3b)

1.4 Anzahl der Bildzeilen und Basisbandbreite

Die Anzahl der Zeilen bestimmt die vertikale Auflösung. Sie ist vernünftigerweise auch Maßstab für die horizontale Auflösung. Die Anzahl der Bildpunkte und damit die Übertragungsbandbreite des Videosignals wächst somit quadratisch mit der Zeilenzahl. Aus diesem Grunde kann sie nicht einfach so hoch gewählt werden, daß sie sowohl für kleine als auch für sehr große Bilder gute Auflösung bringt.

Unter Berücksichtigung des Auflösungsvermögens unserer Augen und eines mittleren Betrachtungsabstandes, der als das Fünffache der Bildhöhe angenommen wird, kommt man zu ca. 500 Zeilen eines Fernsehbildes.

Nach CCIR (Comité Consultatif International des Radiocommunications) [N.01] sind die wichtigsten Zeilenzahlen:

- 625 Z/B Europa u.a. (CCIR-Norm B,G,D,H,I,K,K1,L) (1.4a)
- 525 Z/B Nordamerika, Japan u.a. (CCIR-Norm M) (1.4b)

Die nachfolgend nach CCIR festgelegten Zeilenzahlen sind überholt. Sie haben sich nicht allgemein durchgesetzt. Dies sind

- 405 Z/B Großbritannien (CCIR-Norm A) (1.5a)
- 819 Z/B Frankreich, Belgien (CCIR-Norm E,F) (1.5b)

Aus den Zeilenzahlen und der Bildwechselfrequenz ergeben sich Zeilenfrequenzen f_H und Zeilendauern T_H zu:

- $f_H = 15{,}625$ KHz, $T_H = 64\ \mu s$ Zeilenfrequenz und Zeilendauer für 625Z/B-50HB/s-Systeme (1.6a)
- $f_H = 15{,}750$ KHz, $T_H = 63{,}5\ \mu s$ Zeilenfrequenz und Zeilendauer für 525Z/B-60HB/s-Systeme (1.6b)

Für den Zeilenrücklauf von rechts nach links, während dessen keine Bildinformation übertragen wird, wird Zeit benötigt. Die Dauer des sichtbaren Teils der Zeilen ist daher geringer. Ebenso tragen die Zeilen während des vertikalen Halbbildrücklaufs keine Bildinformation, es stehen somit weniger Zeilen für das Bild zur Verfügung. Man spricht vom sichtbaren Teil des Bildes.

Hierfür stehen dann etwa zur Verfügung:

- 575 Z/B — sichtbare Zeilen (1.7a)
  für 625Z/B-50HB/s-Systeme
  mit 50 Z/B Rücklauf (ca.8%)
- 485 Z/B — sichtbare Zeilen (1.7b)
  für 525Z/B-60HB/s-Systeme
  mit 40 Z/B Rücklauf (ca.8%)
- 52 µs/Z — sichtbare Zeilendauer (1.7c)
  für beide Systeme etwa gleich mit

  ca.12 µs Rücklauf (19%) bei 625Z/B-50HB/s
  ca.11 µs Rücklauf (17%) bei 525Z/B-60HB/s

  Gegenüber dem Vertikalrücklauf wird wegen der wesentlich höheren Abtastgeschwindigkeit prozentual mehr Zeit benötigt.

Bei der Berechnung der Bandbreite des Videosignals gehen wir davon aus, daß im ungünstigsten Fall eine Schwarz-Weiß-Punktfolge in jeder Zeile vorliegt. Wir betrachten dazu das Ausgangssignal einer Farbkomponenten-Kamera oder das einer Schwarz-Weiß-Kamera. Der Helligkeitsverlauf hat dabei Rechteckform (s. Bild 1.7).

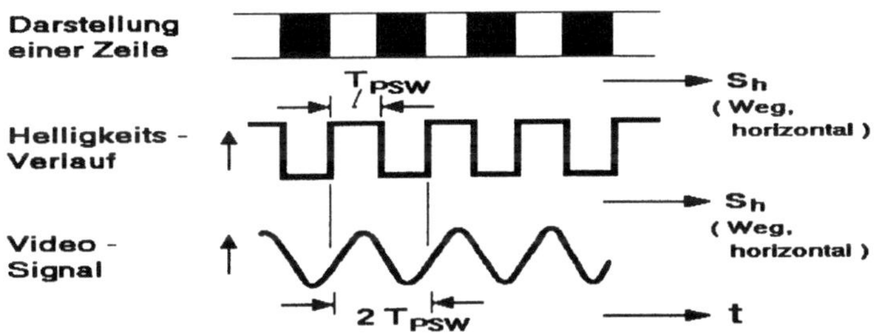

Bild 1.7 Schwarz-Weiß-Punktfolge und zugehörige Signale

Der Abtaststrahl ist nun relativ zur Punktbreite recht breit. Aufgrund dessen ist das abgetastete Videosignal gegenüber dem Helligkeitssignal erheblich verschliffen (dreiecksähnlich). Die Grundfrequenz des abgetasteten Signals ergibt sich zu

$$f_{PSW} = \frac{1}{2T_{PSW}} \qquad \text{Grundfrequenz der SW-Punktfolge} \qquad (1.8)$$

mit T_{PSW} = Dauer eines Punktes der SW-Punktfolge

Die Frequenz nach Gl. (1.8) ist näherungsweise die theoretisch maximale Videofrequenz und wird daher als solche angesetzt. Die theoretische Videobandbreite beträgt demnach

$$B_{Yth} = \frac{1}{2T_{PSW}} \qquad \text{theoretische Videobandbreite} \qquad (1.9)$$

Bei gleicher horizontaler wie vertikaler Auflösung kann aus der Anzahl der sichtbaren Zeilen (Gl. (1.7)) unter Berücksichtigung des Seitenverhältnisses 4:3 die Anzahl der sichtbaren Bildpunkte berechnet werden:

- 575 Z/B·4/3 = ca. 767 P/Z für 625Z/B-50HB/s-Systeme (1.10a)
- 485 Z/B·4/3 = ca. 647 P/Z für 525Z/B-60HB/s-Systeme (1.10b)

Für diese sichtbaren Bildpunkte stehen jeweils nach Gl. (1.7c) insgesamt 52 µs zur Verfügung.

Damit lassen sich die Videobandbreiten nach Gl. (1.9) über die Punktdauern T_{PSW} berechnen. Man erhält

- T_{PSW} = 52 µs/Z/(767P/Z) = 68 ns
  B_{Yth} = 7,4 MHz theoretische Videobandbreite für 625Z/B-50HB/s-Systeme (1.11a)
- T_{PSW} = 52 µs/Z/(647P/Z) = 80 ns
  B_{Yth} = 6,2 MHz theoretische Videobandbreite für 525Z/B-60HB/s-Systeme (1.11b)

Tatsächlich wird nach CCIR jedoch mit weit weniger Basisbandbreite übertragen. Das bedeutet geringere horizontale Auflösung. Den Quotienten von tatsächlicher zu der nach Gl. (1.11) berechneten Bandbreite B_{Yth} (horizontal und vertikal gleiche Auflösung) nennt man Kellfaktor.

Nachfolgend werden die festgelegten Videobandbreiten und die daraus resultierenden Kellfaktoren für die wichtigsten Normen angegeben:

- für 625Z/B-50HB/s-Systeme
  B_Y = 5 MHz Videobandbreite (CCIR B,G) (1.12a)
  K = 0,68 Kellfaktor
- für 525Z/B-60HB/s-Systeme
  B_Y = 4,2 MHz Videobandbreite (CCIR M) (1.12b)
  K = 0,68 Kellfaktor

Neben diesen CCIR-Normen gibt es solche mit Bandbreiten von 3 MHz (CCIR A, veraltet), 6 MHz (CCIR D), 10 MHz (CCIR E, nicht durchgesetzt) und 5,5 MHz (CCIR I).

1.5 Übertragung von Leuchtdichte und Farbartsignalen

Es liegt nahe, die drei Farbbildkomponenten in drei parallelen Kanälen zu übertragen. Der Bandbreitenbedarf wäre allerdings sehr hoch. So würde für die 625Z/B-50HB/s-Systeme mit B_Y = 5 MHz nach Gl. (1.12a) eine Basisbandbreite von 3·5 MHz = 15 MHz benötigt. Außerdem könnte ein Farbbild nicht von einem Schwarz-Weiß-Empfänger verarbeitet werden. Er verarbeitet lediglich ein Videosignal, nämlich das Helligkeitssignal

(Luminanzsignal). Wegen der Kompatibilität zu Schwarz-Weiß-Empfängern wird daher auch bei Farbfernsehübertragungen ein Luminanzsignal übertragen. Die Rot-, Grün- und Blausignale werden zu diesem Zweck sendeseitig in ein kompatibles Luminanzsignal und ein Chrominanzsignal (Farbsignal) umgeformt. Letzteres – auch Farbartsignal genannt – besteht wiederum aus zwei Komponenten, dem Farbton- und dem Farbsättigungssignal. Es besitzt wegen des verminderten Farbauflösevermögens unserer Augen wesentlich weniger Bandbreite als das Luminanzsignal. Dies ist insbesondere bei der Übertragung von Farbfernsehsignalen sehr vorteilhaft, da so insgesamt erheblich Bandbreite eingespart werden kann.

Die Parameter des Chrominanzsignals und ihre Aufbereitung für den Übertragungskanal unterscheiden sich je nach Fernsehsystem. Bei den Standardsystemen NTSC, PAL und SECAM (Kapitel 6) wird das Chrominanzsignal zusätzlich im Luminanzkanal übertragen. Man nutzt dazu bei NTSC und PAL Frequenzlücken des Luminanzsignals aus und packt das Chrominanzsignal in diese Lücken. Auf diese Weise beansprucht das Farbfernsehsignal nicht mehr Bandbreite als ein Schwarz-Weiß-Fernsehsignal.

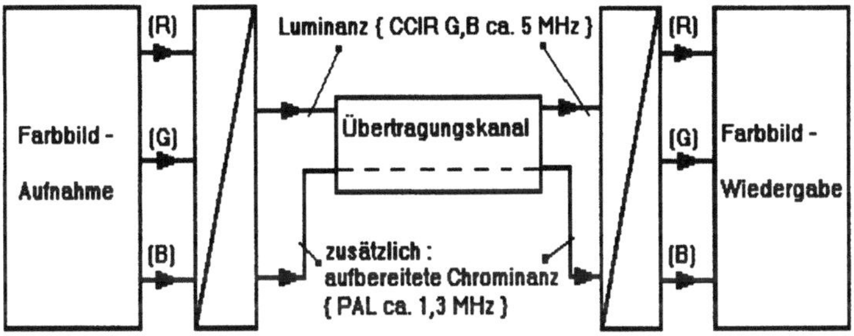

Bild 1.8 Übersicht Farbfernsehübertragung in einem Kanal

Trotz vielfältiger Maßnahmen zur Entkopplung von Luminanz- und Chrominanzsignal im gemeinsamen Frequenzbereich kommt es zu gegenseitigen Beeinflussungen (meistens geringfügig). Sie werden heute toleriert, gelten jedoch als gravierende Mängel unserer Standard-Fernsehsysteme.

1.6 Zeilen- und Bildsynchronisation

Im Fernsehempfänger muß der Schreibvorgang synchron zum sendeseitigen Abtastvorgang ablaufen, um die Luminanz- und Chrominanzsignale im Bild richtig zuzuordnen. Dies wird durch Zeilen- und Halbbild-Synchronimpulse erreicht.

Ein Zeilensynchronimpuls – oder kurz H-Impuls – wird jeweils während des horizontalen Zeilenrücklaufs übertragen. Desgleichen wird während jedes vertikalen Halbbildrücklaufs ein Halbbild-Synchronimpuls-Block (V-Impuls-Block) gesendet.

Die Synchronisationssignale müssen empfängerseitig leicht von Luminanz- und Chrominanzsignal zu trennen sein. Aus diesem Grunde unterscheiden sie sich durch ihre Amplitude. Es ergibt sich insgesamt das sogenannte FBAS-Signal (Farb-Bild-Austastsynchron-Signal), wie es in Bild 1.9 für sichtbare Zeilen skizziert ist. In der Abbildung wurde das PAL-Farbfernsehverfahren zugrunde gelegt (Kapitel 6.3). An dieser Stelle wird lediglich dargestellt, daß das Chrominanzsignal additiv zum Luminanzsignal übertragen wird. Das in Bild 1.9 skizzierte PAL-Referenzsignal wird hier ebenfalls nicht weiter betrachtet.

Die H-Impulse liegen in ihrer Amplitude oberhalb des Schwarzwertes von 0,73 und zeitlich innerhalb eines Austastbereichs (rel. Amplitude: 0,75). Während dieser Austastzeiten läuft der Wiedergabestrahl in der Empfängerbildröhre zurück und muß dabei dunkel getastet sein.

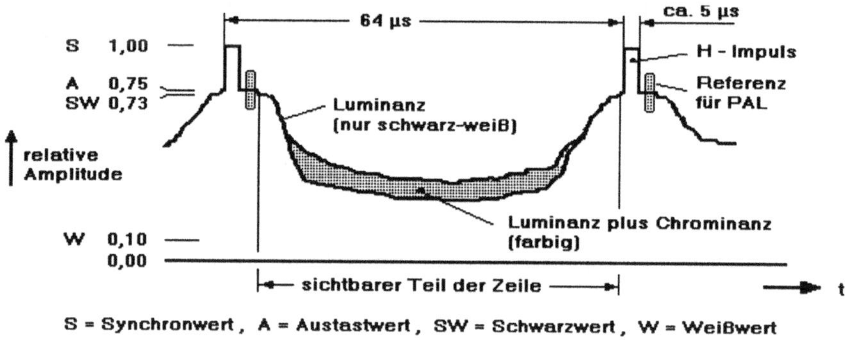

Bild 1.9 FBAS-Signal sichtbarer Zeilen nach CCIR B,G (PAL)

Die Synchronimpulse können im Empfänger mittels eines Amplitudendiskriminators leicht vom Videosignal getrennt werden, um danach zur Synchronisation des H- und V-Generators dienen zu können. Die Trennung von H- und V-Impulsen erfolgt anhand ihrer unterschiedlichen Impulsdauern. Der V-Impuls-Block ist von sogenannten Vor- und Nachtrabanten umgeben (s. Bild 1.10).

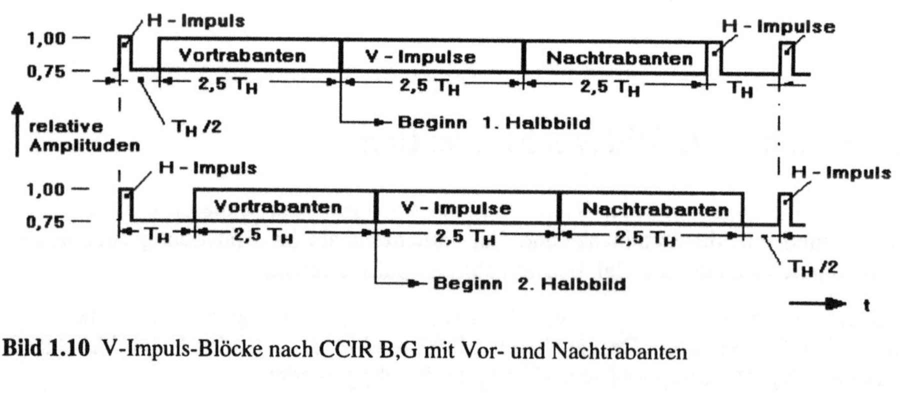

Bild 1.10 V-Impuls-Blöcke nach CCIR B,G mit Vor- und Nachtrabanten

Die Bedeutung der Trabanten und weitere Einzelheiten werden in Kapitel 4.1 behandelt.

Der V-Impuls-Block tritt nach der letzten positiven H-Impulsflanke abwechselnd mit einer Verzögerung von $3 \cdot T_H$ bzw. $3{,}5 \cdot T_H$ auf. Der Grund liegt bei der ungeraden Zeilenzahl des Bildes, die zu keiner ganzzahligen Zeilenzahl des Halbbildes führt. So erhält man z.B. bei 625 Z/B > 312,5 Z/HB.

1.7 Hochfrequente Übertragung der Bild- und Tonsignale

Zur Übertragung über Kabel oder Freiraum muß das FBAS-Signal einem hochfrequenten Träger aufmoduliert werden. Man verwendet die Amplitudenmodulation (s. Bild 1.11).

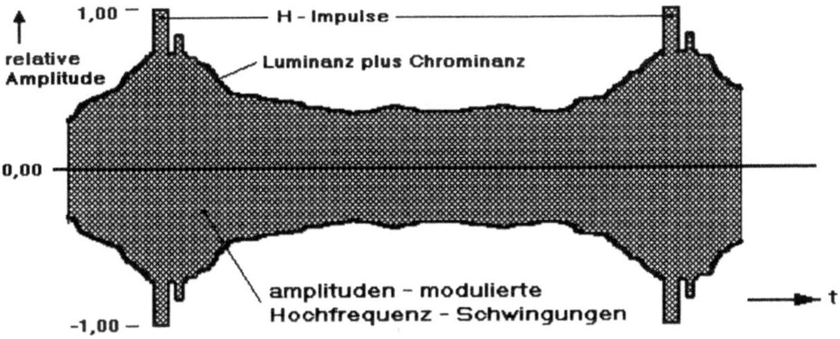

Bild 1.11 Negative Amplitudenmodulation durch das FBAS-Signal

Mit der Kennzeichnung negative Amplitudenmodulation soll ausgedrückt werden, daß dem sogenannten Weißwert (größte Helligkeit) der kleinste und den Synchronimpulsen der größte Amplitudenwert zugeordnet ist. Diese Modulationsart wird in Deutschland (CCIR B,G) angewandt. Bei der sogenannten positiven Amplitudenmodulation (z.B. Frankreich, CCIR L) führen Weißwerte zu den größten Amplituden.

Mit Rücksicht auf die großen Bandbreiten wird kein Zweiseitenband-Signal, sondern ein Restseitenband-Signal übertragen (Kapitel 4.2).

Das Tonsignal wird getrennt von einem Tonsender erzeugt, dessen Trägerfrequenz gegenüber dem Bildsender gemäß CCIR-Norm fest versetzt ist. Es wird Frequenzmodulation (CCIR B,G,M,D,H,I,K,K1) oder Amplitudenmodulation (CCIR L) vorgenommen (vgl. Tab. 1.1).

Im Senderblockbild Bild 1.12 wird insbesondere die hochfrequente Aufbereitung des FBAS-Signals dargestellt.

Das FBAS-Signal wird einem Zweiseitenband-Amplitudenmodulator mit 38,9 MHz Trägerfrequenz zugeführt und danach über ein Rest-Seitenband-Filter zu einem Restseitenband-Signal geformt.

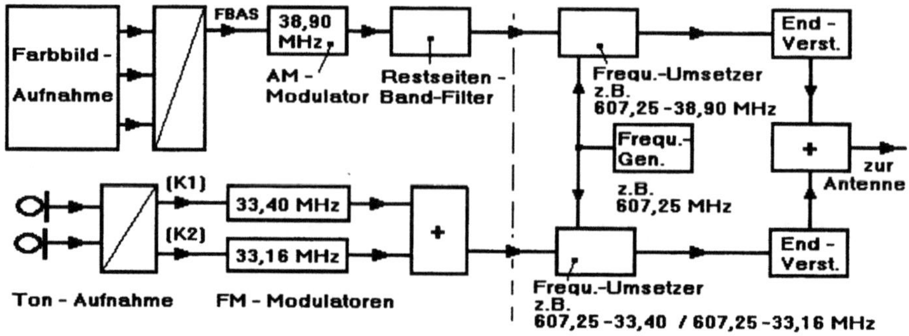

Bild 1.12 Übersichtsblockbild eines Fernsehsenders (CCIR B,G)

Im Tonsender werden zwei frequenzmodulierte Signale mit Trägerfrequenzen von 33,4 MHz und 33,16 MHz erzeugt. Die beiden Frequenzen sind so gewählt, damit genormte Frequenzdifferenzen zum Bildträger von 5,5 MHz (38,9MHz-33,4MHz) und 5,74 MHz (38,9MHz-33,16MHz) vorhanden sind. Bei den beiden Tonsignalen handelt es sich übrigens um zwei Komponenten eines Stereosignals oder um Zweitonsignale (z.B. Original und Übersetzung).

Die Umsetzung von Bild- und Tonsignalen in den hochfrequenten Kanal erfolgt mittels eines gemeinsamen Oszillators. Auf diese Weise wird sichergestellt, daß die im Zwischenfrequenz-Bereich festgelegten Trägerfrequenzabstände von 5,5 MHz und 5,74 MHz unabhängig vom hochfrequenten Oszillator genau beibehalten werden.

Empfängerseitig (s. Bild 1.13) erfolgt die Umsetzung von Bild- und Tonsignalen gemeinsam über den Tuner in den Zwischenfrequenz-Bereich. Bild- und Tonträger liegen dann wieder bei 38,9 MHz und 33,4/33,16 MHz.

Die Tonsignale werden auf die Differenzsignale (5,5 MHz und 5,74 MHz) umgesetzt, verstärkt, demoduliert und für die beiden Lautsprecher-Kanäle verknüpft (Tonmatrix).

Aufbereitetes Luminanz- und Chrominanzsignal werden in einer sogenannten Farbmatrix-Schaltung so miteinander verknüpft, daß wieder die originären Signalkomponenten Rot, Grün und Blau zur Ansteuerung der Bildröhre zur Verfügung stehen.

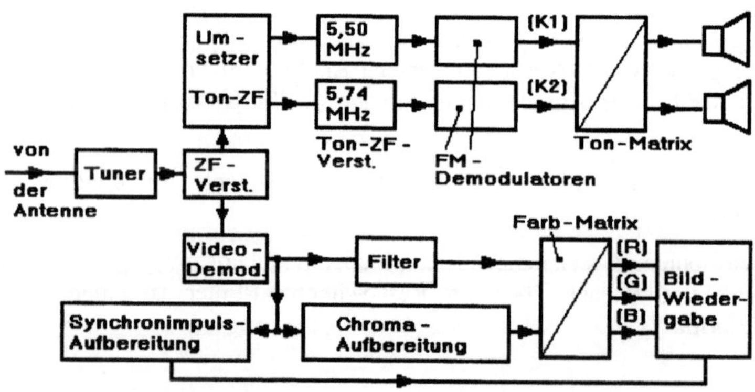

Bild 1.13 Übersichtsblockbild eines Fernsehempfängers (CCIR B,G)

1.8 Fernsehnormen-Basiswerte

Nachfolgend sind primäre Daten von Basis-Normen (keine Angaben zu Farbfernsehsystemen wie NTSC, PAL, SECAM) wiedergegeben. Die bedeutendsten Normen sind CCIR B,G,M,L,K bzw. K1 (K modifiziert) und D.

Die A-Norm (405 Z/B, 3 MHz) mit ihrer geringen Auflösung ist veraltet. Die E-Norm (819 Z/B, 10 MHz) mit ihrer recht hohen Auflösung konnte sich wegen der großen Bandbreite allgemein nicht durchsetzen. Beide Normen sind auch nicht für Farbfernsehen vorgesehen.

CCIR-Norm	A	B,G	D	E	H	I	K,K1	L	M
Bildzeilen (Z/B)	405	625	625	819	625	625	625	625	525
Halbbild-Frequenz (HB/s)	50	50	50	50	50	50	50	50	60
Zeilen-Frequenz (Hz)	10125	15625	15625	20475	15625	15625	15625	15625	15750
Zeilen-Dauer(µs)	98,8	64	64	48,84	64	64	64	64	63,5
Video-Bandbreite (MHz)	3	5	6	10	5	5,5	6	6	4,2
Bild-Modulation	AM pos	AM neg	AM neg	AM pos	AM neg	AM neg	AM neg	AM pos	AM neg
Ton-Modulation	AM	FM	FM	AM	FM	FM	FM	AM	FM

CCIR A: veraltet (Großbritannien, Irland)
CCIR B: Deutschland, Österreich, Schweiz, Dänemark, Niederlande, Belgien, Italien, Spanien, Australien
CCIR D: Ehem.Sowjetunion, China, Polen, Tschechoslowakei, Ungarn
CCIR E: veraltet (Frankreich)
CCIR G: Deutschland, Österreich, Schweiz, Dänemark, Niederlande, Italien, Spanien
CCIR H: Belgien, Australien
CCIR I: Großbritannien, Irland, Südafrika
CCIR K: Ehem.Sowjetunion, China, Polen, Tschechoslowakei, Ungarn
CCIR K1: Zentralafrikanische Staaten
CCIR L: Frankreich, Luxemburg
CCIR M: USA, Kanada, Japan, Mittel-/Südamerikanische Staaten

Tabelle 1.1 Wichtige Daten von Basis-Normen

Detailliertere Daten und weitere Normen s. Literatur [1.01],[N.01],[N.02].

1.9 Aufgaben und Lösungen

Im Anschluß an die folgenden Aufgaben finden Sie die zugehörigen Lösungen.

A 1.1 Beim Farbfernsehen wird das Bild in Farbkomponenten (Farbauszüge) zerlegt. Nennen Sie diese Farben.

A 1.2 Unsere Augen lösen Helligkeit und Farbe unterschiedlich gut auf. Wir benötigen daher auch unterschiedliche Bandbreiten für die Übertragung von Helligkeit und Farbart. Geben Sie an, ob die Helligkeit (Luminanzsignal) oder die Farbart (Chrominanzsignal) mit der größeren Bandbreite übertragen werden muß.

A 1.3 Die Abtastung eines Bildes erfolgt prinzipiell mit einem Abtaststrahl. Skizzieren Sie qualitativ für zwei sichtbare Zeilen den Verlauf der Abtastbewegung des Abtaststrahls (Weg und Geschwindigkeit) als Funktion der Zeit. Kennzeichnen Sie die Zeilendauer (T_H).

A 1.4 Skizzieren Sie das Abtastschema beim Zeilensprungverfahren. Kennzeichnen Sie die Zeilen von erstem und zweitem Halbbild und den vertikalen Rücklauf des Abtaststrahls.

A 1.5 Berechnen Sie den Kellfaktor für ein Fernsehsystem mit 525 Z/B; 60 HB/s; Rücklaufzeit horizontal: 10%; Bild-Rücklaufzeit (insgesamt für beide Halbbilder) 20%; Bandbreite (B_Y): 3 MHz.

Berechnen Sie im Einzelnen folgende Größen:

- Anzahl sichtbarer Zeilen,
- erforderliche sichtbare Bildpunkte einer Zeile,
- Schwarz-Weiß-Punktdauer (T_{PSW}),
- theoretische Videobandbreite (B_{Yth}) und
- Kellfaktor (K).

A 1.6 Skizzieren Sie ein BAS-Signal einer sichtbaren Zeile. Kennzeichnen Sie darin Schwarz-(SW), Weiß-(W), Austast-(A) und Synchron-Amplitudenwerte (S).

A 1.7 Was versteht man beim Fernsehen unter negativer Amplitudenmodulation?

A 1.8 In Bild 1.12 ist das Blockbild eines Fernsehsenders (CCIR B,G) gezeigt. Die Trägerfrequenzen von Bild- und Tonsignalen werden durch die Umsetzerfequenz festgelegt (Bild 1.12 z.B. 607,25 MHz). Geben Sie für Fernsehkanal 50 (UHF, Bereich IV/V) mit einer Bildträgerfrequenz von 703,25 MHz die Umsetzerfrequenz und die Tonträgerfrequenzen an.

L 1.1 Rot, Grün, Blau

L 1.2 Die Helligkeit (Luminanz) muß mit wesentlich größerer Bandbreite übertragen werden.

L 1.3

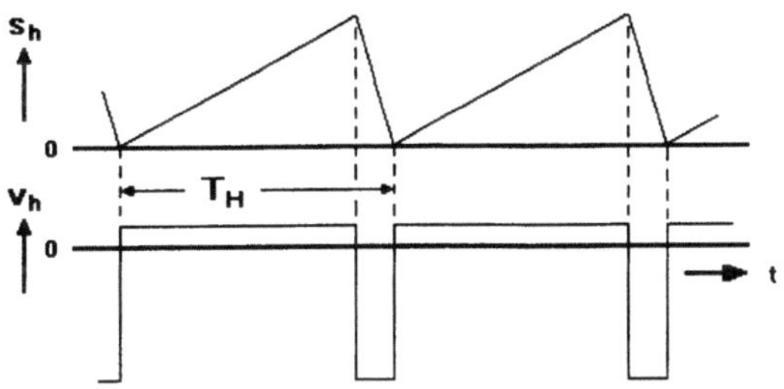

Bild 1.14 Weg s_h und Geschwindigkeit v_h der horizontalen Abtastbewegung als Funktion der Zeit.

L 1.4

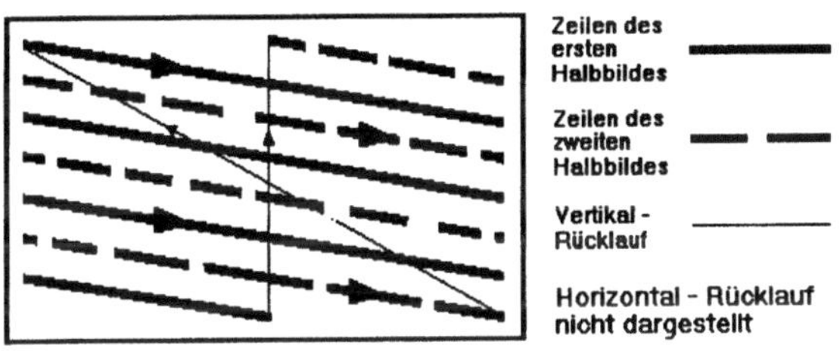

Bild 1.15 Abtastschema beim Zeilensprungverfahren

L 1.5

Sichtbare Zeilen	:	525·0,8 Z/B = 420 Z/B
Bildpunkte je Zeile	:	420·4/3 P/Z = 560 P/Z
Zeilendauer (Gl. (1.6b))	:	63,5 µs
Punktdauer	:	63,5 µs·0,9/560 P/Z = 102 ns
theoretische Video-bandbreite (Gl. (1.9))	:	1/(2·102) ns = 4,9 MHz
Kellfaktor	:	3 MHz/4,9 MHz = 0,61

L 1.6

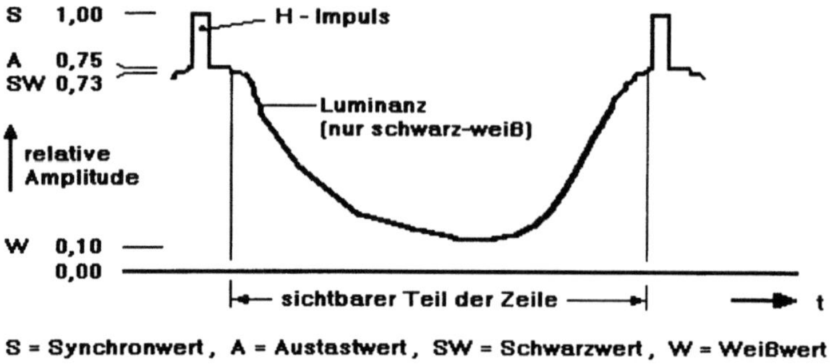

Bild 1.16 BAS-Signal einer sichtbaren Zeile

L 1.7 Bei Weiß wird die kleinste hochfrequente Amplitude gesendet (s. Bild 1.11).

L 1.8 Umsetzerfrequenz: (703,25 + 38,90) MHz = 742,15 MHz
Tonträger (K1): 703,25 MHz + 5,5 MHz = 708,75 MHz
Tonträger (K1): 703,25 MHz + 5,74 MHz = 708,99 MHz

2 Bildaufnahmewandler

2.1 Fotoeffekt und Ladungsbild

Bei der Aufnahme von Fernsehbildern muß die optische Information in elektrische Signale umgewandelt werden. Die optoelektrische Wandlung erfolgt aufgrund des äußeren oder inneren Fotoeffektes [2.01].

Beide Effekte basieren auf der Quantenenergie des Lichtes: Licht besteht aus Energiequanten (sogenannte Lichtquanten). Sie stehen mit der elektromagnetischen Frequenz des Lichtes über das Plank'sche Wirkungsquantum in Verbindung (s. Gl. (2.1)).

$$\Delta W = h \cdot f \qquad \text{Energie eines Quants} \tag{2.1}$$

mit

$h = 6{,}625 \cdot 10^{-34}\ \mathrm{Ws}^2$ Plank'sches Wirkungsquantum
f = Frequenz

Beim äußeren Fotoeffekt dient die Quantenenergie dazu, Elektronen aus einem metallischen Körper herauszuschlagen. Sie müssen dabei das an der Festkörpergrenze vorhandene Oberflächenpotential überwinden und Austrittsarbeit leisten. Dies kann nur geschehen, wenn die Energie der Licht-Quanten größer als die zu leistende Austrittsarbeit ist. Der Energieüberschuß führt zu kinetischer Energie der austretenden Elektronen (thermische Energie vernachlässigt).

$$W_K = \Delta W - W_A \tag{2.2}$$

mit

W_K = kinetische Energie eines Elektrons
$\Delta W = h \cdot f$
$h = 6{,}625 \cdot 10^{-34}\ \mathrm{Ws}^2$ Plank'sches Wirkungsquantum
f = Frequenz
W_A = materialspezifische Austrittsarbeit

$$W_K = \frac{1}{2} m_e \cdot v_{0e}^2 \tag{2.3}$$

wobei

m_e = Masse des Elektrons
v_{0e} = Austritts-Geschwindigkeit wenn $v_{0e} \ll c$
c = Lichtgeschwindigkeit

Die freien Elektronen würden in Luft schon bald auf Moleküle stoßen und abgebremst werden. Aus diesem Grunde muß Vakuum vorhanden sein, darüberhinaus ein elektrisches Feld, das die Elektronen von der emittierenden Oberfläche absaugt und so verhindert, daß die Elektronen durch das durch sie selbst entstehende elektrische Feld wieder zurückgeholt werden.

Beim inneren Fotoeffekt dient die Energie der Lichtquanten (Gl. (2.1)) zum Aufbrechen von Gitterbindungen in Halbleitermaterialien. Es entstehen im Halbleiter frei bewegliche Elektronen (oder Löcher). Energetisch bedeutet dies die Überwindung einer Energiedifferenz zwischen Valenz- und Leitungsband (s. Bild 2.1).

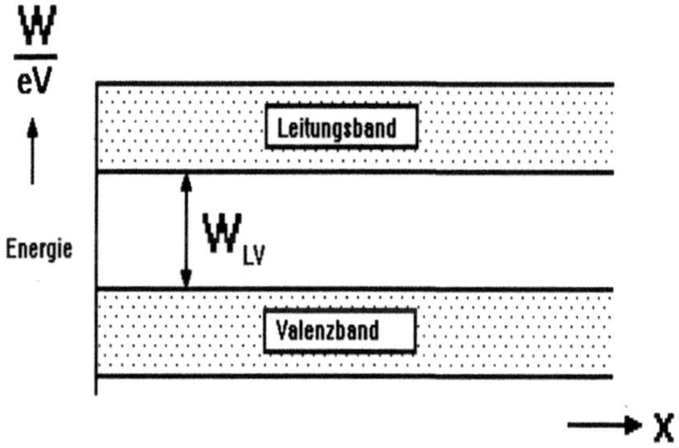

Bild 2.1 Atomphysikalisches Bändermodell

Die Lichtquanten müssen dabei mindestens über die Energiedifferenz zwischen diesen Bändern verfügen:

$$W_{LV} \leq h \cdot f \tag{2.4}$$

mit

W_{LV} = Energiedifferenz zwischen Leitungs- und Valenzband (s. Bild 2.1)
h = $6{,}625 \cdot 10^{-34}$ Ws^2 Plank'sches Wirkungsquantum
f = Frequenz

Bei Halbleitern lassen sich die Energieniveaus der Bänder sehr gut durch Dotierungen mit Fremdatomen den Erfordernissen anpassen.

Der innere Fotoeffekt kommt sowohl bei homogenen Halbleitern wie bei Halbleitern mit pn-Schichten zum Tragen. Bei homogenen Halbleitern verkleinert sich der Widerstand unter Lichteinwirkung. Bei pn-Halbleitern (Fotodioden) wird die pn-Sperrschicht bestrahlt. Sie muß sich im Sperrzustand befinden. Die Energie der Lichtquanten führt dazu, daß Elektronen-Loch-Paare in der Sperrschicht gebildet werden. Es entsteht ein zusätzlicher Sperrstrom, der Fotostrom genannt wird.

Die Energie der Lichtquanten führt beim äußeren und inneren Fotoeffekt zu Fotoströmen, deren Größe proportional zur Beleuchtungsstärke ist.

Auch die thermische Energie führt bei optoelektrischen Wandlern zu Elektronen-Emissionen der Fotokathode (äußerer Fotoeffekt) bzw. zum Aufbrechen von Bindungen (innerer Fotoeffekt). Die Folge sind kleine Ströme, die auch bei Dunkelheit fließen (sogenannte „Dunkelströme"). Sie werden möglichst klein gehalten, da sie die Lichtempfindlichkeit der Bildwandler begrenzen.

In Bildwandlern gibt es viele Bildpunktbereiche oder diskrete Bildpunktelemente (Fotodioden). In jedem Bildpunktbereich fließt nun ein kleiner individueller Fotostrom. Er erzeugt jeweils eine punktindividuelle Ladungsverschiebung. Aus dem optischen Bild wird so ein elektrisches Ladungsbild gewonnen. Dies geschieht bei Farbkameras für jede der drei Farbkomponenten (Rot, Grün, Blau).

Das Ladungsbild wird in Kameraröhren auf oder in einer dünnen Scheibe erzeugt. Sie besteht aus homogenem Isoliermaterial oder aber inhomogen aus vielen diskreten voneinander isolierten Punktbereichen, auf denen sich Ladungen ansammeln können.

Bei Halbleiterkameras (CCD-Bildsensoren) werden Fotodioden in einer Ebene angeordnet (sogenannte Arrays). Unter Lichteinwirkung entsteht ebenfalls ein Ladungsbild. Es setzt sich aus vielen diskreten Ladungspunkten zusammen.

Die Ladungsbilder werden periodisch abgetastet. Dabei werden jeweils die einzelnen Ladungen Punkt für Punkt abgetragen (oder aufgefüllt) und zur Erzeugung des Videosignals weitergeleitet. Das Ladungsbild kann sich dann bis zur nächsten Abtastung wieder erneut ausbilden. Dafür steht praktisch die gesamte Zeit zwischen zwei Bildern zur Verfügung, z.B. 40 ms (bei 25 B/s). Die Größe einer Bildpunktladung oder dessen Ladungsdefizit (bei Abbau durch den Fotostrom) ist proportional der Helligkeit des betreffenden Bildpunktes. Sie stellt somit das Maß für die Helligkeit des Bildpunktes dar. Sie entspricht damit dem zugehörigen momentanen Videosignal.

2.2 Kameraröhre mit äußerem Fotoeffekt

Eine Kameraröhre, die den äußeren Fotoeffekt nutzt, ist das Superorthikon (s. Bild 2.2). Es wird heute jedoch nicht mehr eingesetzt (komplizierter Aufbau, aufwendige Wartung). Aus Gründen der technischen Allgemeinbildung wird die Wirkungsweise knapp dargestellt.

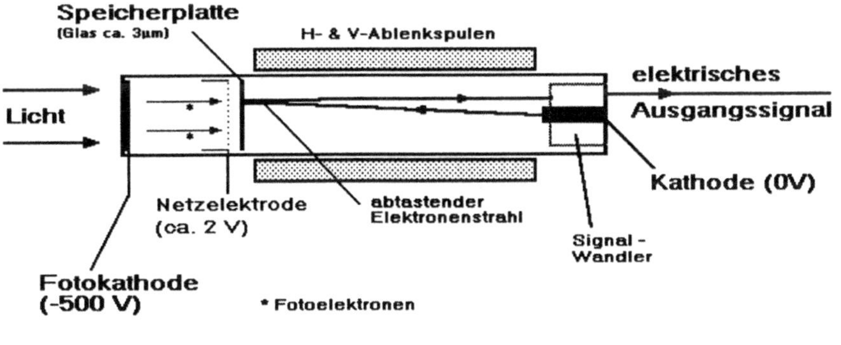

Bild 2.2 Superorthikon

Das optische Bild wird auf der Fotokathode abgebildet. Es erzeugt aufgrund des äußeren Fotoeffektes Elektronen. Sie entstehen auch an der Innenseite der dünnen Fotokathode.

Dort werden sie elektrisch beschleunigt und fliegen auf die Speicherplatte. Hier verursachen sie wegen des Sekundärelektroneneffektes ein positives Ladungsbild (Elektronenmangel). Es existiert auf der sehr dünnen Speicherplatte (μm) beidseitig.

Die Abtastung des Ladungsbildes erfolgt durch einen Elektronenstrahl. Er wird über die Speicherplatte bewegt und gibt dabei Elektronen ab. Er beseitigt dadurch punktweise den Elektronenmangel. Die abgegebenen Elektronen fehlen dem rückgeführten Elektronenstrahl. Dessen Stromschwankungen werden verstärkt als elektrisches Videosignal abgegeben. Das Ladungsbild baut sich nach der Abtastung durch die Fotoelektronen jeweils wieder neu auf.

Detailliertere Beschreibungen s. Literatur [A.02] S.150ff.

2.3 Kameraröhre mit innerem Fotoeffekt

Die Vidikon-Kameraröhre (s. Bild 2.3) nutzt den inneren Fotoeffekt. Vidikons sind in vielen verbesserten Ausgestaltungen verbreitet (Plumbikon, Newvikon u.a.m.).

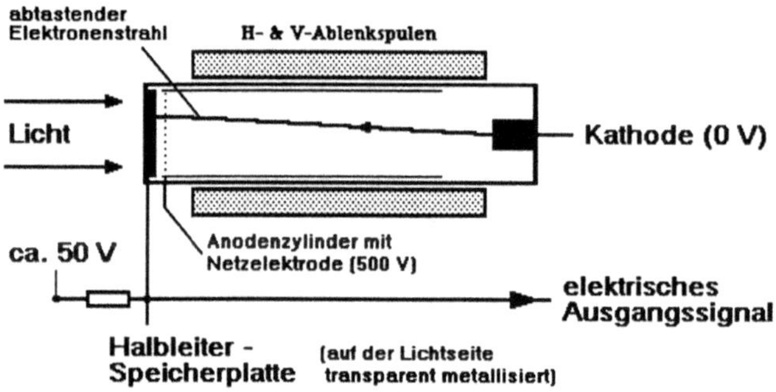

Bild 2.3 Vidikon

Das optische Bild wird auf der Speicherplatte abgebildet. Es durchdringt die dünne, metallisierte, jedoch transparente Oberfläche und gelangt in das Halbleitermaterial der Speicherplatte. Dort findet der innere Fotoeffekt statt.

Die Speicherplatte wird zwischen ihrer äußeren, metallisierten Oberfläche und ihrer Innenseite aufgeladen. Dies geschieht einerseits durch die über einen Widerstand mit positiver Spannung (ca. 50 V) verbundene metallisierte Oberfläche, andererseits durch den abtastenden Kathodenstrahl, der während des Überstreichens innenseits die Speicherplatte auf Kathodenpotential (0 V) bringt. Letzteres erfolgt jeweils für den Punktbereich, auf den der Elektronenstrahl gerade auftrifft. Zwischen den Punktbereichen tritt kaum Potentialausgleich auf (quer gut isolierend). Durch den Fotostrom des jeweiligen Punktbereichs findet nun Entladung statt, deren Größe von der Intensität der Lichteinwirkung abhängt. Die Punktbereiche nehmen schließlich unterschiedliche Potentiale an. Es bildet sich ein Ladungsbild aus.

Mit der nächsten Abtastung durch den Elektronenstrahl werden die Punktbereiche wieder aufgeladen. Der momentane Ladestrom fließt über die Speicherplatte zum Vorwiderstand. Die Größe des momentanen Ladestromes ist proportional der vorausgegangenen Entladung und damit proportional der Helligkeit des zugehörigen Punktbereichs. Am Vorwiderstand entsteht somit das Videosignal (s. a. [A.02], S.177ff).

2.4 CCD-Bildsensoren

Es handelt sich hierbei um vakuumlose, flache Halbleiterchips. Diese Chips besitzen als Sensoren Fotodioden in flächiger Anordnung (Arrays). Jedem Bildpunkt ist eine Fotodiode zugeordnet bzw. bei Farbwandlern gehören drei Dioden (Rot, Grün, Blau) zu einem Pixel (Bildpunkt).

Es kommt der innere Fotoeffekt an pn-Sperrschichten zum Tragen. Der Fotostrom einer Sperrschicht hängt von der Intensität der Lichteinwirkung ab. Er entlädt die kleinen Sperrschicht-Kondensatoren der Fotodioden. Es entsteht ein Ladungsbild bestehend aus diskreten Ladungen.

Während des Abtastzeitpunktes werden die Fotodioden wieder aufgeladen. Die unterschiedlichen Ladungen der Dioden werden dadurch egalisiert. Die Größe des Ladestromes eines Punktes ist proportional der vorangegangenen Entladung und somit ein Maß für die Intensität der Lichteinwirkung. Aus den Ladeströmen der einzelnen Punkte wird das Videosignal gebildet.

Ein Bildwandler muß für alle sichtbaren Bildpunkte Fotodioden besitzen. Das ergibt für einen Monochrom-Bildwandler nach Gl. (1.10a) und Gl. (1.10b) unter Berücksichtigung des Kellfaktors nach Gl. (1.12a) und Gl. (1.12b) die folgenden Pixelzahlen:

- Für 625Z/B-50HB/s-Systeme:
  mit ca. 575 Z/B aus Gl. (1.7a)
  und ca. 522 P/Z (767 P/Z·0,68)
  insgesamt ca. 300.000 Pixel/Array. (2.5a)

  Für 525Z/B-60Hz/s-Systeme:
  mit ca. 485 Z/B aus Gl. (1.7b)
  und ca. 440 P/Z (647 P/Z·0,68)
  insgesamt ca. 194.000 Pixel/Array. (2.5b)

Tatsächlich sind heute Halbleiter-Kameras mit diesen Pixelzahlen auf dem Markt, so z.B. 582 Z/B x 500 P/Z (625Z/B-50HB/s) oder 492 Z/B x 510 P/Z (525Z/B-60HB/s).

Die Fertigung solcher Fotodioden-Arrays ist schwierig, da trotz der großen Anzahl alle Fotodioden funktionsfähig sein müssen.

Eine besondere technische Aufgabe besteht wegen der großen Anzahl an Fotodioden im Abtastvorgang (Auslesen der Fotodioden). Die Ladungen der Fotodioden werden mittels CCD-Technik (Charge Coupled Devices) transportiert. Es handelt sich dabei um eine Technik zur Verschiebung elektrischer Ladungen. Diese Technik wird auch in Schieberegistern für Analogsignale (Analog-Schieberegister) angewandt. Dabei werden mittels

Schiebetakten Potentialgefälle ausgebildet, die zur Verschiebung vorhandener Ladungen führen. Diese Potentialgefälle werden nun bei entsprechender Taktansteuerung Schritt für Schritt durch das Siliziumsubstrat bewegt und in ihrem Gefolge damit auch die Ladungen. Es findet Ladungstransport statt.

Das Auslesen der Fotodioden erfolgt entweder punktweise (xy-Adressierung), zeilenweise (Line-Transfer) oder halbbild- bzw. bildweise (Frame-Transfer). Bei letzterem Verfahren werden sämtliche Fotodioden-Ladungen mit einem Taktimpuls gleichzeitig in einen CCD-Hintergrund-Speicher übertragen. In ihm befindet sich damit das gesamte Ladungsbild. Die Fotodioden stehen dann sofort wieder zur Bildwandlung zur Verfügung. Der CCD-Speicher wird nun über Schieberegister-Anordnungen sukzessive ausgelesen.

In [2.04] wird ein CCD-Bildwandler-Chip für Farbaufnahme detailliert beschrieben. Vor dem CCD-Bildsensor wird optisch eine Aufteilung des Farbbildes in Rot-, Grün- und Blau-Auszüge durchgeführt. Sie erfolgt mit Hilfe eines **Farbrasterfilters** (vgl. Kapitel 2.6). Die Filterung wird punktweise durchgeführt. Demnach gibt es rot-, grün- und blau-sensitive Punkte (Fotodioden). Die Ladungen der Fotodioden werden bildweise (Frame-Transfer) in Analog-Schieberegister übertragen. Im Anschluß an diese Übertragung transportieren diese Schieberegister die Ladungen zur Ausgangsschaltung. In Bild 2.4 ist die Sensor-Schieberegister-Anordnung wiedergegeben.

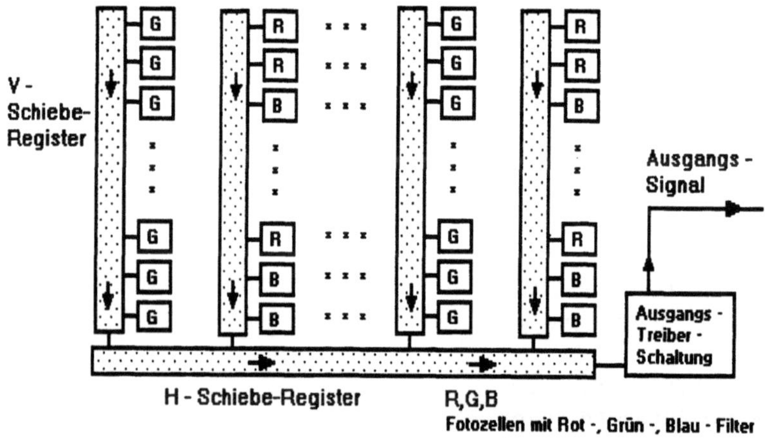

Bild 2.4 Sensor-Schieberegister-Anordnung eines Farb-CCD-Bildwandlers

Die Abmessungen solcher CCD-Chips sind sehr klein, z.B. [2.05] 8,2 µm x 16 µm Pixelfläche bei 6,4 mm x 4,8 mm Bildbereich und 450.000 Pixeln. Darüberhinaus sind CCD-Sensoren leicht und stoßfest. Sie sind weitgehend unempfindlich gegen elektrische und magnetische Störfelder und benötigen gegenüber Bildwandlerröhren extrem wenig elektrische Leistung. In Anbetracht dieser gewichtigen Vorteile ist es nicht verwunderlich, daß sie sich so erfolgreich gegenüber Bildwandlerröhren durchgesetzt haben.

2.5 Gradationsentzerrung

Fernsehaufnahme-Wandler liefern Videosignale, deren Größe nichtlinear von der Leuchtdichte (Helligkeit) abhängt (s. Bild 2.5).

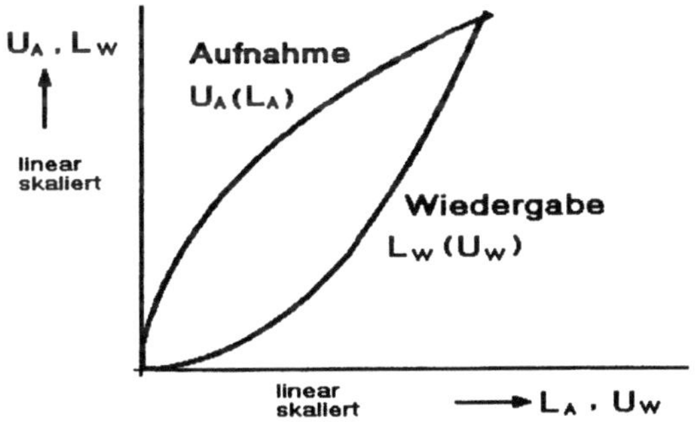

Bild 2.5 Ausgangssignal eines Bildaufnahmewandlers als Funktion der Leuchtdichte und Leuchtdichte einer Bildröhre als Funktion der Steuerspannung

Die Gl. (2.6) beschreibt allgemein den Zusammenhang:

$$\frac{U_A}{U_{A0}} = \left(\frac{L_A}{L_{A0}}\right)^{\gamma_A} \tag{2.6}$$

mit

U_A = Videospannung des Aufnahmewandlers (Kamera)
U_{A0} = Bezugswert zu U_A
L_A = Leuchtdichte bei der Aufnahme
L_{A0} = Bezugswert zu L_A
γ_A = Gammawert des Aufnahmewandlers

Auch bei der Wiedergabe bestehen nichtlineare Zusammenhänge (s. Bild 2.5).

Auf der Wiedergabeseite ist die Bildröhre bisher beherrschend. Sie stellt den standardisierten Wiedergabe-Bildwandler dar. Dies bedeutet, daß sich andere Wiedergabe-Wandler (wie z.B. LCD-Bildschirme) bezüglich der spannungsabhängigen Leuchtdichte wie eine Bildröhre verhalten müssen. Dies muß ggf. mit zusätzlichen nichtlinearen Bauelementen erreicht werden.

Der mathematische Zusammenhang zwischen Leuchtdichte und Videospannung läßt sich mit Gl. (2.7) beschreiben:

$$\frac{L_W}{L_{W0}} = \left(\frac{U_W}{U_{W0}}\right)^{\gamma_W} \tag{2.7}$$

mit

L_W = Leuchtdichte des Wiedergabewandlers (Bildröhre)
L_{W0} = Bezugswert zu L_W
U_W = Videospannung des Wiedergabewandlers
U_{W0} = Bezugswert zu U_W
γ_W = Gammawert des Wiedergabewandlers

Zwischen den Leuchtdichten bei Aufnahme und Wiedergabe ergibt sich der funktionale Zusammenhang durch Gl. (2.6), Gl. (2.7) und $U_W = U_A$ zu:

$$\frac{L_W}{L_{W0}} = C_{AW} \left(\frac{L_A}{L_{A0}} \right)^{\gamma_W \cdot \gamma_A} \tag{2.8}$$

mit der Abkürzung

$C_{AW} = (U_{A0} / U_{W0})^{\gamma_W}$ Konstante
γ_A = Gammawert des Aufnahmewandlers
γ_W = Gammawert des Wiedergabewandlers

Insgesamt muß selbstverständlich Linearität zwischen den Leuchtdichten bei Aufnahme und Wiedergabe bestehen. Der Standard-Gammawert unserer Bildröhren liegt bei etwa 2,2 bis 2,8 [N.02]. Daraus folgt für den Gammawert der Aufnahme:

$$\gamma_A = \text{ca. } 0{,}4 \text{ (erforderlicher Gammawert)} \tag{2.9}$$

wegen

$$\gamma_W \cdot \gamma_A = 1$$

mit

γ_A = Gammawert des Aufnahmewandlers
γ_W = Gammawert des Wiedergabewandlers

Der Gammawert nach Gl. (2.9) wird aufnahmeseitig durch eine sogenannte Gammakorrektur erreicht. Es handelt sich dabei um ein nichtlineares Netzwerk, das die Kamerasignale zusätzlich verzerrt. Bei Farbkameras muß diese Gammakorrektur für jede Signalkomponente durchgeführt werden (s. Bild 2.6).

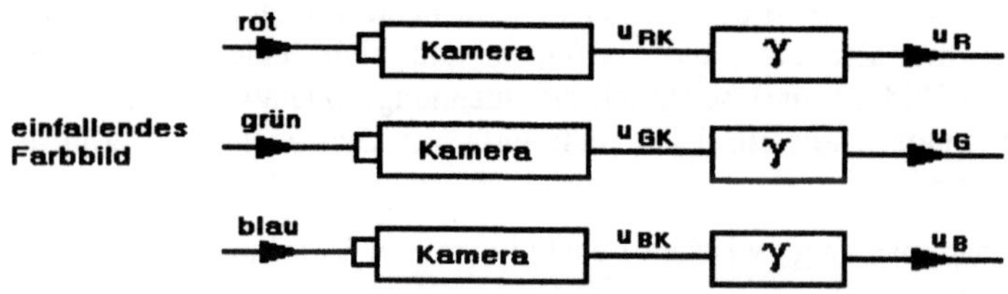

Bild 2.6 Gamma-Korrektur bei einer Farbkamera-Anordnung

2.6 Bildsensor-Anordnungen für Farbaufnahme

Für die Farbbildaufnahme wird das Bild mit Hilfe optischer Filter (auch Farbteiler genannt) in die Farbkomponenten Rot, Grün und Blau zerlegt. Jede Bildkomponente wird optoelektrisch in ein Ladungsbild gewandelt.

Die **optischen Filter** zur Farbteilung werden sehr unterschiedlich realisiert:

- So kommen beispielsweise **dichroitische Spiegel** zum Einsatz. Sie spiegeln Licht einer Farbkomponente, während das Licht der anderen Farben die Spiegel durchdringen kann.
- Auch **dichroitische Prismen** werden eingesetzt. Sie zerlegen das Licht eines Bildes derart, daß die drei Farbbilder nebeneinander abgebildet werden.
- Außerdem gibt es **Farbstreifenfilter**. Es handelt sich dabei um optische Filter in Streifenform. Es gibt vertikale Filterstreifen für die Farbkomponenten Rot, Grün und Blau; sie werden fortlaufend nebeneinander angeordnet. Die Streifenbreite entspricht der Sensorpunktbreite. Die dahinterliegenden Bildpunktbereiche sind dadurch rot-, grün- oder blausensitiv. Jeweils ein Streifentripel (Rot-, Grün-, Blau-Streifen) entspricht horizontal der Ausdehnung eines Farbpunktes. Auch Streifenfilter mit sogenannten Rotstop- und Blaustop-Filterstreifen sind bekannt. Diese Filterstreifen lassen kein rotes bzw. blaues Licht durch.
- Schließlich werden sogenannte **Farbrasterfilter** eingesetzt (CCD-Bildwandler). Es handelt sich dabei um Farbfilter, die punktweise rotes, grünes oder blaues Licht durchlassen. Die Aufteilung der bildpunktgroßen Filterbereiche nach Rot-, Grün- und Blau-Bildpunkten läßt sich aus technologischer Sicht beliebig vornehmen.

Auch die Bildwandler-Anordnungen werden sehr vielfältig ausgebildet. So gibt es:

- Drei-Wandler-Anordnungen. Sie besitzen drei separate Bildwandler. Die drei Farbauszüge – z.B. durch dichroitische Spiegel erzeugt – werden den Kamerawandlern zugeführt (s. Bild 2.7).

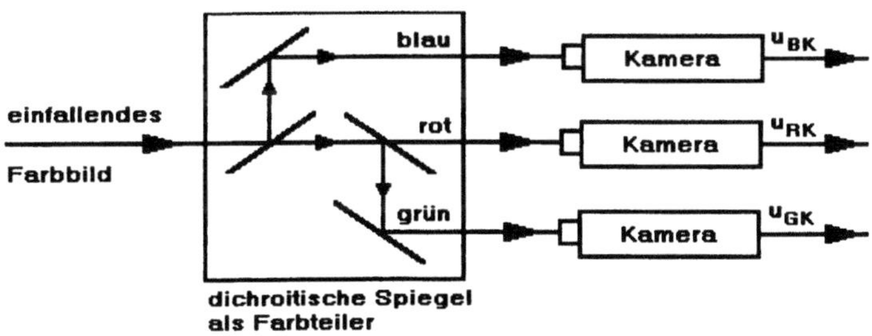

Bild 2.7 Drei-Wandler-Anordnung

Die drei elektrischen Komponentensignale besitzen jeweils große Bandbreiten (z.B. 5 MHz). Es können somit scharfe Farbbilder wiedergegeben werden. Die drei Bilder müssen allerdings punktgenau deckungsgleich sein. Dies erfordert sehr präzise und mechanisch stabile optische Ausrichtungen. Andernfalls entstehen unscharfe Bilder durch Deckungsfehler.

- **Ein-Wandler-Anordnungen**. Sie benutzen nur einen Bildwandler. Deckungsfehler werden weitgehend vermieden. Die Farbkomponenten Rot, Grün und Blau werden nacheinander abgetastet und in elektrische Signale gewandelt (Zeitmultiplex). Dies kann bild-, zeilen- oder punktweise erfolgen (Bild-, Zeilen-, Punktmultiplex). Bei CCD-Bildsensoren liest man die Fotodioden jedoch zeilen- oder bildweise parallel aus.

Beim **Bildmultiplex** werden die drei Farbauszüge eines Bildes jeweils für ein ganzes Bild nacheinander abgebildet, abgetastet und zwischengespeichert. Vor den Bildwandler wird deshalb nacheinander ein Rot-, Grün- und Blaufilter geschaltet (s. Bild 2.8).

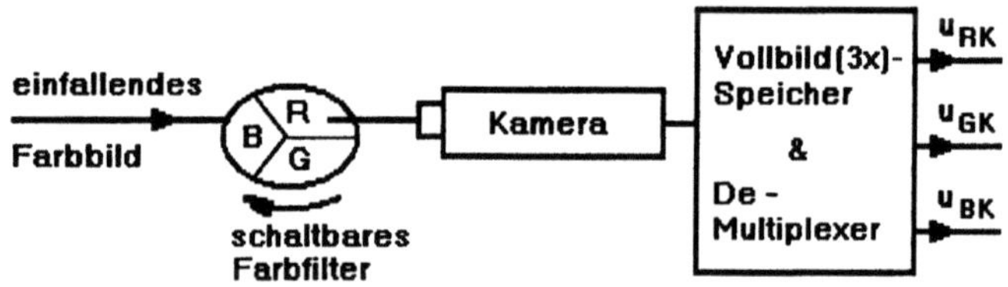

Bild 2.8 Ein-Wandler-Anordnung für Bildmultiplex

Für die Abtastung je Farbbildkomponente steht nur ein Drittel der Zeit zur Verfügung. Dies erfordert die dreifache Bandbreite für den Wandler. Andernfalls tritt erheblicher Schärfeverlust auf.

Beim **Zeilenmultiplex** werden die drei Farbbildkomponenten mit einem dichroitischen Prisma getrennt horizontal nebeneinander abgebildet, so daß innerhalb einer Zeile nacheinander die Farbkomponenten Rot-, Grün- und Blau auftreten (s. Bild 2.9).

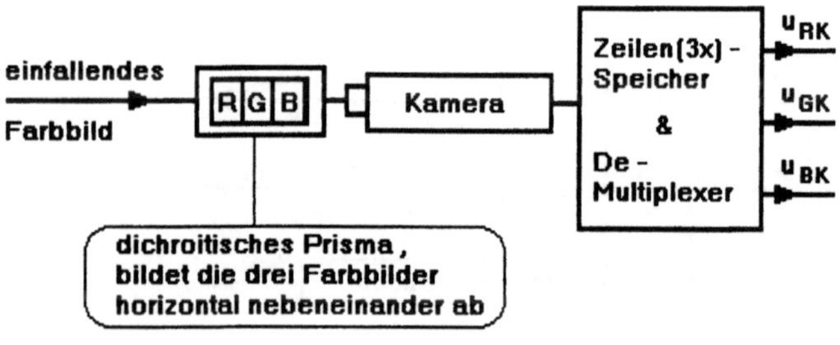

Bild 2.9 Ein-Wandler-Anordnung für Zeilenmultiplex

Bei der zeilenweisen Abtastung (z.B. durch den Abtaststrahl einer Kameraröhre) werden die drei horizontal nebeneinanderliegenden Zeilen der drei Teilbilder nacheinander abgetastet. Sie werden dann zeilenweise zwischengespeichert.

Von Nachteil ist, daß die horizontale Auflösung des Bildwandlers verdreifacht werden muß, um die horizontale Auflösung gegenüber einem vergleichbaren Monochrom-Wandler nicht kleiner werden zu lassen.

Beim **Punktmultiplex** werden die Farbauszüge punktweise selektiert. Es kommen Streifenfilter mit vertikalen optischen Rot, Grün- und Blau-Filterstreifen oder Farbrasterfilter mit speziell verteilten sensorgroßen Farbfilterpunkten zur Anwendung [2.04].

Auch bei Punktmultiplex muß die Auflösung gegenüber einem Monochrom-Wandler das Dreifache betragen, wenn insgesamt die gleiche Bildschärfe erwartet wird.

- **Zwei-Wandler-Anordnungen.** Es handelt sich um Aufnahme-Anordnungen, bei denen die Farbkomponentensignale mittels der oben beschriebenen Ein-Wandler-Anordnungen mit geringer Bandbreite erzeugt werden. Das Luminanzsignal wird aber zusätzlich durch einen separaten Monochrom-Bildwandler mit großer Bandbreite gewonnen. Die Signale werden miteinander verknüpft und daraus Signale für Rot, Grün und Blau erzeugt. Die Auflösung für die Helligkeit ist groß, die Farbauflösung dagegen klein. Dies ist kein Nachteil, da dies auch den Eigenschaften unserer Augen entspricht.

  Eine weitere Zwei-Wandler-Anordnung nutzt die höhere Grünempfindlichkeit unserer Augen. Sie besteht aus einem grünempfindlichen CCD-Wandler (hohe Auflösung) und einem zweiten CCD-Wandler mit rot- und blaudurchlässigen Sensorpunkten (Farbrasterfilter, geringere Auflösung).

2.7 Aufgaben und Lösungen

Im Anschluß an die folgenden Aufgaben finden Sie die zugehörigen Lösungen.

A 2.1 Erklären Sie den äußeren Fotoeffekt.

A 2.2 Geben Sie für die Kameraröhre nach Bild 2.2 (Superorthikon, äußerer Fotoeffekt) das Bauelement an, auf dem das elektrische Äquivalent des optischen Bildes erzeugt wird.

A 2.3 Eine Kamera nach dem Prinzip des Vidikons (s. Bild 2.3) besitze fotoresistives Halbleitermaterial in Form von vielen kleinen diskreten Punkten. Jeder Punkt kann als ein relativ hochohmiger Fotowiderstand mit einem kleinem Kondensator angenommen werden.

Für einen Punkt ist das Ersatzschaltbild zu skizzieren. Dabei soll der abtastende Elektronenstrahl als Schalter dargestellt werden. Der Schalter schließt jeweils (gegen 0 V), wenn der Elektronenstrahl den Punkt gerade abtastet.

A 2.4 In der Sperrschicht einer Fotodiode findet bei Lichteinwirkung der innere Fotoeffekt statt. Für die nachfolgend dazu angegebene Schaltung (z.B. eines CCD-Array-Punktes) mit einer Fotodiode ist die Polarität der Betriebsspannung U_B anzugeben.

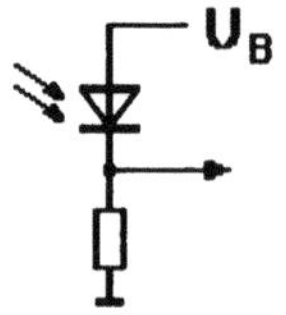

Bild 2.10 Fotodiodenschaltung

A 2.5 Was versteht man unter Gammakorrektur bei einer Farbkamera? Auf welchen Wert muß der aufnahmeseitige Gammawert gebracht werden, wenn bei der Wiedergabe mit einem Gammawert von 2,2 gerechnet werden muß?

A 2.6 Was versteht man unter einem dichroitischen Spiegel?

L 2.1 Unter Einstrahlung von Licht emittieren Elektronen aus einer metallischen Oberfläche. Die Energie der Lichtquanten sorgt dafür, daß die Elektronen die notwendige Austrittsarbeit leisten können.

L 2.2 Auf der Speicherplatte wird ein Ladungsbild gebildet, das äquivalent zum optischen Bild ist.

L 2.3

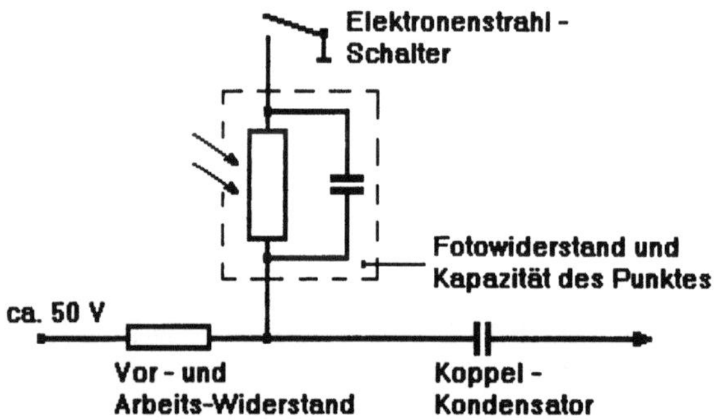

Bild 2.11 Ersatzschaltbild eines Punktes einer Kameraröhre vom Vidikon-Prinzip (innerer Fotoeffekt)

L 2.4 Es muß eine negative Betriebsspannung U_B angelegt werden.

L 2.5 Der nichtlineare Zusammenhang zwischen Leuchtdichte und Videospannung auf der Aufnahmeseite wird dem auf der Wiedergabeseite angepaßt. Bei drei Kameras (Rot, Grün, Blau) muß dies separat für jede Kamera geschehen. Aufnahmeseitiger Gammawert: 1/2,2 = 0,45

L 2.6 Ein dichroitischer Spiegel spiegelt farbselektiv (z.B. rot), alle anderen Farbkomponenten des einfallenden Lichts gehen durch ihn hindurch.

3 Bildwiedergabewandler

Die Wiedergabe von farbigen Fernsehbildern erfordert schnelle, dreifarbige (Rot, Grün, Blau) elektrooptische Wandler. Bis heute sind für die Bewegtbildwiedergabe des Fernsehens lediglich die Bildröhre und Flüssigkristallbildschirme (LCDs = Liquid Crystal Displays) verfügbar. Andere bekannte elektrooptische Effekte – wie der elektrooptische Plasmaeffekt oder der Lumineseffekt – haben bisher noch keinen Einzug in die Fernsehtechnik gehalten, obwohl sie z.T. schon als Bildwiedergabewandler für Personal Computer auf dem Markt sind. Die Gründe liegen in der unzureichenden Farbtüchtigkeit und auch in der für Bewegtbild-Wiedergabe mangelhaften Bildwechsel-Geschwindigkeit. Immer noch dominieren die konventionellen Bildröhren, obwohl insbesondere ihre große Bautiefe ein erheblicher Nachteil ist.

3.1 Bildröhren

Bildröhren sind Elektronenstrahlröhren mit einer Glühkathode. Infolge der hohen Temperatur der Glühkathode erhalten die Elektronen des Kathodenmaterials eine recht hohe mittlere Geschwindigkeit. Viele von ihnen werden dadurch in die Lage versetzt, die erforderliche Austrittsarbeit zu leisten (vgl. äußerer Fotoeffekt Kapitel 2.1). Die Kathode emittiert Elektronen. Sie werden zu einem dünnen Elektronenstrahl fokussiert, der beim Auftreffen auf den Leuchtschirm das dort vorhandene Leuchtstoffmaterial zur Emission von Licht anregt. Ein Schnitt durch eine solche, sogenannte Braun'sche Röhre oder Kathodenstrahlröhre zeigt Bild 3.1.

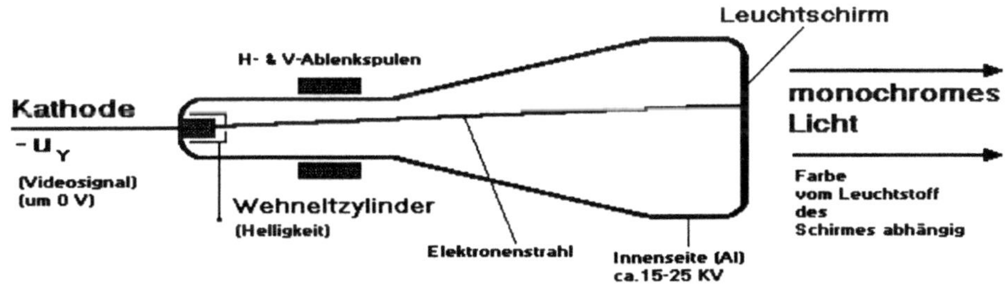

Bild 3.1 Kathodenstrahlröhre für Monochrombilder

Die aus der elektrisch beheizten Glühkathode emittierten freien Elektronen (Vakuum) fliegen durch das im sogenannten Wehneltzylinder (zylindrische Steuerelektrode) befindliche Loch hindurch oder kehren zur Kathode zurück. Wie viele Elektronen durch den Wehneltzylinder hindurch in das Innere der Bildröhre gelangen, wird durch die Spannung zwischen Wehneltzylinder und Kathode beeinflußt. Man kann daher bei einer Bildröhre sowohl am Wehneltzylinder wie an der Kathode die Stärke des Elektronenstrahls steuern.

Die hohe Spannung des Leuchtschirmbelages (ca. 15-25 kV) beschleunigt die Elektronen in Richtung Leuchtschirm. Auf dem Wege dorthin werden sie elektrisch zu einem dünnen Elektronenstrahl (z.B. ca. 0,3 mm) fokussiert. Mittels außerhalb der Röhre angebrachter Ablenkspulen wird er dabei -synchron zur sendeseitigen Abtastbwegung- horizontal und vertikal abgelenkt. Der Elektronenstrahl wird somit über den Leuchtschirm hinwegbewegt.

Die elektrooptische Umwandlung erfolgt im Leuchtschirmmaterial. Elektronen durchdringen zunächst eine dünne Metallschicht (Al) und treffen dann auf die Leuchtschicht, in die sie eindringen. In ihr findet ein komplexer elektrooptischer Vorgang statt. Es treten Sekundärelektronen auf, schließlich führt die Anregung von Aktivatorzonen zur Emission von Lichtquanten. Der Leuchtstoff besteht aus einem Stoffgemisch mit kleinen Verunreinigungen, z.B. Sulfide, Silikate u.a. mit Silber, Kupfer u.a. Die Leuchtstoffmaterialien bestimmen die Farbe des emittierbaren Lichtes. Es lassen sich so Leuchtschirme für Schwarz-Weiß- wie solche für Farbfernseher mit rot-, grün- und blaustrahlenden Leuchtpunkten herstellen.

Bei Farbbildröhren sind innerhalb einer Bildröhre drei Glühkathoden nebeneinander angebracht. Es werden damit drei Elektronenstrahlen erzeugt, deren Stärke individuell gesteuert werden kann. Sie werden jedoch gemeinsam fokussiert und abgelenkt. Auf dem Leuchtschirm treffen sie dann dicht nebeneinander auf. Es wird dafür gesorgt, daß sie nur jeweils die ebenfalls dicht beieinanderliegenden zugehörigen rot-, grün- und blau-emittierfähigen Leuchtpunkte treffen können. Die Emission der kleinen beieinanderliegenden Leuchtpunkte für Rot, Grün und Blau wird vom Auge nicht separiert, sondern als ein Farbfleck wahrgenommen. Es findet additive Farbmischung statt.

Bild 3.2 zeigt im Schnitt eine Farbbildröhre mit Leuchtpunkten.

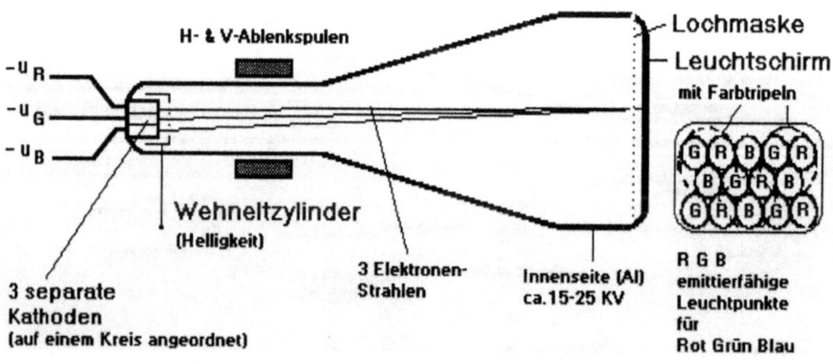

Bild 3.2 Lochmaskenröhre mit Farbtripel-Leuchtschirm

Die Anordnung der Farbpunkte auf dem Leuchtschirm erfolgt in Form von sogenannten Leuchtpunkt-Tripeln. Die Kathodensysteme müssen dabei ebenfalls kreisförmig angeordnet sein.

Vor dem Leuchtschirm ist eine metallische Lochmaske angebracht. Dieses präzise dünne Blech besteht aus vielen kleinen Löchern (ca. 0,2 mm Durchmesser). Es dient dazu, die

Elektronen nur an ganz bestimmten Stellen durchzulassen. Während der Ablenkung überstreichen die drei Elektronenstrahlen die Lochmaske. Sie können nur durch die Löcher hindurchtreten (alle drei gleichzeitig) und das dahinterliegende Farbtripel erreichen. Auf diese Weise wird sichergestellt, daß die Rot-, Grün- und Blau-Elektronenstrahlen nur entsprechende Leuchtpunkte treffen.

Die Bildschirmoberfläche ist annähernd flach. Sie stellt keinesfalls ein Stück Kugeloberfläche mit den Kathoden im Mittelpunkt dar (keine Kugelkalotte). Die Leuchtschirmebene und damit auch die dicht vor ihr liegende Lochmaske liegen damit nicht in der natürlichen Kovergenzebene. Aus diesem Grunde würden sich die drei Strahlen auch nicht überall in der Lochmaskenebene treffen und gemeinsam durch ein Loch dringen können. Man muß daher relativ aufwendige Konvergenzsysteme verwenden. Sie sorgen mit magnetischen Korrekturfeldern dafür, daß die drei Elektronenstrahlen bei jeder horizontalen und vertikalen Ablenkposition in der Lochmaskenebene zusammentreffen. Außer diesen positionsabhängigen, dynamischen Korrekturfeldern werden noch statische, einstellbare Magnetfelder (Dauermagnete) für die Konvergenz eingesetzt. Mit ihrer Hilfe wird die Konvergenz-Grundeinstellung vorgenommen.

Neben den angesprochenen Konvergenzproblemen ist von Nachteil, daß die meisten Elektronen auf der Lochmaske und nicht auf dem Leuchtschirm landen. Dadurch erwärmt sich die Lochmaske und kann sich mechanisch leicht verwerfen. Dies führt wiederum zu mangelnder Konvergenz.

Die Schlitzmaskenröhre vermindert diese Probleme erheblich. Die Leuchtstoffe für die drei Farben sind in vertikalen Streifen aufgebracht. Vor ihnen in der Röhre befindet sich eine Schlitzmaske. Es handelt sich dabei um ein dünnes Blech mit horizontal nebeneinander liegenden vertikalen Schlitzen, durch die die drei Elektronenstrahlen hindurchtreten können (Bild 3.3). Die Kathodensysteme sind horizontal nebeneinander angeordnet. Dadurch treffen auch die Elektronen horizontal nebeneinander auf die zugehörigen Leuchtstreifen. Konvergenzprobleme entfallen weitgehend, da die vertikale Ausrichtung der Elektronenstrahlen unkritisch ist.

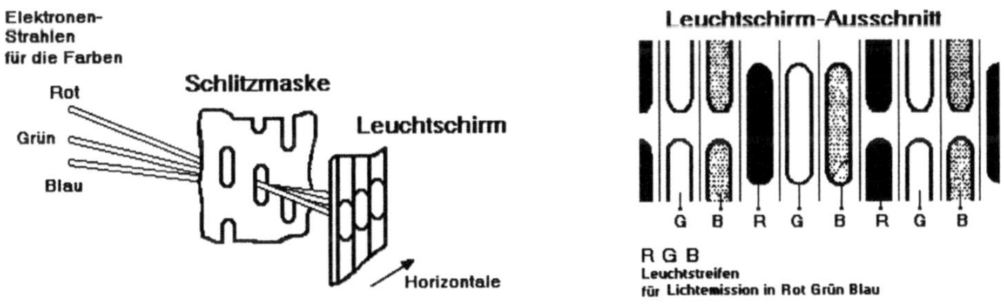

Bild 3.3 Maske und Schirm der Schlitzmaskenröhre

Schlitzmaskenröhren wurden in diversen Abwandlungen entwickelt. Ein wichtiger Schritt war die Trinitonröhre. Heute werden vorwiegend sogenannte In-Line-Röhren eingesetzt. Der detailinteressierte Leser möge in [3.01],[3.02],[3.03] nachlesen.

3.2 Flüssigkristall-Flachbildschirme

Flüssigkristallschirme bestehen aus vielen kleinen LCD-Zellen (LCD = Liquid Crystal Display). Jede einzelne Zelle wird in ihrer Transmissionseigenschaft individuell gesteuert (oder auch in ihrer Reflektion). Durch optische Rot-, Grün- und Blaufilter vor den kleinen Zellen wird die Farbtüchtigkeit erreicht. Es werden jeweils Zellen für Rot, Grün und Blau benachbart angeordnet. Wie bei den Bildröhren löst das Auge bei normalem Betrachterabstand die unterschiedlichen Farbemissionen nicht auf. Statt dessen entsteht im Auge ein summarischer Farbeindruck (additive Farbmischung).

Im folgenden wird eine transmissive Flüssigkristall-Zelle erklärt. Es werden sogenannte nematische LCDs eingesetzt. Bei ihnen wird polarisiertes Licht benutzt. Das Licht durchtritt vor der Flüssigkristall-Zelle einen Polarisator, der es linear polarisiert. Eine nicht angesteuerte Zelle dreht die Polarisationsrichtung um 90 Grad (oder 270 Grad). Austrittsseitig ist ein zweiter Polarisator angebracht. Er polarisiert linear in orthogonaler Richtung zum ersten. Das Licht kann ihn wegen seiner 90-Grad-Drehung passieren (Bild 3.4 (a)).

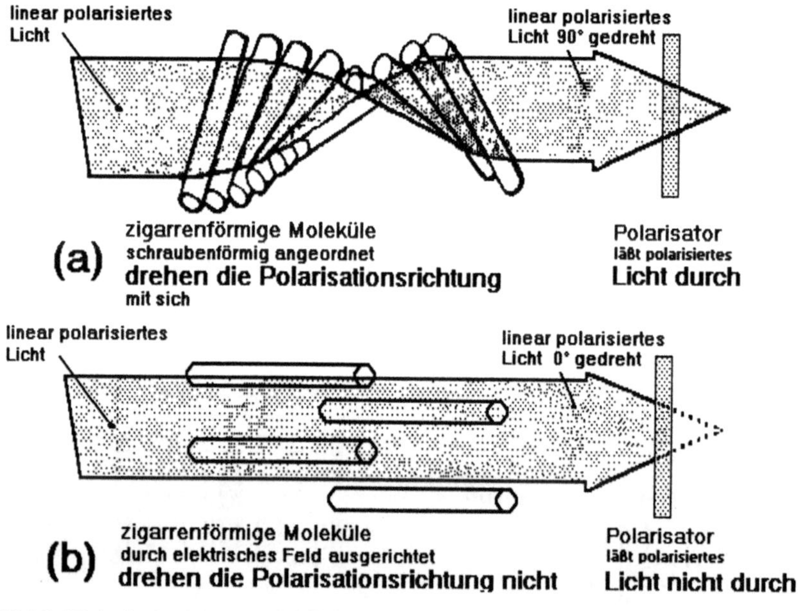

Bild 3.4 Prinzip des Lichtdurchtritts durch eine LCD-Zelle

Die Drehung der Polarisationsebene in der nicht angesteuerten Zelle wird durch die schraubenförmig angeordneten großen zigarrenförmigen Moleküle des Flüssigkristall-Materials bewirkt.

Ihre schraubenförmige Drehung ist die Folge ihrer Ausrichtung an den Grenzflächen. Diese Flächen sind so beschichtet, daß sich die großen zigarrenförmigen Moleküle an ihnen längs anliegend in einer vorgegebenen Richtung orientieren. Nun ist die gegenüberliegende Grenzfläche so ausgebildet, daß an ihr eine orthogonal gedrehte Ausrichtung der Moleküle bewirkt wird (90 bzw. 270 Grad). Über die kurze Distanz der Zellenausdehnung (ca. 10 µm) drehen sich daher die sich gegenseitig beeinflussenden Moleküle schraubenförmig von einer zur anderen Begrenzungsfläche. Die Polarisationsrichtung des durchtretenden Lichtes dreht sich nun mit der Richtung der Moleküle. Sie steht damit austrittsseitig senkrecht zu der beim Eintritt. Das Licht kann deshalb den zweiten Polarisator (Polarisationsrichtung orthogonal zum ersten) ungehindert durchdringen.

Wird – über transparente, leitende Elektroden – ein elektrisches Feld zwischen den Glasplatten angelegt, richten sich die Moleküle in Feldrichtung aus (Bild 3.4 (b)). Die schraubenförmige Ordnung löst sich auf. Das polarisierte Licht wird nicht mehr gedreht und stößt beim Austritt auf den Polarisator mit orthogonaler Polarisationsrichtung. Dieser sperrt das Licht. Der beschriebene Vorgang verläuft stetig. Eine kontinuierliche optische Dämpfung der Zelle ist somit möglich.

Die vielen kleinen LCD-Zellen eines LCD-Schirmes sind nicht voneinander getrennt. Es handelt sich um einen flachen Aufbau mit kleinen Farbfiltern für jede einzelne Zelle, wodurch rote, grüne und blaue Pixelelemente entstehen. In Bild 3.5 ist der typische Schichtenaufbau dargestellt.

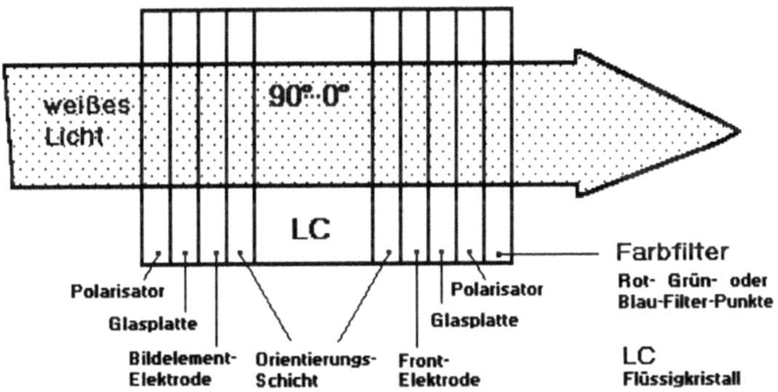

Bild 3.5 LCD-Schichtenaufbau

Die Ansteuerung von so vielen LCD-Zellen (z.B. 3 x 300.000) ist recht aufwendig. Die Zellen sind als Matrix organisiert. Die Videospannungen für Rot, Grün und Blau werden zeilenweise parallel angelegt, so daß alle Spalten gleichzeitig Signal führen. Es werden nacheinander die zu schreibenden Zeilen einzeln angesteuert (Zeilenmultiplex). Die Signalspannungen gelangen so zu den LCD-Zellen der ausgewählten Zeile. Die Kapazität der LCD-Zellen hält die jeweilige Zellenspannung bis zur nächsten Ansteuerung. Bezüglich der Zellen findet demnach kein Zeitmultiplex statt. Jede Zelle besitzt eine eigene kleine Ansteuerschaltung. Es handelt sich dabei um spezielle Diodenschaltungen oder um Aktivschaltungen mit Transistoren (s. Bild 3.6).

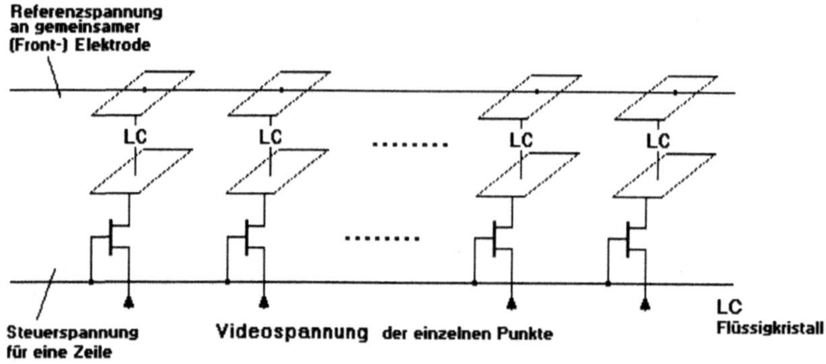

Bild 3.6 LCD-Aktivmatrix-Ansteuerung mit Transistoren

Für jede Zelle ist ein Transistor vorhanden. Die riesige Anzahl an Transistoren wird in Dünnfilmtechnik direkt auf die Rückseite der Glasplatte des LCD-Schirmes aufgebracht [3.05].

Die Transistoren stellen die elektronischen Durchschaltepunkte dar. Die Steuerspannung schaltet jeweils alle Transistoren der Zeile durch, deren LCD-Zellen gerade wieder neu beschrieben werden sollen. Im durchgeschalteten Zustand liegen somit die Videospannungen der einzelnen Punkte an den LCD-Zellen dieser Zeile. Fällt die Steuerspannung der angesprochenen Zeile wieder ab, sperren die Transistoren. Die Kapazität der LCD-Zelle hält den letzten Spannungswert bis zum erneuten Durchschalten.

Werden statt der Dünnfilm-Transistoren Dünnfilm-Dioden verwendet, sind die LCD-Zellen genauso in Form einer Matrix organisiert (s. Bild 3.7).

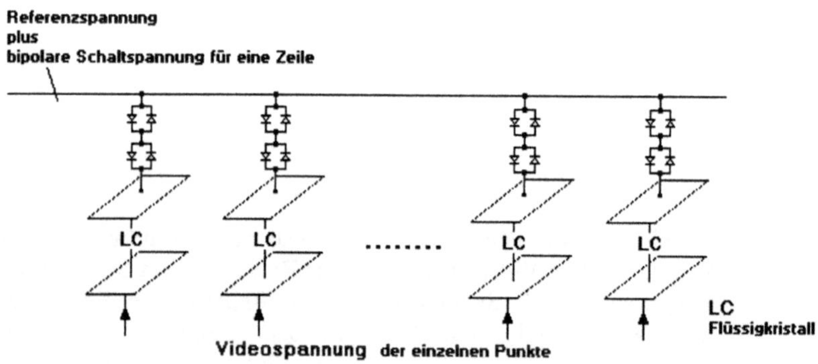

Bild 3.7 LCD-Matrix-Ansteuerung mit Dioden

Die Ansteuerschaltung weicht von der der Transistorschaltung ab.

Es werden Dioden in Anti-Parallel-Schaltung eingesetzt. Man nutzt dabei die Schleusenspannung der Dioden in Durchlaßrichtung:

Im Bereich kleiner Diodenspannungen (< 1 V) fließt ein so kleiner Strom, daß man ihn in Hinblick auf die Entladung der LCD-Zellen vernachlässigen kann. Erst bei größeren Spannungen setzt wesentlicher Stromfluß ein. Unter Schleusenspannung wird nun eine Spannung zwischen den geschilderten Bereichen verstanden. Vereinfachend nimmt man, daß die Diode bei größeren Spannungen leitend ist und bei kleineren Spannungen sperrt. Dies ist natürlich eine sehr grobe Beschreibung des Diodenverhaltens, denn tatsächlich steigt der Strom exponentiell (und somit stetig) mit der Durchlaßspannung. Nichtsdestoweniger ist der Begriff der Schleusenspannung sehr zweckmäßig und erlaubt eine vereinfachende Betrachtungsweise.

Durch die Verwendung mehrerer, in Serie geschalteter, anti-paralleler Dioden kann die Schleusenspannung für die Schaltung insgesamt vergrößert werden (> 1 V).

Die an einer ganzen Spalte der LCD-Matrix anliegende, kleine Videospannung bleibt ohne Schaltspannung wirkungslos, da die Dioden-Spannungen unterhalb der Schleusenspannungen bleiben. Erst durch die Schaltspannung werden die anti-parallelen Dioden leitend. Die LCD-Kondensatoren der aktivierten Zeile werden dann (den Videosignalen entsprechend) umgeladen.

Die Schaltspannung muß wegen der anti-parallelen Dioden bipolar sein. Sie wird der Referenzspannung (LCD-Arbeitsbereich) überlagert.

3.3 Projektionsanordnungen für große Fernsehbilder

Bei großformatigen Fernsehwiedergaben werden Projektionsanordnungen eingesetzt. Dies sind Geräte mit drei sehr lichtstarken Projektions-Bildröhren, deren Rot-, Grün- und Blau-Bilder auf einem gemeinsamen passiven Schirm (Leinwand) abgebildet werden.

Besonderes Augenmerk gilt dabei der Konvergenz der drei Farbbilder. Sie müssen schließlich punktgenau übereinstimmen.

Es werden extrem hohe Röhrenspannungen (ca. 30-50 kV) benötigt. Sie führen zu Röntgenstrahlungen und großer Erwärmung. Es müssen daher wirksame Schutzmaßnahmen gegen Röntgenstrahlung getroffen und spezielle Kühlverfahren angewandt werden. Diese Maßnahmen verteuern solche Geräte erheblich.

Lichtstärke und Kontrast sind meist recht klein. Es gibt aber auch Projektionsgeräte mit vergleichsweise hohem Kontrastverhältnis (und hoher Auflösung).

3.4 Entwicklungstendenzen

Bildröhren werden bisher immer noch am häufigsten eingesetzt. Insbesondere bei mittleren und großen Heimfernsehgeräten stellen auch Flüssigkristall-Bildschirme noch keine Alternative dar. Es gibt insbesondere bei großen LCD-Bildschirmen technologische Probleme. Auch die erreichten Kontrastwerte von ca. 100 werden von Bildröhren weit übertroffen. Bezüglich der Brillanz des Bildes sind die LCD-Bildschirme den Bildröhren ebenfalls unterlegen.

Von großem Nachteil ist bei den üblichen Dreistrahl-Bildröhren die erforderliche Schlitzmaske (oder ähnliches). Aus diesem Grunde wurden Anstrengungen unternommen, **Bildröhren mit nur einem Kathodenstrahlsystem** zu entwickeln [3.12],[3.13]. Es gibt nunmehr Lösungen mit senkrechten (oder horizontalen) Rot-Grün-Blau-Leuchtschirmstreifen, die von einem Elektronenstrahl nacheinander getroffen und dabei zum Leuchten angeregt werden (Zeitmultiplex).

Die Multiplextechnik und das genaue Zielen des Strahls auf den jeweiligen Farbstreifen sind unvollkommen, obwohl gerade für das Zielen spezielle Elektroden (mit Elektronik) eingerichtet wurden. Einstrahlröhren sind daher bis heute nicht eingeführt. Sie bleiben jedoch prinzipiell eine Alternative zu den verbreiteten Dreistrahlröhren.

Große, flache Bildschirmwandler werden mit hohem Aufwand vielerorts entwickelt. Daneben geht es um hochauflösende große Bildschirme für das künftige hochauflösende Fernsehen (Kapitel 10).

An erster Stelle der Entwicklungsanstrengungen stehen Weiterentwicklungen der **LCD-Bildschirme**. Hier geht es um Bildschirme mit großen Abmaßen, hoher Auflösung (ca. 1200 Zeilen/Schirm) und einem möglichst großen Bereich des Betrachtungswinkels (ca. 60 Grad). Solche Bildschirme lassen sich nur mit integrierten Steuerelementen realisieren (Dünnfilmtechnik auf der LCD-Schirm-Rückseite, vgl. Kapitel 3.2). Farbschirme mit 14-Zoll-Diagonale, 2 cm Tiefe, Kontrast 100 und ca. 400.000 Pixel (dreifarbig) wurden bereits realisiert [3.07], [3.10].

Neben der intensiven Weiterentwicklung an LCD-Bildschirmen wird auch an **Elektrolumineszenz-Flachbildschirmen** gearbeitet [3.09], [3.10]. Bei der EL (Elektrolumineszenz) wirkt ein starkes elektrisches Feld auf spezielle Materialien in Dünnfilmschichten ein. Unter Wirkung des elektrischen Feldes leuchten diese Stoffe. Es sind demnach Aktivstrahler. Die Bildpunkte der EL-Schirme werden ähnlich der LCD-Technik punktweise individuell angesteuert (Dünnfilm-Transistoren).

Heute gibt es bereits kleine marktreife EL-Bildwandler. Es handelt sich dabei jedoch um Monochrom-Bildschirme. Es ist nämlich bisher nicht gelungen, voll farbtüchtige EL-Bildschirme zu realisieren. Es gibt insbesondere noch große Schwierigkeiten bei der Farbe Blau.

Flache **Plasma-Bildschirme** sind eine weitere mögliche Alternative zur herkömmlichen Bildröhre. Plasma-Bildschirme sind Aktivstrahler. Ihre Lichtemission beruht auf der Plasmafluoreszenz (Gasentladung im elektrischen Feld).

Sie werden bereits in der Datentechnik als Displays eingesetzt, allerdings nur als Monochrom-Bildschirmdisplays. Sie besitzen nur wenige Graustufen (geringer Kontrast). Es liegen Vorschläge für Farbschirme vor [3.14]. Es ist jedoch nicht sobald mit zufriedenstellenden Ergebnissen oder gar einer Markteinführung zu rechnen.

Die Überlegenheit der Bildröhre bei Farbwiedergabe und der Wunsch nach einem flachen, großen Bildschirm führen zur **Flachbildröhre**. Sie existiert bereits als Entwicklungsmuster [3.16]. Ihre Daten sind: 11-Zoll-Diagonale, 6 cm Tiefe, ca. 100.000 Pixel (ca. 300.000 Farbpunkte). Die Kathode ist in der Größe des Leuchtschirms flach ausgebildet. Es werden gleichzeitig viele Elektronenstrahlen emittiert. Die Auswahl einer Anzahl jeweils gleichzeitig aktiver Elektronenstrahlen erfolgt mittels sogenannter Auswahlelektroden. Die so aktiv gewordenen Elektronenstrahlen treffen dann auf senkrecht angeordnete Leuchtfarbstreifen des Bildschirms. Die Elektronenstrahlen werden gemeinsam über einen kleinen Bereich abgelenkt. Alle aktiven Elektronenstrahlen treffen dadurch nacheinander auf Rot-, Grün- und Blaustreifen. Mit der Ablenkung wird zwischen dem Signal für Rot, Grün und Blau umgeschaltet (Zeitmultiplex). Dieser Vorgang wiederholt sich dann für andere – danach ausgewählte – Elektronenstrahlen. Statt einer flachen geheizten Kathode kommt auch eine ungeheizte Flachkathode mit Feldemission infrage (Field Emission Display, [3.20]). Dabei wird die Elektronenemission durch extrem starke elektrische Felder bewirkt. Diese Felder erzeugt man durch sehr kleine Abstände (z.B. Anode-Kathode ca. 200 µm). Man darf auf die Weiterentwicklung dieser Technologie gespannt sein.

3.5 Aufgaben und Übungen

Im Anschluß an die folgenden Aufgaben finden Sie die zugehörigen Lösungen.

A 3.1 Bildröhren besitzen nahezu flache Leuchtschirme. Ein linear ansteigender Ablenkstrom (magnetische Ablenkung) würde an den Bildrändern des Leuchtschirms zu einer schnelleren Strahlbewegung als in der Bildmitte führen (Tangenz-Verzerrung). Aus diesem Grunde ist der zeitliche Verlauf der horizontalen und vertikalen Ablenkströme nur annähernd sägezahnförmig.

Skizzieren Sie qualitativ den Verlauf des Ablenkstromes über der Zeit.

A 3.2 Bei der Schlitzmaskenröhre werden Leuchtstreifentripel (Rot, Grün, Blau) benutzt. Skizzieren Sie die zugehörige Anordnung der drei Kathoden der Bildröhre (Draufsicht Kathodenseite).

A 3.3 Bei einem Flüssigkristall-Bildschirm (LCD) seien Front- und Rückseiten-Polarisator gleich ausgerichtet. Die Orientierungsschichten sorgen jedoch in der üblichen Weise für eine 90°-Drehung der Flüssigkristall-Moleküle.

Kann der LCD-Schirm funktionieren? Beschreiben Sie die Wirkungsweise.

A 3.4 Ein LCD-Schirm mit einer Dioden-Ansteuerung nach Bild 3.7 werde betrachtet. Skizzieren Sie qualitativ den zeitlichen Verlauf der Schaltspannung.

L 3.1

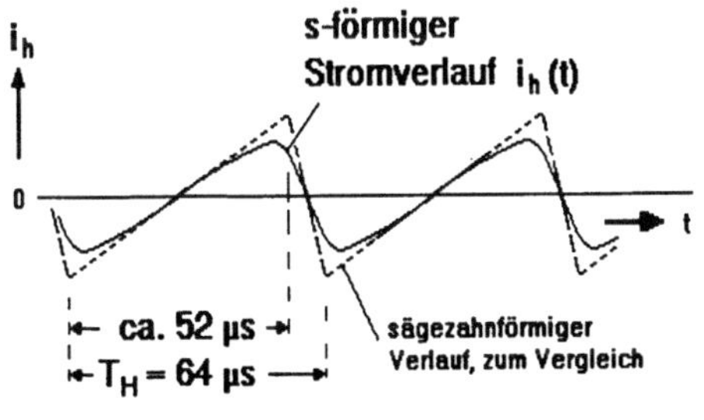

Bild 3.8 S-förmiger Ablenkstrom (CCIR B,G)

Der Strom muß s-förmig verlaufen, damit an den Rändern kleinere Winkelgeschwindigkeiten entstehen.

L 3.2

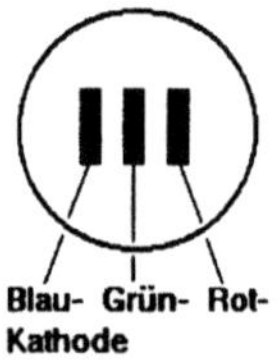

Bild 3.9 Kathodenanordnung der Schlitzmaskenröhre

Die Kathoden liegen horizontal nebeneinander.

L 3.3 Die Polarisationsrichtung des Lichts wird beim Durchlaufen des nicht angesteuerten LC gedreht und frontseitig gesperrt. Bei Ansteuerung der Zelle gibt es keine Polarisationsdrehung mehr, die Zelle ist transparent.

Der LCD-Schirm ist demnach bei entsprechender Ansteuerung funktionstüchtig.

L 3.4

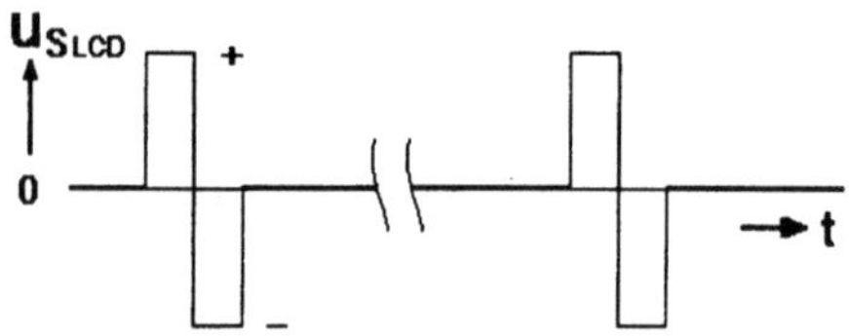

Bild 3.10 Verlauf der Schaltspannung in einer Dioden-LCD-Schaltung

4 Schwarz-Weiß-Fernsehübertragung

Für Schwarz-Weiß-Bilder muß lediglich das Leuchtdichtesignal (Luminanzsignal) übertragen werden.

Aufnahmeseitig ist eine Schwarz-Weiß-Kamera oder eine Farbkamera-Anordnung vorhanden. Im letztgenannten Fall muß das Luminanzsignal aus den drei gammakorrigierten Farbsignalen Rot, Grün und Blau gewonnen werden. Dies erfolgt über die nachfolgende gewichtete Addition:

$$u_Y = 0{,}30 \cdot u_R + 0{,}59 \cdot u_G + 0{,}11 \cdot u_B \tag{4.1}$$

mit

u_R, u_G, u_B = gammakorrigiertes Rot-, Grün-, Blausignal
u_Y = gammakorrigiertes Luminanzsignal

Gl. (4.19) wird später in Kapitel 6.1 entwickelt. Die Gewichtungen sind aus den relativen Augenempfindlichkeiten (vgl. Bild 1.1) bei den Fernseh-Normfarben Rot, Grün und Blau abgeleitet.

Bei Schwarz-Weiß-Bildern entstehen an den Farbkameraausgängen gleichgroße Signalspannungen u_R, u_G, u_B. Sie führen bei einem Farb-Bildwandler im Empfänger auch wieder zu Schwarz-Weiß-Bildern. Das nach Gl. (4.1) gebildete Luminanzsignal entspricht dem einer Schwarz-Weiß-Kamera, daher wird es auch von einem Schwarz-Weiß-Fernsehempfänger richtig wiedergegeben.

Bei einem Schwarz-Weiß-Fernsehsignal wird als Bildinformation nur das Luminanzsignal nach Gl. (4.1) übertragen. Ein Farb-Fernsehempfänger besitzt jedoch einen Farb-Bildwandler, dem die drei Farbsignale u_R, u_G, u_B getrennt zugeführt werden müssen. Das Luminanzsignal muß daher im Empfänger – Gl. (4.1) entsprechend – wieder aufgeteilt werden. Diese Aufgabe übernimmt eine sogenannte Farb-Matrix-Schaltung.

Bei aufnahmeseitiger Farbkamera-Anordnung werden die drei Farbsignale einzeln gammakorrigiert (Gammakorrektur s. Kapitel 2.5). Im Schwarz-Weiß-Fernsehempfänger wird aber nur das Luminanzsignal als Ganzes gammaentzerrt. Dies deckt sich natürlich nicht mit der separaten Gammakorrektur der drei Farbkomponentensignale Rot, Grün und Blau. Es kommt daher bei farbigen Bildern im allgemeinen zu geringen Helligkeitsfehlern. Sie werden jedoch toleriert.

4.1 BAS-Signale

Für Schwarz-Weiß-Fernsehempfang muß neben dem Leuchtdichtesignal für die Synchronisation der Wiedergabe mit der aufnahmeseitigen Bildabtastung gesorgt werden. Zu diesem Zweck werden Synchronisationsimpulse für die Zeilen (H-Impulse) und für die Halbbilder (V-Impulsblöcke) übertragen. Sie sind im **B**ild-**A**ustast-**S**ynchron-Signal (BAS-Signal) enthalten. Dabei bedeutet Bildsignal das Helligkeitsignal (Luminanzsignal). Das Austastsignal ist ein etwas größeres Schwarzsignal („tief-schwarz"). Es wird während des H- und V-Rücklaufs des Abtaststrahls gesendet. Aufgrund der Austast-Amplitude ist dann keine Bildwiedergabe möglich (Bildschirm dunkel).

Der Begriff Austastung kommt übrigens aus der Röhrentechnik: Der Elektronenstrahl der Kameraröhre wird während seines H- und V-Rücklaufs weggetastet, so daß keine Abtastung stattfindet. Im Empfänger wird dann der Elektronenstrahl der Bildröhre ebenfalls „dunkel getastet“. Bildwiedergabe kann somit während dieser Rücklaufzeiten nicht stattfinden.

Bild 4.1 zeigt das BAS-Signal einer sichtbaren Zeile.

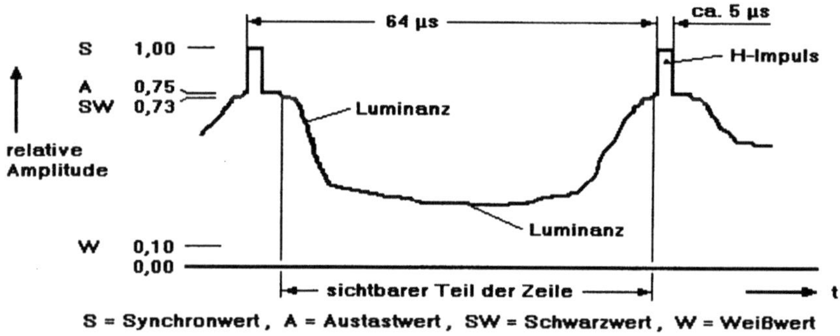

Bild 4.1 BAS-Signal einer sichtbaren Zeile nach CCIR B,G

Das Bildsignal liegt im relativen Amplituden-Bereich zwischen 0,10 (weiß) und 0,73 (schwarz). Die Synchronimpulse nehmen den Maximalwert 1,00 an. Man unterscheidet zwischen dem Schwarzwert (0,73) und dem Austastwert (0,75), der im Bereich der Horizontal-Synchronimpulse für ca. 12 µs übertragen wird. Während dieser Zeiten läuft bei einer empfängerseitigen Bildröhre der Elektronenstrahl dunkel getastet horizontal zurück.

Die vertikale Synchronisation wird durch V-Impulse übertragen. In ihrem Bereich gibt es kein Videosignal. Es wird lediglich der Austastwert (0,75) oder der Synchronwert (1,00) gesendet (s. Bild 4.2).

Die V-Synchronisation wird von den V-Impulsen abgeleitet. Mit dem ersten V-Impuls beginnt jeweils das Halbbild. Jeder V-Impulsblock besteht aus 5 V-Impulsen, die im zeitlichen Abstand von $0{,}5 \cdot T_H$ (32 µs) gesendet werden (160 µs insgesamt). Die V-Impulse besitzen ein großes Tastverhältnis (ca. 0,84). Sie unterscheiden sich darin deutlich von den H-Impulsen (ca. 5 µs/64 µs Tastverhältnis ca. 0,078). Dadurch kann man die V-Impulsblöcke leicht von den H-Impulsen unterscheiden und sie mit einfachen Mitteln voneinander trennen. So genügt für die Abtrennung der V-Impulsblöcke ein integrierendes RC-Tiefpaßglied.

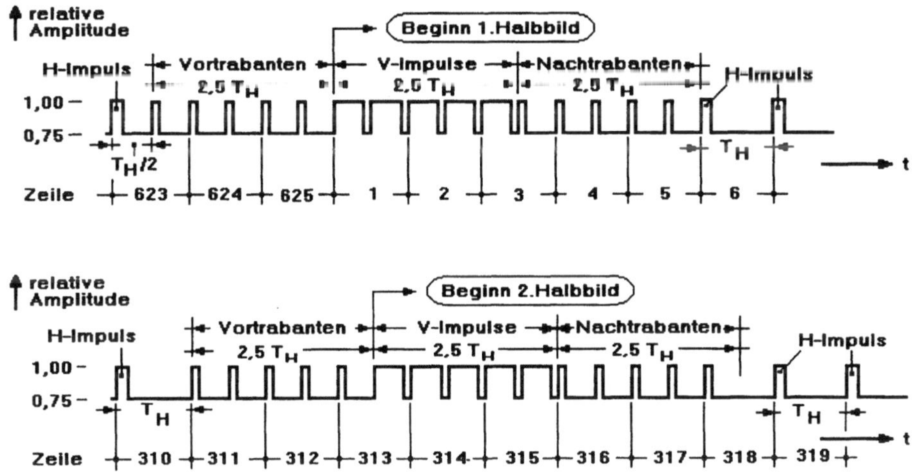

Bild 4.2 V-Impulse nach CCIR B,G

Die 5 Einzelimpulse eines V-Impulsblocks besitzen auch horizontale Synchroninformation. Ihre positiven Flanken stimmen – abgesehen von der $T_H/2$-Periodendauer – mit denen der H-Impulse überein. Dadurch kann auch während eines V-Impulsblocks horizontal synchronisiert werden. Wird die Abtrennung der H-Information mit einem differenzierenden RC-Hochpaß bewerkstelligt, entstehen positive Flankenimpulse. Sie treten auch im Bereich der V-Impulsblöcke auf. Ihre Pulsfolgefrequenz ist dort jedoch doppelt so hoch. Unbeschadet dessen können sie jedoch ohne weitere Aufbereitung zur Synchronisation eines H-Impulsgenerators benutzt werden.

Der Grund für die doppelte H-Frequenz im V-Bereich liegt darin, daß der V-Impulsblock gegenüber der letzten H-Impulsflanke einmal $3 \cdot T_H$ und dann wieder $3{,}5 \cdot T_H$ verschoben ist (Beginn 1./2.Halbbild). Die H-Synchron-Flanken wechseln somit von Halbbild zu Halbbild ihre Position innerhalb der V-Impulsblöcke. Für die V-Synchronisation wird aber ein einheitlicher V-Impulsblock benötigt. Mit der doppelten Zeilenfrequenz wird dieses Problem gelöst.

In Bild 4.3 sind die V-Impuls-Bereiche beider Halbbilder mit ihren RC-integrierten Derivaten dargestellt. Hier ist auch die Wirkung der Vortrabanten zu erkennen. Sie egalisieren den Signalverlauf in den Bereichen der V-Impulsblöcke: Ohne sie würden die V-Impulsblöcke abwechselnd nach T_H bzw. $0{,}5.T_H$ (Beginn 1./2.Halbbild) auf den letzten H-Impuls folgen. Der Kondensator des integrierenden RC-Tiefpasses hätte dadurch zu Beginn der V-Impulsblöcke jeweils unterschiedliche Spannungswerte und der ansteigende Spannungsverlauf während der V-Impulsblöcke würde sich dann etwas voneinander unterscheiden. So würde auch der vertikale Synchronisationszeitpunkt –relativ zum Beginn des jeweiligen Halbbildes – von Halbbild zu Halbbild etwas schwanken. Die Vortrabanten (5 Impulse, $2{,}5.T_H$) sorgen nun dafür, daß die Kondensatorspannung des RC-Tiefpasses zu Beginn beider Halbbilder praktisch gleich ist (Bild 4.3 Signal (1) und (2)). Die 5 Impulse des Trabantenblocks besitzen übrigens den gleichen Mittelwert wie die H-Impulse (halbe H-Impulsdauer, doppelte Zeilenfrequenz). In ihnen steckt auch die horizontale Synchroninformation.

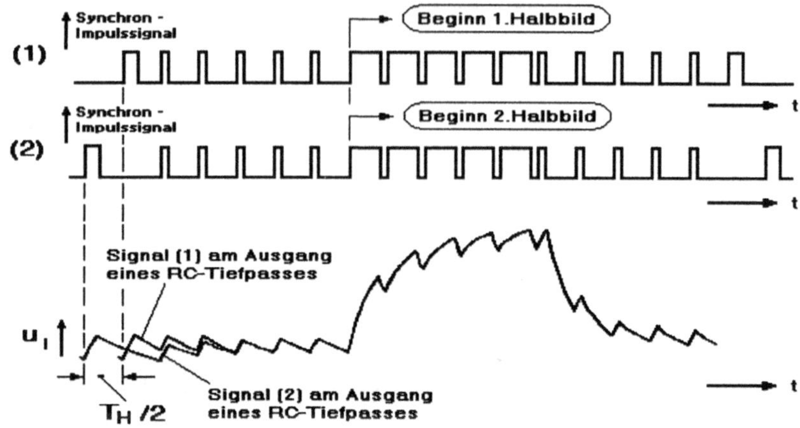

Bild 4.3 Integrierte Synchronimpulse im V-Bereich nach CCIR B,G

Der beschriebene Aufbau des V-Impulsblockes nach CCIR G,B wird auch bei vielen anderen Normen verwandt [N.01]. Beim heutigen Stand der Technik wären allerdings weder Trabanten noch einzelne V-Impulse innerhalb des V-Impulsblocks erforderlich.

4.2 Restseitenband-Amplitudenmodulation

Für die Übertragung des BAS-Signals wird bei allen Fernsehnormen Amplituden-Modulation – kurz AM – benutzt (vgl. Tabelle 1.1). Man unterscheidet zwischen Positiv- und Negativ-Modulation. Negativ-Modulation bedeutet, daß dem Synchronwert (relative BAS-Amplitude 1,00) die maximale Amplitude des hochfrequenten Modulationssignals und dem Weißwert die kleinste Amplitude zugeordnet ist (s. Bild 4.4).

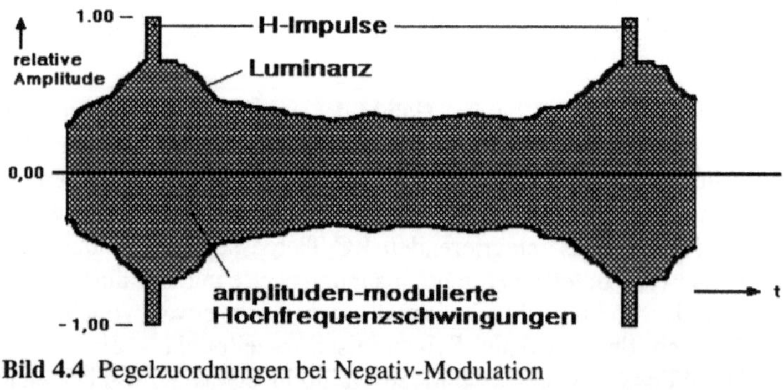

Bild 4.4 Pegelzuordnungen bei Negativ-Modulation

Die meisten in Gebrauch stehenden Normen – so auch CCIR B,G – legen Negativ-Modulation fest. Vorteilhaft an der Negativ-Modulation ist der Umstand, daß die hochfrequente Maximalamplitude (Synchronwert) unabhängig vom Bildinhalt ist. Man kann sie somit zur Verstärkungsregelung im Empfänger heranziehen, indem man nur während des Auftretens der Synchronimpulse die Regelung aktiviert (sogenannte getastete Regelung, s. auch Kapitel 1.1).

Die Abtastung von Fernsehbildern führt zu großen Videobandbreiten. Dadurch sind auch die BAS-Bandbreiten groß. So ist nach CCIR G,B eine BAS-Bandbreite von B_Y = 5 MHz festgelegt (Tabelle 1.1). Eine Übertragung mit Zweiseitenband-AM würde eine unvertretbar hohe Bandbreite von 2·5 MHz erfordern. Einseitenband-AM würde mit der Hälfte auskommen. Das BAS-Signal besitzt jedoch Spektralanteile im Frequenzbereich um Null. Sie ändern sich mit der mittleren Bildhelligkeit. Das modulierende BAS-Signal reicht demnach praktisch von 0-5 MHz. Bei Einseitenband-AM müßte man mit steilflankigen Filtern im Bereich der Trägerfrequenz arbeiten, um das hochfrequente Modulationssignal tatsächlich auf ein Seitenband zu begrenzen. Solche Filter führen aber generell zu großen Gruppenlaufzeit-Verzerrungen im Bereich der steilen Flanken. Das übertragene BAS-Signal wäre stark formverzerrt. Dies ist natürlich nicht tolerabel. Es müssen daher Filter mit flachen Flanken eingesetzt werden. Aus diesem Grunde wird Restseitenband-AM angewandt. Empfängerseitig kann dann eine flache Filterflanke (Nyquistflanke) benutzt werden (Bild 4.5).

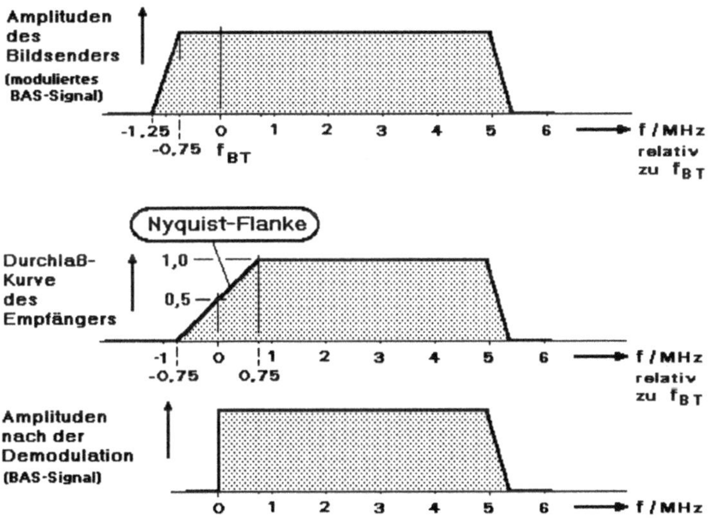

Bild 4.5 Bildsignal-Spektren und Nyquistflanke der Restseitenband-AM nach CCIR G,B

Sendeseitig wird bei CCIR B,G im Bereich der Bildträgerfrequenz f_{BT} bis 0,75 MHz das ungedämpfte Zweiseitenbandsignal ausgestrahlt. Im Empfänger werden die beiden Seitenbänder dieses Bereichs dem Verlauf der Nyquistflanke entsprechend verstärkt, während oberhalb von f_{BT} + 0,75 MHz nur ein Seitenband verstärkt wird. Nach der Demodulation erhält man dadurch ein BAS-Signal, daß durch die lineare Nyquistflanke im Frequenzbereich 0 - 0,75 MHz wie oberhalb dieses Frequenzbereichs gleichermaßen verstärkt ist.

Das hochfrequente Restseitenband-AM-Signal wird sendeseitig noch durch hochfrequente Tonsignale (Kapitel 4.3) ergänzt. Insgesamt benötigt man schließlich eine Kanalbandbreite von minimal 7 MHz. Dies gilt auch für Farbfernsehsignale, da für die Übertragung der Farbinformation keine zusätzliche Bandbreite erforderlich ist (Kapitel 6.1.2). In Deutschland sind daher die Kanäle im Frequenzraster (Frequenz-Abstand) 7 MHz (VHF) bzw. 8 MHz (UHF) angeordnet (Tabelle 4.1).

Band	VHF/UHF	Frequenz in MHz	Kanal	Raster in MHz
I	VHF	47 - 68	2 - 4	7
III	VHF	174 - 230	5 - 12	7
IV/V	UHF	470 - 862	21 - 69	8

Tabelle 4.1 Terrestrische Fernsehfrequenzbereiche in Deutschland

Angaben zu den einzelnen Bild- und Tonträgerfrequenzen sowie zu Senderstandorten sind in [4.01], [1.01] zu finden.

4.3 Tonsignalübertragung

Das Tonsignal wird im Fernsehkanal als separates Modulationssignal übertragen. Die meisten Fernsehnormen sehen Breitband-Frequenzmodulation (FM) vor (Tabelle 1.1). Auch bei uns (CCIR G,B) wird FM mit Daten ähnlich denen beim UKW-Rundfunk benutzt:

- Tonfrequenz $\leq$ 15 KHz
- Frequenzhub $\leq$ 30 KHz
- Preemphasis (Höhenanhebung) mit RC-Hochpaß $T = 50\mu s$

4.3.1 Zweikanal-Frequenzmultiplex

Bei einem Fernsehsender für Monoton-Betrieb wird eine Tonträgerfrequenz, bei einem für Zweikanalton-Betrieb werden zwei Tonträgerfrequenzen benutzt. Sie liegen bei unserer CCIR G,B-Norm oberhalb der Bildträgerfrequenz:

$$f_{TT1} = f_{BT} + 5{,}500 \text{ MHz Monosignal bzw. Ton-Kanal 1 (CCIR B,G)} \quad (4.2a)$$
$$f_{TT2} = f_{BT} + 5{,}742 \text{ MHz Ton-Kanal 2 (CCIR B,G)} \quad (4.2b)$$

mit

$$f_{BT} = \text{Bildträgerfrequenz}$$

Der zweite FM-Kanal (5,74 MHz) trägt bei Stereo die Information des rechten Tonkanals (RT). Zusammen mit dem Monosignal (LT + RT) können daraus im Empfänger die Signale für den linken (LT) und rechten (RT) Lautsprecher gebildet werden. Die Abkürzungen RT und LT stehen dabei für linken bzw. rechten Tonkanal des Stereotons.

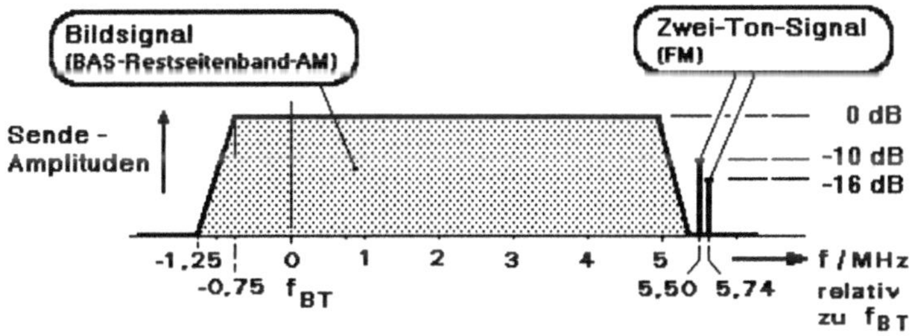

Bild 4.6 Spektrum Zweiton-Frequenzmultiplex nach CCIR B,G

Der zweite FM-Kanal kann aber auch ein fremdsprachiges Tonsignal übertragen. So kann dann der Fernsehzuschauer zwischen Übersetzung und Originalton auswählen. Diese Betriebsart nennt man Zweiton-Betrieb.

Die Betriebsarten Stereo, Zweiton oder Mono werden über ein sogenanntes Pilottonsignal im zweiten FM-Kanal (5,74 MHz) übermittelt. Es besitzt eine Frequenz von f_{PT} = 54,5 KHz. Es steuert den FM-Modulator nur geringfügig (Frequenzhub 2,5 KHz) aus, so daß der Frequenzhub des Tonsignals dadurch praktisch nicht eingeschränkt wird.

Der Pilotton selbst wird nun wiederum bei Stereo oder Zweiton-Betrieb mit 117,5 Hz oder 274,1 Hz amplitudenmoduliert. Tabelle 4.2 gibt den Überblick.

Sendeart	Frequenz der AM des Pilottons	Toninformation im Tonkanal K1	Toninformation im Tonkanal K2
Mono	0 Hz	LT + RT	LT + RT
Stereo	117,5 Hz	LT + RT	RT
Zweiton	274,1 Hz	Ton 1 (Mono)	Ton 2 (Mono)

Tabelle 4.2 Zweikanal Betriebsarten Zweiton-Frequenzmultiplex CCIR B,G
(LT = linker Tonkanal des Stereotons, LR = rechter Tonkanal des Stereotons)

Die Funktionen der Zweikanal-Tonaufbereitung in einem Empfänger zeigt Bild 4.7 in Form eines Blockbildes.

Die FM-Tonsignale mit 5,50/5,74 MHz werden zunächst verstärkt und demoduliert. Es stehen damit die Tonsignale K1 und K2 zur Verfügung.

Bei Mono-Sendungen wird nur das Signal K1 über die TK-Umschalteeinheit beiden Lautsprechern zugeführt. Liegt eine Zweikanal-Sendung vor, werden wahlweise die Signale K1 oder K2 auf beide Lautsprecher durchgeschaltet.

Bei Stereo wird das Signal der LT-Matrix-Schaltung benutzt. Sie generiert dann das Tonsignal für den linken Lautsprecher (LT), während K2 dem rechten Lautsprecher (RT) zugeführt wird.

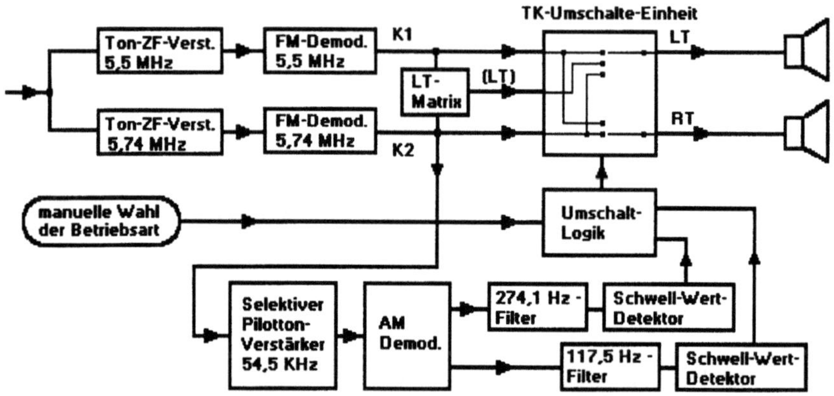

Bild 4.7 Zweikanal-Tonaufbereitung (CCIR B,G) in einem Fernsehempfänger

Die Schalterstellungen in der TK-Umschalteinheit hängen sowohl von der gesendeten Betriebsart wie von der Wahl des Fernsehzuschauers ab. Ersteres geschieht über die Auswertung des Pilottons. Zu diesem Zweck wird der Pilotton (54,5 kHz) separiert und demoduliert (AM). Mit sehr schmalbandigen Filtern bei 117,5 Hz und 274,1 Hz und Schwellwert-Detektoren werden die erforderlichen Steuersignale für die Umschalteeinheit erzeugt.

4.3.2 Intercarrier-Verfahren

Die hochfrequenten Bild- und Tonsignale werden im Tuner des Fernsehempfängers in den Zwischenfrequenzbereich gebracht. Der Bildträger liegt dann bei 38,90 MHz, die Tonträger bei 33,40 MHz (FM-Kanal 1) bzw. 33,16 MHz (FM-Kanal 2).

Man kann nun die FM-Tonkanäle einfach selektieren und danach demodulieren (Parallel-Ton-Verfahren). Voraussetzung dafür ist jedoch, daß die o.g. Frequenzen relativ genau eingehalten werden. Dies hängt im Tuner (Mischer plus Oszillator) von der Genauigkeit des Oszillators ab, denn dort erfolgt die Umsetzung in den Zwischenfrequenzbereich (ZF). Die Zwischenfrequenzen ergeben sich aus den Differenzen von Oszillatorfrequenz und den sehr genauen Sendefrequenzen. Tritt jedoch beim Oszillator ein Frequenzversatz auf, so sind auch die Tonträgerfrequenzen um diesen Wert verschoben. Schon bei einem relativ kleinen Versatz von z.B. nur 0,3 MHz (bei ca. 800 MHz) und den relativ kleinen Bandbreiten der beiden Ton-ZF-Kanäle von weniger als 0,2 MHz bedeutet dies, daß die Ton-ZF-Signale schon nicht mehr in den Durchlaßbereichen liegen und damit der Tonempfang gestört ist.

Das Intercarrier-Verfahren umgeht diese Problematik. Es wird ein Mischprozeß zwischen Bildträger und Ton-ZF-Signalen eingeführt, der direkt zu den Differenzfrequenzen von 5,50 MHz bzw. 5,74 MHz führt. Kleine Frequenzverschiebungen spielen dadurch keine Rolle mehr, da sie sowohl die Bildträgerfrequenz wie die Tonträgerfrequenzen gleichermaßen betreffen.

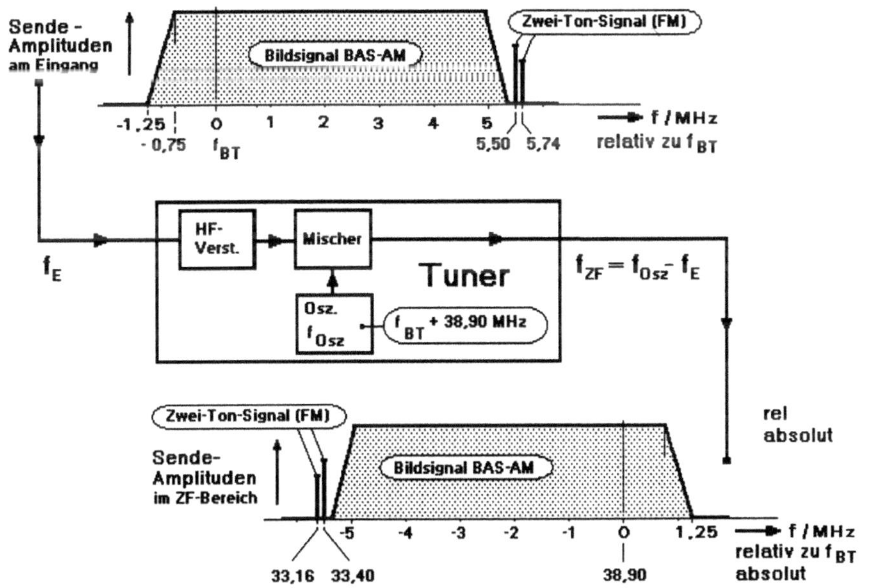

Bild 4.8 Hochfrequente Bild- und Tonsignale (CCIR B,G) am Eingang des Fernsehempfängers und im ZF-Bereich

Zur Bewerkstelligung des Mischprozesses kann eine besondere Mischstufe dienen. Ihr muß dann das selektierte Bildträgersignal (38,90 MHz) separat zugeführt werden. Die separate Aufbereitung von Bild- und Tonsignal in Verbindung mit dem Intercarrier-Verfahren nennt man Quasi-Parallel-Ton-Verfahren (Bild 4.9).

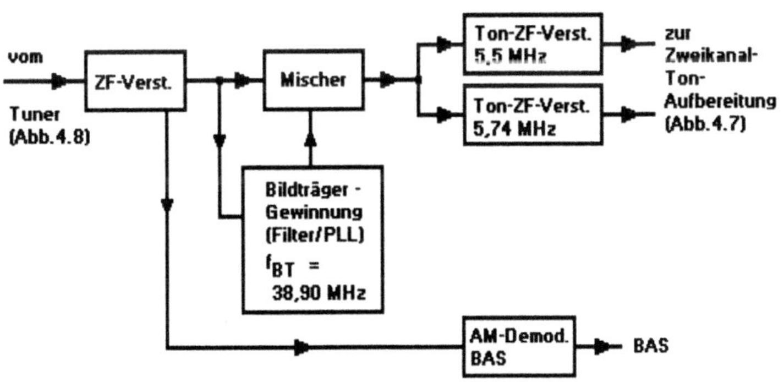

Bild 4.9 Intercarrier-Verfahren mit Mischstufe

Im einfachsten Falle wird aber lediglich die Nichtlinearität einer Gleichrichterdiode benutzt. Man führt ihr dazu das hochfrequente BAS-Signal (somit auch den Bildträger bei 38,90 MHz) gemeinsam mit den hochfrequenten Tonsignalen (33,40/33,16 MHz) zu. Sie bildet dabei direkt die Differenzfrequenzen von 5,50/5,74 MHz. Der Vorgang entspricht der AM-Demodulation mittels Gleichrichter (Hüllkurven-Demodulation). Das zugehörige Blockbild ist in Bild 4.10 dargestellt.

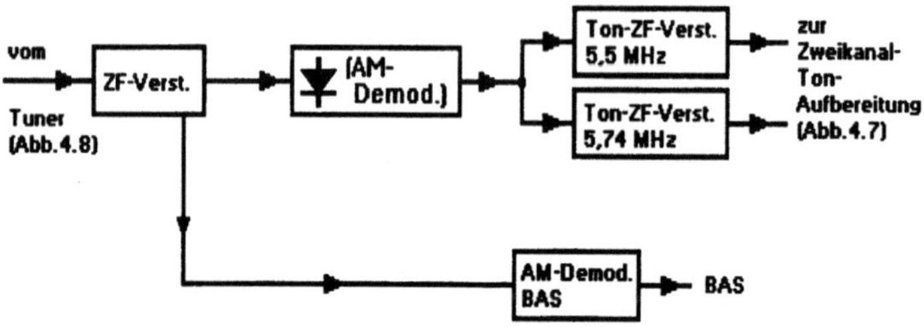

Bild 4.10 Intercarrier-Verfahren mit Gleichrichterstufe

Der Vorteil des Intercarrier-Verfahrens bzw. des bevorzugt angewandten Quasi-Parallel liegt in der Unabhängigkeit von der Frequenz-stabilität des Tuner-Oszillators. Die sendeseitig vorgegebenen Differenzfrequenzen (5,50 MHz/5,74 MHz) führen direkt zu den Ton-ZF-Frequenzen.

4.3.3 Kompressions-Verfahren

Neben den verbreiteten Standardverfahren gibt es eine Reihe von Systemvorschlägen zur Tonübertragung, die z.T. auch professionell genutzt werden.

Bei den Kompressions-Verfahren wird die Toninformation komprimiert und in „freien" Signalabschnitten des BAS-Signals untergebracht. Es handelt sich dabei um Signalabschnitte ohne Video-Information. Infrage kommen dafür horizontale oder vertikale Austastlücken oder auch ungenutzte, videofreie (leere) Zeilen wie sie wegen der V-Rücklaufzeiten nach V-Impulsen und Nachtrabanten vorgesehen sind.

Auch die Synchronimpulszeiten selbst können mit Einschränkungen genutzt werden. So wird z.B. beim Verfahren **S**ound-**I**n-**S**ync (**SIS**) während des H-Impulses die Toninformation digital kodiert übertragen [4.07].

Das Verfahren **CO**mpressed **M**ultisound (**COM**) benutzt leere Zeilen der V-Austastlücke [4.06]. Das Tonsignal wird als analoges zeitkomprimiertes Signal übertragen. Im Empfänger erfolgt dann wieder die Expansion. Damit verbunden ist eine Signalspeicherung über eine Halbbilddauer (z.B. 20 ms).

4.4 Empfängerblockbild

Bild 4.11 zeigt das vereinfachte Blockbild eines Schwarz-Weiß-Empfängers mit Schwarz-Weiß-Bildröhre.

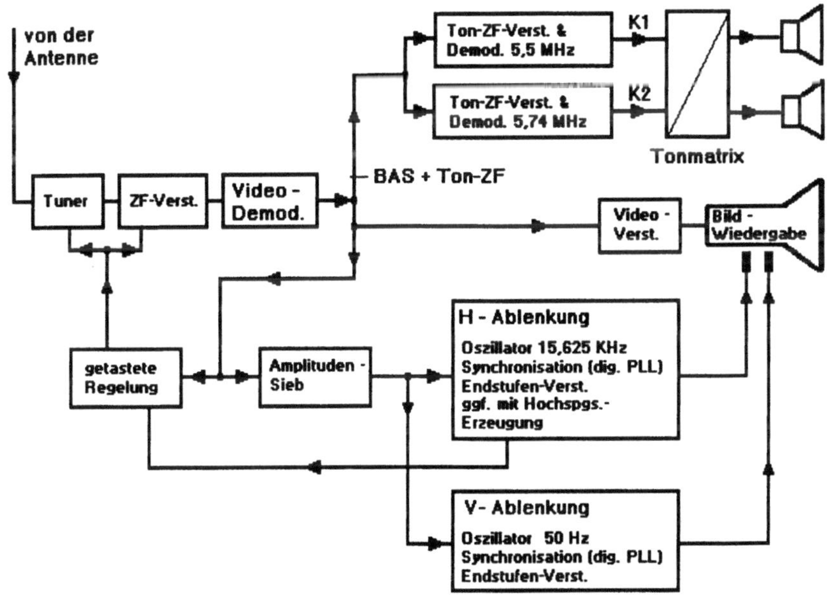

Bild 4.11 Blockbild eines Schwarz-Weiß-Empfängers (CCIR B,G)

Das von der Antenne gelieferte Signal wird vom Tuner in den Zwischenfrequenzbereich (ZF) umgesetzt. Bild- und Tonträger besitzen dann die Frequenzen f_{BT} = 38,90 MHz, f_{TT1} = 33,40 MHz, f_{TT2} = 33,16 MHz (CCIR B,G). Der Bildträger liegt dabei mitten auf der Nyquistflanke der ZF-Durchlaßkurve (vgl. Bild 4.5).

Das Intercarrier-Verfahren findet im Video-Demodulator statt. Auf diese Weise werden direkt die Trägerfrequenzen der beiden FM-Tonsignale bei 5,50 MHz/5,74 MHz gebildet.

Der Video-Demodulator liefert natürlich auch das BAS-Signal. Es wird verstärkt dem Bildwandler (Kathode der Bildröhre) zugeführt und steuert so die Helligkeit.

Die Synchronimpulse werden vom BAS-Signal durch ein sogenanntes Amplitudensieb abgeschnitten. Beim Amplitudensieb handelt es sich im Prinzip um eine Komparatorschaltung, an deren Ausgang nur noch die digitalen Synchronsignale vorhanden sind.

Sie müssen nun nach H-Impulsen und V-Impulsblöcken getrennt werden. Dies erfolgt jeweils in den Funktionsblöcken H- bzw. V-Ablenkung (z.B. einfachst mittels RC-Hoch- bzw. RC-Tief-Paß).

Die so gewonnenen H- und V-Signale synchronisieren die Impulsgeneratoren für die horizontale und vertikale Ablenkung. Diese Generatoren sind Bestandteil von digitalen **P**hase-**L**ocked-**L**oop-Schaltungen (**PLL**). Deren Ausgangssignale werden zur Steuerung des Bildwandlers benutzt (Strahlablenkung bei der Bildröhre).

Ist der Bildwandler eine Bildröhre, so müssen für die Strahlablenkung recht große Ströme durch die magnetischen Ablenkspulen getrieben werden. Aus diesem Grunde werden die Oszillatorsignale in Leistungsverstärkern (Endverstärker) verstärkt und den Ablenkspulen zugeführt. Zur Anpassung der niederohmigen Ablenkspulen an die Verstärker werden

Transformatoren eingesetzt. Man spricht bei dem H-Ablenk-Transformator auch von einem Zeilentransformator. Üblicherweise wird in der Endstufe der H-Ablenkeinheit auch die Hochspannung für die Bildröhre erzeugt (ca. 20 kV). Diese Methode wird wegen der relativ hohen Zeilen-Frequenz (z.B. 15,625 kHz) bevorzugt. Sie ermöglichen einen recht kleinen Transformator.

Eine Besonderheit stellt die **getastete Regelung** dar. Die BAS-Spannung muß auf einen festen Wert verstärkt werden. Andererseits ist die eingangsseitige Antennenspannung des Empfängers sehr unterschiedlich. Die Verstärkungsfaktoren von Tuner und ZF-Verstärker müssen also geregelt werden. Die Signalamplitude des Bildsignals schwankt jedoch in Abhängigkeit vom Bildinhalt. Lediglich den Synchronimpulsen ist ein fester Spannungswert zugeordnet. Ein stets geschlossener Regelkreis scheidet daher aus. Der Ist-Soll-Wert-Vergleich einer Regelung darf nur während der Synchronimpulszeiten (relative BAS-Amplitude 1,00) ausgewertet werden. Dies wird von der getasteten Regelung vorgenommen (Abtastregelung) (s. Bild 4.12).

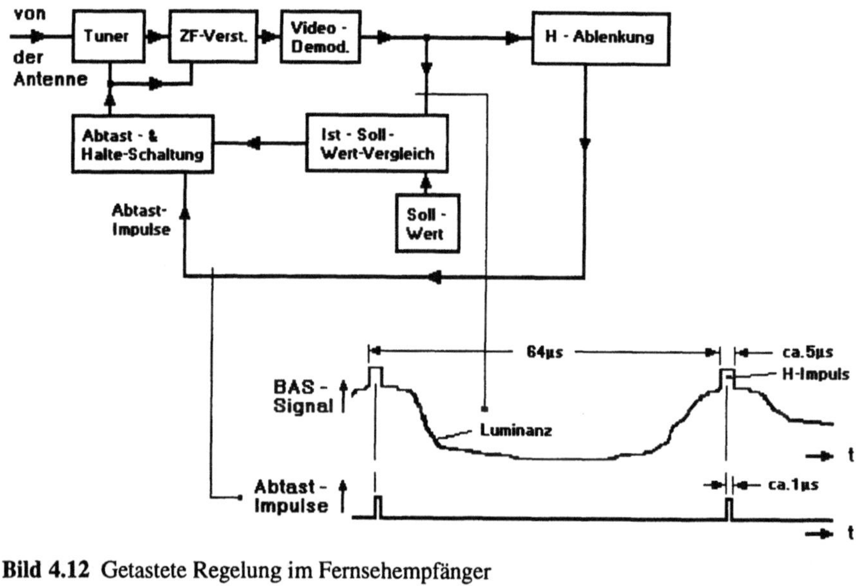

Bild 4.12 Getastete Regelung im Fernsehempfänger

Im Takte der H-Ablenkung wird während der H-Impulse für die Dauer der Abtastimpulse der Regelkreis jeweils nur kurz (ca. 1 µs) geschlossen. Der Ist-Soll-Wert-Vergleich wird dann ausgewertet. Die Regelabweichung wird verstärkt und dem Tuner und ZF-Verstärker zugeführt. Die Verstärkung wird somit geregelt. Es stellt sich eine Regelspannung ein.

Zwischen den Abtastimpulsen (64 µs CCIR B,G) wird nun diese Regelspannung in der Abtast-Halte-Schaltung (Bild 4.12: Abtast- & Halte-Schaltung) gehalten. Tuner und ZF-Verstärker werden mit der gespeicherten Regelspannung versorgt. Erst mit dem nächsten Abtastimpuls kann sie wieder verändert werden.

Die getastete Regelung arbeitet auch im Bereich der V-Impulse. Sowohl die Trabanten wie auch die V-Impulse besitzen während der Abtastimpulsdauer Synchronpegel.

4.5 Aufgaben und Lösungen

Im Anschluß an die folgenden Aufgaben finden Sie die zugehörigen Lösungen.

A 4.1 Ein farbiges Bild werde mit einer Farbbildkamera aufgenommen und mit einer Schwarz-Weiß-Bildröhre wiedergegeben. Das Helligkeitssignal (Luminanz) wird nach Gl. (4.1) gebildet:

$$u_Y = 0{,}30 \cdot u_R + 0{,}59 \cdot u_G + 0{,}11 \cdot u_B.$$

Die Signale u_R, u_G und u_B sind die einzeln gammakorrigierten Kamerasignale (Gamma: 0,4). Die Bildröhre besitze die passende Gradationsverzerrung (Gamma: 2,5).

Kommt es bei drei gleichen Farbspannungen (z.B. $U_R = U_G = U_B = 0{,}5$ V) zu Helligkeitsfehlern?

A 4.2 Skizzieren Sie das BAS-Signal einer sichtbaren Zeile für ein weißes Bild mit zwei vertikalen schwarzen Streifen etwa in der Bildmitte.

A 4.3 Welche Folgen für den Empfänger hätte ein V-Impulsblock, der statt der 5 Einzelimpulse (vgl. Bild 4.2) aus einem langen Impuls ($2{,}5 \cdot T_H$) bestünde?

A 4.4 Zu welchem Zweck werden Vortrabanten gesendet?

A 4.5 Die Bildträgerfrequenz eines empfangenen Fernsehsenders liege nicht in der Mitte der Nyquistflanke des Empfängers (vgl. Bild 4.5), sie befinde sich im oberen Bereich der Flanke. Welche Wirkungen hat dies auf das Spektrum des Videosignals?

A 4.6 Skizzieren Sie das BAS-Signal einer sichtbaren Zeile für ein weißes Bild mit zwei vertikalen schwarzen Streifen in der Bildmitte (wie Aufgabe 4.2), jedoch ergänzt durch das Ton-Signal (nur ein FM-Kanal bei 5,5 MHz (CCIR B,G)).

A 4.7 Bei der getasteten Regelung nach Bild 4.12 falle der Abtastimpuls fälschlicherweise in den Austastbereich (nach dem H-Impuls). Welche Auswirkungen ergeben sich für das Videosignal des Empfängers?

L 4.1 Wegen der Gleichheit der drei Farbkamera-Spannungen führt die Gammaverzerrung der einzelnen Spannungen mit anschließender Summation nach Gl. (4.1) zum gleichen Ergebnis wie eine Gammaverzerrung des Summensignals mit anschließender Normierung der Amplitude (Normierung: $U_Y = 1$ V bei $U_R = U_G = U_B = 1$ V). Das normierte Summensignal entspricht dem einer Schwarz-Weiß-Kamera.

L 4.2

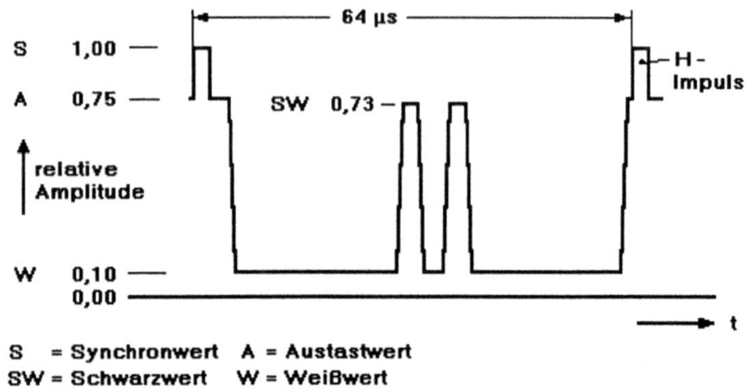

Bild 4.13 BAS-Signal einer Zeile (Weiß mit zwei Schwarzbereichen) (CCIR B,G)

L 4.3 Während des V-Impulses wäre keine H-Synchronisation möglich. Der H-Generator müßte diese Zeit eigenstabil überbrücken.

L 4.4 Die Vortrabanten dienen dazu, die Wirkung der von Halbbild zu Halbbild unterschiedlichen Zeitabstände zwischen letztem H-Impuls und V-Impulsblock auf ein vernachlässigbares Maß zu reduzieren. Durch sie ist der Ausgangszustand eines integrierenden RC-Tiefpasses zu Beginn des V-Impulsblockes für beide Halbbilder praktisch gleich.

L 4.5 Niederfrequente Videosignale werden stärker wiedergegeben. An der oberen Bandgrenze werden hochfrequente Videosignale durch die Durchlaßkurve abgeschnitten (horizontale Bildauflösung geringfügig reduziert).

L 4.6

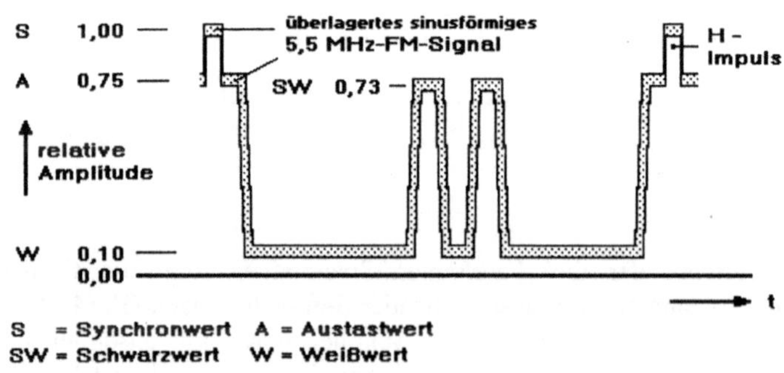

Bild 4.14 BAS-Signal mit FM-Ton-Signal einer Zeile (CCIR B,G)

L 4.7 Der Ist-Soll-Wert-Vergleich wird mit dem kleineren Austastsignal (75% des Synchronwertes) vorgenommen. Dadurch wird eine zu große Verstärkung eingestellt. Das Videosignal ist zu groß. Der Kontrast der Wiedergabe stimmt nicht.

5 Grundlegende Farbmetrik

5.1 Additive Farbmischung

Die Farbfernsehwiedergabe beruht auf der additiven Farbmischung: Farbige Bilder werden in die drei Farben Rot, Grün, Blau zerlegt. Nach der Übertragung werden im Empfänger Bilder der drei Farben erzeugt, die – stets gemeinsam vom Auge aufgenommen – den bunten Farbeindruck erzeugen.

Nach der Dreifarbentheorie läßt sich jeder sichtbare Farbeindruck durch additive Farbmischung aus drei primären Farbquellen (Farbtripel) erreichen. Die Farben der drei Quellen müssen so gewählt sein, daß sich keine dieser Farben durch Addition aus den verbleibenden zwei Farben erzeugen läßt. Dabei versteht man unter additiver Farbmischung das Zusammenfügen von optischer Strahlung. Das Auge nimmt dann in einem Bereich des Blickfeldes gleichzeitig mehrere Farbstrahlungen auf. Die resultierende Farbempfindung hängt vom Mischungsverhältnis der drei Farben ab. Ein solches Farbtripel sind die IBK-Primärfarben nach Gl. (1.2) :

λ_{PR}	=	700,0 nm	Rot
λ_{PG}	=	546,1 nm	Grün
λ_{PB}	=	435,8 nm	Blau

Mit monochromen Strahlern ihrer Wellenlänge läßt sich durch Verändern der Farbwerte (Strahlungs-Intensitäten) im sichtbaren Bereich jeder Farbeindruck annähernd erzeugen.

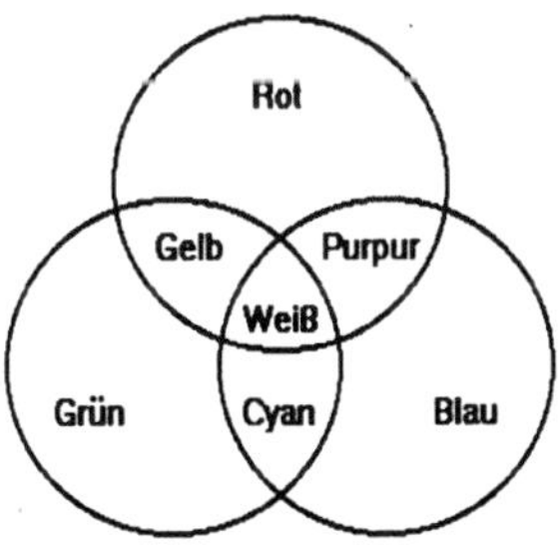

Bild 5.1 Additive Farbmischung mit Farb-Strahlern für Rot, Grün und Blau

In der Bild 5.1 sind drei farbige, teilweise überlappende Kreisflächen skizziert. Es handelt sich dabei um eine weiße Leinwand, auf die drei Farbstrahler rotes, grünes und blaues Licht strahlen.

In den Überlappungs-Bereichen entstehen durch die Addition der Strahlungen neue Farbeindrücke (Farbreize). So sehen wir Gelb durch Addition von Rot und Grün. Weiß entsteht bei Addition von Rot, Grün und Blau.

Bei der Addition der Strahlungen spielen natürlich auch die Intensitäten der Einzelstrahlungen eine Rolle. So würde z.B. bei einer Abschwächung von Blau der Farbeindruck Cyan in Grün übergehen. Weiß würde dann zu Gelb werden. Bei geringer Abschwächung ergäbe sich ein blasses, bei starker ein gesättigtes Gelb.

Für die quantitative Analyse farbigen Lichts wird eine Meßanordnung nach Bild 5.2 benutzt.

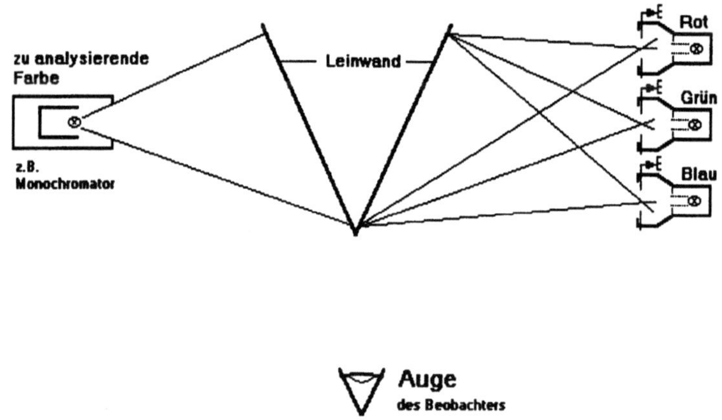

Bild 5.2 Farbmeßgerät

Das Farbmeßgerät beruht auf dem Vergleich der Farbreize von zwei Leinwandflächen. Beide Flächen können gleichzeitig eingesehen werden. Die linke Fläche wird mit der zu analysierenden Farbe bestrahlt, die rechte mit den Strahlern für Rot, Grün und Blau. Sie besitzen die Wellenlängen nach Gl. (1.2) (700,0 nm/546,1 nm/435,8 nm). Die Intensitäten der rechten Strahler werden nun so verändert, bis rechts- und linksseits Farbe und Helligkeit gleich sind. Die drei eingestellten Intensitäten sind somit die Meßwerte der analysierten Farbe.

Zur Eichung des Meßgerätes wurde ein sogenanntes **Gleichenergieweiß** international festgelegt. Dies ist eine Strahlung mit gleicher Leistungsdichte im gesamten sichtbaren Wellenlängenbereich (Weiß). Die Intensitäten der drei Farbstrahler werden beim Eichvorgang mit linksseitigem Gleichenergieweiß bis zur Übereinstimmung verändert. Die eingestellten Werte sind Ausgangswerte (100%) im anschließenden Meßbetrieb.

Mit der beschriebenen Meßanordnung nach Bild 5.2 wurden alle Farbtöne (Wellenlängen) des sichtbaren Bereiches untersucht. In Bild 5.3 sind die Untersuchungs-Ergebnisse dargestellt.

Die Farbmisch- oder Spektralwertkurven der Bild 5.3 geben für jede Wellenlänge die relativen Mischungsanteile der drei Farbstrahlungen an. Ihre absoluten Werte sind an dieser Stelle ohne Bedeutung.

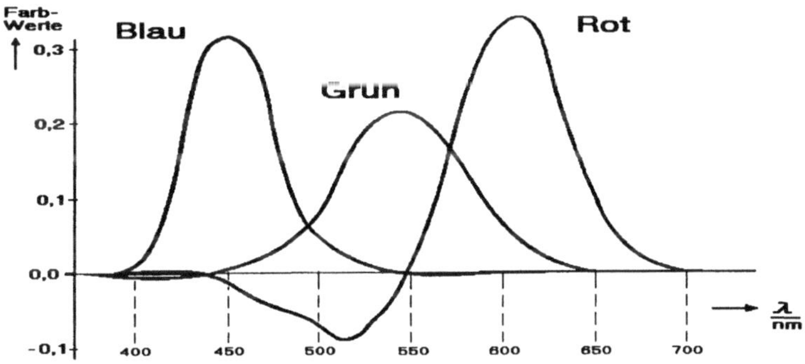

Bild 5.3 Farbmischkurven für die Primärfarben Rot:700,0 nm, Grün:546,1 nm, Blau: 435,8 nm

Es zeigt sich, daß alle Farbreize fast einwandfrei erreicht werden können. Etwa zwischen den Wellenlängen 445 nm und 550 nm ist allerdings eine vollkommene Übereinstimmung nur durch linksseitiges Zumischen von Rot zu erreichen. Dies ist gleichbedeutend mit einer – nur theoretischen – Addition eines negativen Rotanteils auf der rechten Seite. Es läßt den Schluß auf eine nicht optimale Wahl der Farbquellen Rot, Grün und Blau zu.

5.2 Farbvektoren im Raum

Jede Farbe läßt sich durch drei **unabhängige** Farbwerte beschreiben. Mathematisch bedeutet dies die vektorielle Addition:

$$\vec{F}_{\mathrm{RGB}} = R_{\mathrm{V}} \cdot \vec{E}_{\mathrm{R}} + G_{\mathrm{V}} \cdot \vec{E}_{\mathrm{G}} + B_{\mathrm{V}} \cdot \vec{E}_{\mathrm{B}}$$

mit

$$\begin{aligned} \vec{F}_{\mathrm{RGB}} &= \text{Farbvektor im RGB-System} \\ R_{\mathrm{V}}, G_{\mathrm{V}}, B_{\mathrm{V}} &= \text{Farbwerte, Farbvalenzen für Rot, Grün, Blau} \\ \vec{E}_{\mathrm{R}}, \vec{E}_{\mathrm{G}}, \vec{E}_{\mathrm{B}} &= \text{Einheitsvektoren für Rot, Grün, Blau} \end{aligned} \tag{5.1}$$

Graphisch kann Gl. (5.1) in einem dreidimensionalen Raum dargestellt werden. Die drei Farbwerte stehen dabei senkrecht aufeinander, ihre vektorielle Addition ergibt jeweils einen Farbvektor (s. Bild 5.4).

Der **Weißvektor** entsteht stets bei gleichgroßen Farbwerten Rot, Grün und Blau: $R_{\mathrm{V}} = G_{\mathrm{V}} = B_{\mathrm{V}}$. Seine Länge ist ein Maß für die Helligkeit des Weiß-Lichtes.

Die Richtung eines Farbvektors gibt die Farbart an, seine Länge die Intensität (Helligkeit). Ändert man die Farbwerte (Intensitäten der drei Lichtquellen) unter Beibehaltung des gleichen Verhältnisses zueinander, so bleibt die Richtung des Farbvektors erhalten, lediglich seine Länge ändert sich.

Je mehr ein Farbvektor in Richtung des Weißvektors kommt, umso blasser wird die Farbe. In der Nähe der Koordinatenachsen (Rot, Grün, Blau) stellt der Farbvektor jedoch stark gesättigte Farben dar.

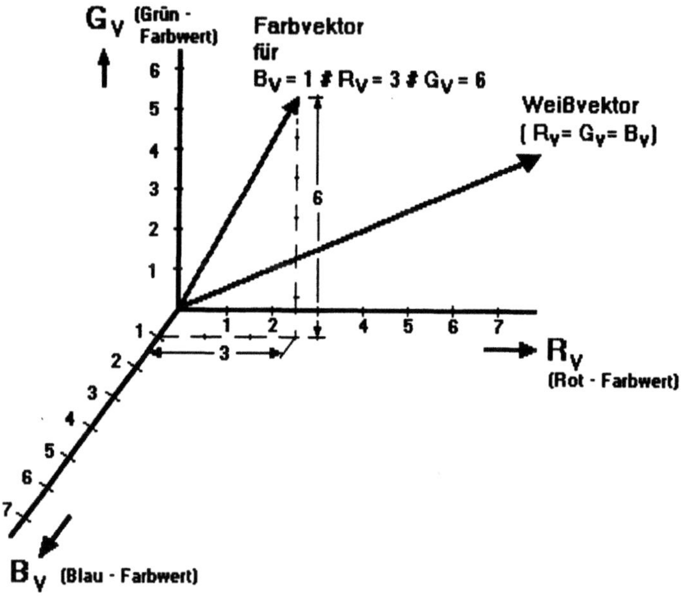

Bild 5.4 Dreidimensionaler Farbvektor

5.3 RGB-Farbdreieck

Statt der räumlichen Darstellung kann man unter Verzicht auf die Aussage über Intensität zu einer zweidimensionalen Darstellung kommen. Zu diesem Zweck spannt man in der räumlichen Darstellung eine Ebene zwischen drei Punkten Rot (1,0), Grün (1,0) und Blau (1,0) auf (s. Bild 5.5). Man erhält ein gleichseitiges Dreieck, das man Farbdreieck nennt (s. Bild 5.6).

Jeder Ort im Farbdreieck kennzeichnet eine Farbart. Sie besteht aus Farbton und Farbsättigung. Der Farbton bedeutet physikalisch die dominierende Wellenlänge. Im Falle von monochromatischem Licht existiert theoretisch nur eine Wellenlänge. Es ist eine vollkommen gesättigte Farbe (100% Sättigung). In allen anderen Fällen handelt es sich um Mischlicht mit mehr oder weniger breitem Wellenlängenspektrum. Praktisch gibt es jedoch kein exakt monochromatisches Licht. Selbst Laser-Licht besitzt ein (sehr schmales) Wellenlängenspektrum. Ungeachtet dessen gilt es als monochromatisches (gesättigtes) Licht.

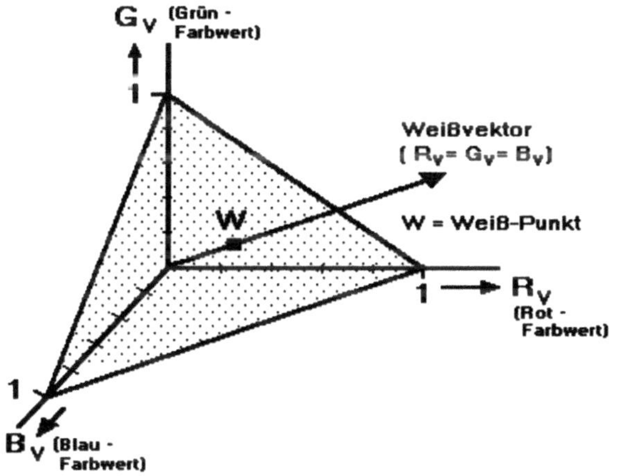

Bild 5.5 Entstehung des RGB-Farbdreiecks

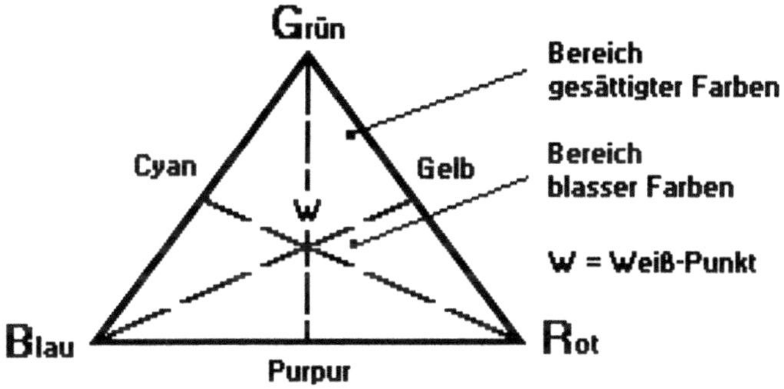

Bild 5.6 RGB-Farbdreieck

Im Farbdreieck befindet sich ein Weißpunkt. Durch diesen Punkt (Bild 5.5) geht in der räumlichen Darstellung nach Bild 5.4 der Weißvektor ($R_V = G_V = B_V$). (Der gleiche Weißeindruck wird übrigens in der Natur durch ein konstantes Leistungsdichtespektrum im gesamten sichtbaren Wellenlängen-Bereich erzeugt.) In der Nähe des Weißpunktes befinden sich blasse, ungesättigte Farben. An den Eckpunkten und auch auf den Verbindungslinien zwischen den Eckpunkten liegen die gesättigten Farben.

Zur eindeutigen Kennzeichnung in einer zweidimensionalen Darstellung genügen **zwei von einander unabhängige** Angaben. Man kann sich daher auch beim Farbdreieck auf zwei Größen beschränken.

Mit diesen beiden Größen kann man eindeutig einen Farbort im Farbdreieck (Farbart) kennzeichnen. In einer graphischen Darstellung würden diese beiden Größen dann senkrecht zueinander stehen.

5.4 Normfarben und Normfarbtafel

Bei den Betrachtungen zum Farbdreieck wurde die Tatsache der negativen Farbwerte (445-550 nm Bild 5.3) nicht weiter beachtet. Sie führen dazu, daß nicht alle Farben im Dreieck vorhanden sind. Insbesondere fehlen die spektralreinen (stark gesättigten) Farben dieses Wellenlängenbereichs. Sie sind eben mit den drei Primärfarben des Dreiecks nicht exakt darstellbar. Dies ist sehr unzweckmäßig.

Aus diesem Grunde wurden von der IBK (**I**nternationale **B**eleuchtungs-**K**ommission) statt der Farben Rot, Grün und Blau neue Primärfarben festgelegt, die nunmehr nur noch positive Farbwerte ergeben. Es sind allerdings reine Rechengrößen, physikalisch sind sie nicht realisierbar. Die Farbwerte dieser virtuellen Farben werden mit X, Y und Z bezeichnet.

Die neuen virtuellen Farbwerte lassen sich aus den RGB-Werten wie folgt berechnen [5.01]:

$$X = 2{,}7689 \cdot R_V + 1{,}7518 \cdot G_V + 1{,}1302 \cdot B_V \quad (5.2a)$$
$$Y = 1{,}0000 \cdot R_V + 4{,}5907 \cdot G_V + 0{,}0601 \cdot B_V \quad (5.2b)$$
$$Z = 0{,}0000 \cdot R_V + 0{,}0565 \cdot G_V + 5{,}5943 \cdot B_V \quad (5.2c)$$

Eine Farbe wird äquivalent zu Gl. (5.1) im XYZ-Raum nach Gl. (5.3) beschrieben.

$$\vec{F}_{XYZ} = X \cdot \vec{E}_X + Y \cdot \vec{E}_Y + \vec{E}_Z$$

mit

$$\vec{F}_{XYZ} = \text{Farbvektor im XYZ-System} \quad (5.3)$$
$$X, Y, Z = \text{Farbwerte, Farbvalenzen für X, Y, Z}$$
$$\vec{E}_X, \vec{E}_Y, \vec{E}_Z = \text{Einheitsvektoren X, Y, Z}$$

Auch hier kann man auf die Intensitätswerte verzichten und statt der räumlichen eine zweidimensionale Darstellung benutzen. Zu diesem Zweck werden sogenannte **Normfarbwertanteile** ***x*, *y*, *z*** gebildet.

$$x = \frac{X}{X+Y+Z} \quad (5.4a)$$
$$y = \frac{Y}{X+Y+Z} \quad (5.4b)$$
$$z = \frac{Z}{X+Y+Z} \quad (5.4c)$$

mit

x, y, z = Normfarbwerte
X, Y, Z = Farbwerte

Aus Gl. (5.4) folgt die Gl. (5.5).

$$x + y + z = 1 \quad (5.5)$$

Man sieht, daß hier ebenfalls zwei Größen zur Kennzeichnung der Farbart ausreichen. Üblicherweise benutzt man dazu die Normfarbwerte x und y. Sie stellen die Koordinaten der sogenannten **Normfarbtafel** dar (s. Bild 5.7). Sie ist im Anhang farbig wiedergegeben (Bild A1).

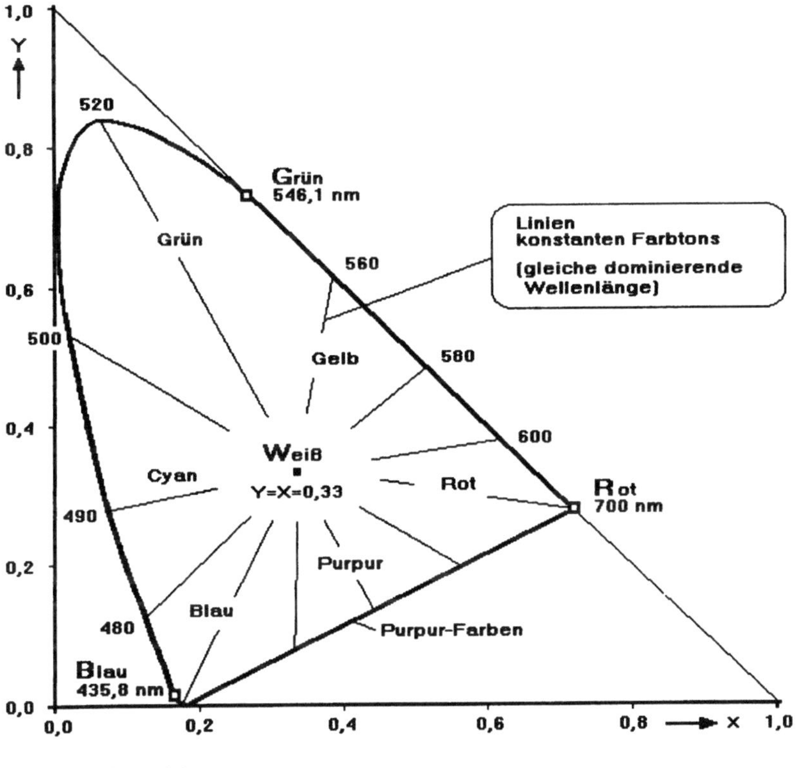

Bild 5.7 Normfarbtafel

In der Normfarbtafel sind alle Farben eingetragen. Sie liegen im hufeisenförmigen Bereich. Drucktechnisch sind sie jedoch nur begrenzt darstellbar. Jede Farbart kann aber numerisch durch das Wertepaar x, y eindeutig gekennzeichnet werden. In der Normfarbtafel ist auch der **Weißpunkt** markiert (Bild A1, Punkt E). Er ergibt sich bei gleichen Farbwerten ($R_V = G_V = B_V$) nach Gl. (5.2), Gl. (5.4a) und Gl. (5.4b) zu

$$x_W = 0{,}333, \quad y_W = 0{,}333 \quad \text{Weißpunkt (IBK)} \tag{5.6}$$

Auf dem Rand der hufeisenförmigen Fläche in der Normfarbtafel liegen die monochromatischen Farben (100% gesättigte Farben). Die hufeisenförmige Umrandung (oder auch Spektrallinienzug) erhält man bei Verwendung der Farbmischkurven nach Bild 5.3 unter Benutzung der Gl. (5.2) und Gl. (5.4).

Vom Spektrallinienzug ausgehend zum Weißpunkt werden die Farben immer blasser. Die dominierende Wellenlänge des Mischlichtes bleibt auf den Linien zum Weißpunkt die gleiche. Es handelt sich um Farbarten mit gleichem Farbton. Lediglich die Farbsättigung nimmt vom Hufeisenrand zu Weiß hin ab.

5.5 Empfänger-Primärfarben

Für das Farbfernsehen müssen die Farben der Farbfernseh-Wiedergabe verbindlich definiert sein. Die Farben sollten möglichst gesättigt sein, also auf dem Spektrallinienzug liegen. Sie sollen auch so gewählt sein, daß ein möglichst großer Farbbereich dargestellt werden kann. Außerdem sollen bei den ausgewählten Farben große Strahlungsintensitäten (Helligkeit) technisch möglich sein.

Ausgehend von verfügbaren Bildschirmleuchtstoffen wurden sogenannte **Empfänger-Primärstrahler** definiert. Historisch bedingt gibt es zwei etwas unterschiedliche Tripel von Empfänger-Primärstrahlern. Sie wurden in den USA von der **FCC** (**F**ederal **C**ommunications **C**ommission) für das NTSC-System und später in Europa von der **EBU** (**E**uropean **B**roadcasting **U**nion) für die Farbfernsehsysteme PAL und SECAM festgelegt (s. Tabelle 5.1).

FCC/EBU/System		FCC/NTSC	EBU/PAL/SECAM
Rot **Re**	x_{Re}	0,670	0,640
	y_{Re}	0,330	0,330
Wellenlänge	ca.	620 nm	620 nm
Grün **Ge**	x_{Ge}	0,210	0,290
	y_{Ge}	0,710	0,600
Wellenlänge	ca.	535 nm	545 nm
Blau **Be**	x_{Be}	0,140	0,150
	y_{Be}	0,080	0,060
Wellenlänge	ca.	465 nm	460 nm
Weiß **C**	x_C	0,310	—
	y_C	0,316	—
Weiß $\mathbf{D_{65}}$	x_{D65}	—	0,313
	y_{D65}	—	0,329

Tabelle 5.1 Normfarbwerte der Empfänger-Primärfarben und Weißpunkte (Bezugsweiß)

Neben den Normfarbwerten enthält Tabelle 5.1 auch Angaben zu den Weißpunkten. Sowohl der sogenannte Weißpunkt C wie der D_{65} weichen vom dem durch die IBK definierten Weißpunkt W etwas ab (vgl. Bild 5.7 und Gl. (5.6)).

Die Wellenlängen für Rot, Grün, Blau geben die spektralen Maxima der Empfänger-Primärfarben an (dominierende Wellenlängen).

Die Werte der Empfänger-Primärstrahler der Tabelle 5.1 kann man nun in die Normfarbtafel eintragen (s. Bild 5.8 (NTSC) und Bild 5.9 (PAL/SECAM)).

Die Verbindungslinien der Empfänger-Farbpunkte ergeben ein Dreieck. Alle im Dreieck liegenden Farbarten können von einem Fernsehempfänger dargestellt werden. In den Abbildungen ist der Bereich der in der Natur vorkommenden Körperfarben gestrichelt skizziert. Man sieht, daß bei beiden Festlegungen fast alle Farben wiedergegeben werden können. Der Drucktechnik ist Fernsehen diesbezüglich deutlich überlegen.

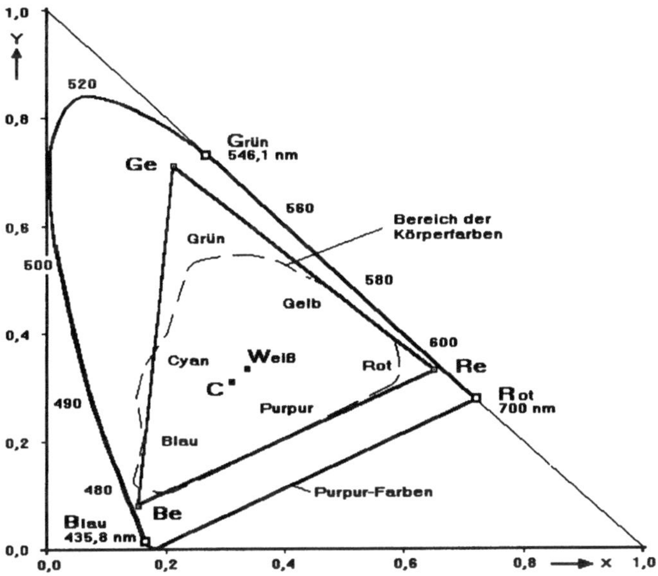

Bild 5.8 Normfarbtafel mit FCC-Empfänger-Primärfarben (NTSC)

Ausgehend von Empfänger-Primärfarben lassen sich nun wie bei den IBK-Primärfarben (vgl. Bild 5.3.) auch für diese Primär-Farben Mischkurven aufstellen. Dies kann sowohl experimentell mit einem Farbmeßgerät nach Bild 5.2 oder auch rechnerisch erfolgen. In Bild 5.10 sind solche Kurven für PAL und SECAM dargestellt. Sie wurden von der EBU festgelegt. Dabei sind die drei Farbwerte der Empfänger-Primärfarben (Be, Ge, Re) so gewählt, daß die Summe stets Eins ergibt.

Wie in Bild 5.3 treten auch hier negative Werte auf. Dafür gibt es folgenden Grund: Die monochromatischen Farben, die sich ja in der Normfarbtafel auf dem hufeisenförmigen Spektralfarbenzug befinden, liegen eben nicht innerhalb des Empfänger-Primärfarben-Dreiecks. Ein äquivalenter Farbreiz ist daher durch die Empfänger-Primärfarben nicht zu erreichen. Vielmehr muß dazu bei einer Messung nach Bild 5.2 linksseitig Licht der Empfänger-Primärstrahler zugemischt werden. Praktisch ist dies jedoch ohne große Bedeutung, da es keine monochromatischen Körperfarben gibt. Der Bereich der Körperfarben wird – wie aus Bild 5.9 zu ersehen – nahezu vollständig abgedeckt.

Die spektralen Empfindlichkeiten einer Farbkamera sollen mit denen der Bild 5.10 in etwa übereinstimmen. Beim Bezugsweiß (D_{65}) müssen die Ausgangssignale für Rot, Grün und Blau gleich sein.

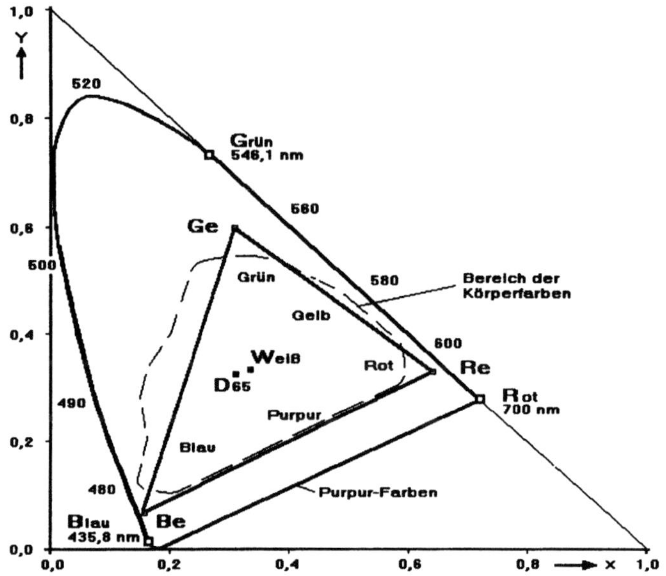

Bild 5.9 Normfarbtafel mit EBU-Empfänger-Primärfarben (PAL/SECAM)

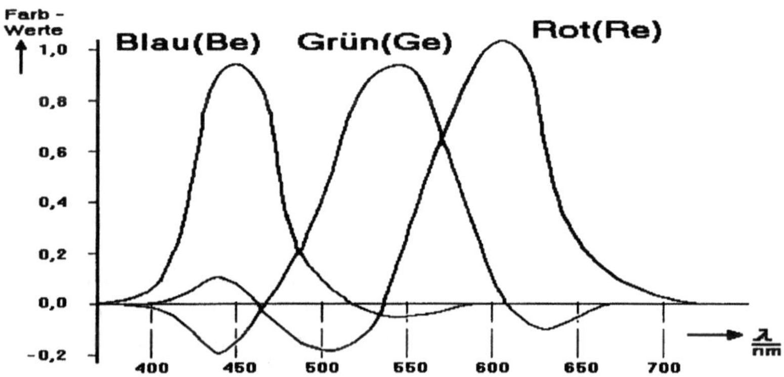

Bild 5.10 Farbmischkurven für die Empfänger-Primärfarben der EBU (PAL/SECAM)

5.6 Farbunterscheidung

Farbartunterschiede, die von uns nicht mehr erkannt werden, kann man in der Normfarbtafel als **Flächen gleichen Farbunterscheidungsvermögens** kennzeichnen (s. Bild 5.11).

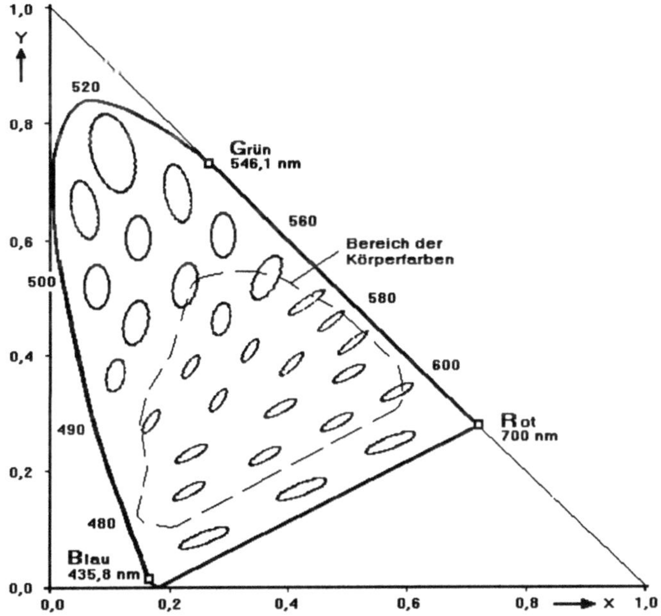

Bild 5.11 Flächen gleichen Farbunterscheidungsvermögens in der Normfarbtafel (Flächen vergrößert dargestellt)

Die dargestellten Flächen sind etwa ellipsenförmig. In Richtung der längeren Ellipsenachse ist die Farbauflösung schlechter als in Richtung der kürzeren. Summarisch betrachtet kann man insgesamt Richtungen mit hoher und niedriger Auflösung angeben. Dies bedeutet für die elektrische Übertragung der Farbart, daß mehr Bandbreite für die Übertragung der Farbart in Richtung hoher und weniger in Richtung niedriger Auflösung benötigt wird. Bei der späteren Behandlung des NTSC-Verfahrens (Kapitel 6.2.1) wird darauf zurückgekommen.

5.7 Farbkreis

Für die übertragungstechnischen Betrachtungen geht man von einer vereinfachten Darstellung der Normfarbtafel aus. Man stellt um Weiß (D_{65} bzw. C) herum alle gesättigten Farben auf einem sogenannten **Farbkreis** dar (s. Bild 5.12).

Die beiden orthogonalen Achsen zeigen auf die Empfänger-Primärfarben Rot und Blau. Das bedeutet eine Winkelverzerrung gegenüber der Normfarbtafel (s. Bild 5.7). Auf dem Rande werden die Farbtöne aufgetragen. Bezugswinkel ist Blau (0°).

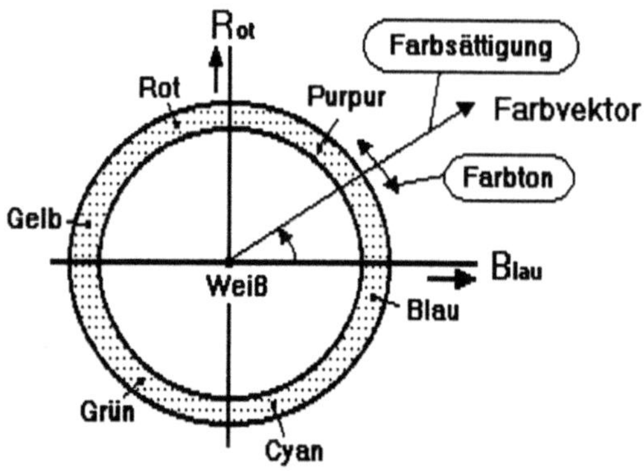

Bild 5.12 RB-Farbkreis

Man kann so jede zu übertragende Fernsehfarbart durch einen Vektor in der Farbkreisebene beschreiben, wobei die Zuordnung gilt:

Farbton	=>	**Winkel** des Vektors
Farbsättigung	=>	**Länge** des Vektors

Tatsächlich liegen die Farben größter Sättigung nicht auf einem Kreis. Deren Vektorlänge ist nicht gleich groß.

Winkel und Länge des Farbkreises müssen zum Zwecke der Übertragung in elektrische Größen umgesetzt werden, so z.B. in Winkel und Amplitude eines sinusförmigen elektrischen Signals (Phasen- und Amplituden-Modulation).

5.8 Aufgaben und Lösungen

Im Anschluß an die folgenden Aufgaben finden Sie die zugehörigen Lösungen.

A 5.1 Definieren Sie den Begriff der additiven Farbmischung.

A 5.2 Was bedeuten in den Farbmischkurven der Bild 5.3 negative Rot-Farbwerte?

A 5.3 Berechnen Sie die x-y-Werte für die IBK-Primärfarben Rot (700nm), Grün (546,1 nm) und Blau (435,8 nm).

A 5.4 Gibt es eine monochromatische Purpurfarbe?

A 5.5 Lassen sich mit den von der EBU festgelegten Empfänger-Primärfarben (vgl. Bild 5.9) die Farbeindrücke der IBK-Primärfarben erzeugen?

A 5.6 Kann eine monochromatische Farbe von 650 nm von einem Fernsehempfänger (EBU-Farben) fehlerfrei wiedergegeben werden?

L 5.1 Man spricht von additiver Farbmischung, wenn die Strahlungen mehrerer Lichtquellen unterschiedlichen Farbtons gleichzeitig vom Auge aufgenommen werden. Der entstehende Farbeindruck kann durch die relativen Intensitäten der Lichtquellen verändert werden. Beim Farbfernsehen werden drei Farbquellen (Rot, Grün und Blau) additiv gemischt.

L 5.2 Negative Farbwerte bedeuten, daß der Farbeindruck der zu analysierenden Farbe durch Verändern der Intensitäten der drei Primärstrahlungen nicht erreicht werden kann. Vielmehr muß für einen gleichen Farbeindruck zu der zu analysierenden Farbe ein Anteil Strahlung eines (ggf.zweier) Primärstrahler hinzugefügt werden.

Im Falle der Bild 5.3 (445-550 nm) muß zu der zu analysierenden Farbe ein Anteil des Primärfarbstrahlers Rot addiert werden. Erst dann kann aus den Primärfarben Grün und Blau ein gleicher Farbeindruck gemischt werden.

L 5.3 Die Berechnung erfolgt mit Gl. (5.2) und Gl. (5.4a), Gl. (5.4b).

Rot: $R_V = 1; G_V = 0; B_V = 0$ >> $X = 2{,}7689; Y = 1{,}0000; Z = 0{,}0000$
$X+Y+Z = 3{,}7689$ >> $x = 0{,}7347; y = 0{,}2653$

Grün: $R_V = 0; G_V = 1; B_V = 0$ >> $X = 1{,}7518; Y = 4{,}5907; Z = 0{,}0565$
$X+Y+Z = 6{,}399$ >> $x = 0{,}2738; y = 0{,}7174$

Blau: $R_V = 0; G_V = 0; B_V = 1$ >> $X = 1{,}1302; Y = 0{,}0601; Z = 5{,}5943$
$X+Y+Z = 6{,}7846$ >> $x = 0{,}1666; y = 0{,}0089$

L 5.4 Purpurfarben sind reine Mischfarben. Gesättigte Purpurfarben liegen etwa auf der Linie zwischen den IBK-Primärfarben Blau und Rot. Ihr Farbeindruck läßt sich durch deren Mischungsverhältnis verändern. Eine monochromatische Äquivalenz gibt es nicht, alle monochromatischen Farben liegen in der Normfarbtafel (Bild 5.7) auf dem hufeisenförmigen Rand.

L 5.5 Nein. Die IBK-Primärfarben liegen außerhalb des EBU-Empfänger-Primärfarben-Dreiecks.

L 5.6 Bild 5.10 weist bei 650 nm einen negativen Farbwert Grün (Ge) aus. Durch additive Farbmischung ist daher der exakte Farbeindruck nicht zu erreichen.

6 Farbfernsehübertragungsverfahren NTSC, PAL und SECAM

Bei diesen Verfahren handelt es sich um die heutigen Standardverfahren:

- **NTSC** = *National Television System Committee*, ein amerikanisches Verfahren, das 1953 in den USA eingeführt wurde.
- **SECAM** = *Séquentiel à Mémoire*, ein französisches Verfahren nach HENRY DE FRANCE (Grundidee 1957, Einführung in Frankreich 1968).
- **PAL** = *Phase Alternating Line*, ein deutsches Verfahren nach WALTER BRUCH, es wurde 1967 in der Bundesrepublik Deutschland eingeführt.

PAL und SECAM bauen auf dem NTSC-Verfahren auf. Die drei Verfahren besitzen daher viele Gemeinsamkeiten.

6.1 Leuchtdichte und Farbdifferenzsignale

6.1.1 Bildung der Signale

Eine Übertragung der Rot-, Grün- und Blausignale in drei Kanälen kam bei der Festlegung der Standard-Farbfernsehverfahren nicht in Betracht. Dagegen sprach die Inkompatibilität zum eingeführten Schwarz-Weiß-Fernsehen. Auch die damit verbundene dreifache Bandbreite konnte nicht zur Verfügung gestellt werden.

Bei allen Standardverfahren wird daher das Leuchtdichtesignal (auch Luminanz-, Helligkeits- oder Y-Signal genannt) **schwarz-weiß-kompatibel** übertragen: Schwarz-Weiß-Fernsehempfänger können Farbsendungen schwarz-weiß wiedergeben. Die Farbe (genauer Farbart) wird dadurch zu einer Zusatzinformation. Man kann dies mit dem Begriff Kolorierung umschreiben. Bei den Standard-Verfahren NTSC, PAL, SECAM wird die Farbinformation sogar zusätzlich innerhalb der Schwarz-Weiß-Bandbreite übertragen (s. Kapitel 6.2).

Eine Farbkamera-Anordnung besteht im Prinzip aus drei Bildwandlern für die Farben Rot, Grün und Blau. Dies wird erreicht durch Rot-, Grün- und Blau-Farbfilter vor den Bildwandlern. Die Farben der Filter entsprechen den Empfänger-Primärfarben, wie sie in Tabelle 5.1 ausgewiesen sind. Es gelten damit für PAL und SECAM die Farbmischkurven nach Bild 5.10. Eine Farbkamera liefert daher drei Ausgangssignale für Rot, Grün und Blau, deren Verhältnis dem der Farbmischkurven entspricht. Bei Weiß liegt ein Spektrum mit konstanter Leistungsdichte im gesamten sichtbaren Wellenlängen-Bereich vor. Alle Wellenlängen sind gleichermaßen vertreten. Eine Farbkamera gibt in diesem Falle drei gleich große Signale ab.

Soll die Farbkamera ein äquivalentes Schwarz-Weiß-Signal liefern, müssen die drei Einzelsignale wellenlängenabhängig wie das Signal einer Schwarz-Weiß-Kamera gewichtet sein.

Eine Schwarz-Weiß-Kamera besitzt nun eine spektrale Empfindlichkeit, die etwa der Augen-Hellempfindung (Bild 1.1) entspricht. In Bild 6.1 ist die relative Augen-Hellempfindung von Bild 1.1 mit den Markierungen der Empfänger-Primärfarben wiedergegeben.

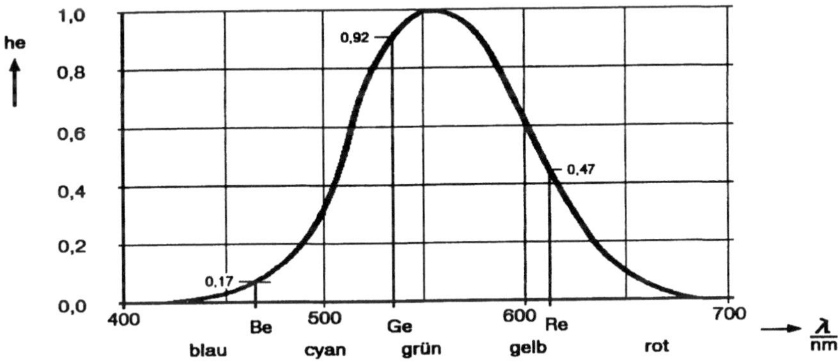

Bild 6.1 Relative Hellempfindung mit Empfänger-Primärfarben

Für die relativen Hellempfindungen bei Rot, Grün und Blau ergeben sich folgende Werte:

$$he_{Re} = 0{,}47 \qquad (6.1a)$$
$$he_{Ge} = 0{,}92 \qquad (6.1b)$$
$$he_{Be} = 0{,}17 \qquad (6.1c)$$

Man gewichtet die drei elektrischen Farbsignale Rot, Grün und Blau einer Farbkamera nach Gl. (6.1). Deren Summe ergibt ein Signal mit dem gleichen spektralen Verlauf wie bei einer Schwarz-Weiß-Kamera.

Die absolute Größe des Luminanzsignals muß nun noch dem der Schwarz-Weiß-Kamera angepaßt werden. Dies wird erreicht, indem man die Summe der Gewichte zu Eins werden läßt.

Mit dieser Maßgabe lassen sich die Gewichtungsfaktoren berechnen. Für das Ausgangssignal Rot rechnet man wie folgt:

$$g_{Re} = \frac{0{,}47}{0{,}47 + 0{,}92 + 0{,}17}$$

Gl. (6.2) gibt die errechneten Werte für die drei Gewichtungsfaktoren an.

$$g_{Re} = 0{,}30 \qquad (6.2a)$$
$$g_{Ge} = 0{,}59 \qquad (6.2b)$$
$$g_{Be} = 0{,}11 \qquad (6.2c)$$

Die Ausgangssignale der drei Farbkamera-Bildwandler ergeben dann mit den Gewichten nach Gl. (6.2) das kompatible Leuchtdichtesignal:

$$u_Y = 0{,}30 \cdot u_R + 0{,}59 \cdot u_G + 0{,}11 \cdot u_B \qquad (6.3)$$

mit

u_R, u_G, u_B, u_Y = gammakorrigierte Signale Rot, Grün, Blau, Luminanz

Hinweis: Die genauen Faktoren sind zu 0,299/0,587/0,114 festgelegt [N.02].

Bei einer Bildvorlage in Normweiß (D_{65} bzw. C) liefere eine Schwarz-Weiß-Kamera eine Signalspannung von $U_Y = 1{,}00$ V. Eine Farbkamera-Anordnung muß dann Ausgangssignale von $U_R = 1{,}00$ V; $U_G = 1{,}00$ V; $U_B = 1{,}00$ V erzeugen. Mit (Gl. 6.3) ergibt sich damit (wie bei einer Schwarz-Weiß-Kamera) ein Luminanzsignal von $U_Y = 1{,}00$ V.

Die Gl. (6.3) gilt natürlich ganz allgemein für jedes bunte Bild.

In der Fernsehtechnik benutzt man zu Testzwecken sogenannte Norm-Farbbalken. Es handelt sich dabei um eine Bildvorlage mit breiten vertikalen Farbstreifen, in Weiß und einigen stark gesättigten Farben. Es sind dies alle Kombinationen aus den Empfänger-Primärfarben. Tabelle 6.1 gibt dafür die Ausgangsspannungen des Luminanz-Signals an. Dabei sind die absoluten Spannungswerte so eingestellt, daß man für Weiß eine Luminanzspannung $U_Y = 1{,}00$ V erhält.

Farbe		Farb-Komponenten (Empfänger-Primärfarben)	U_R in V	U_G in V	U_B in V	U_Y in V
Rot	R	Re	1	0	0	0,30
Grün	G	Ge	0	1	0	0,59
Blau	B	Be	0	0	1	0,11
Gelb		Re, Ge	1	1	0	0,89
Cyan		Ge, Be	0	1	1	0,70
Purpur		Re, Be	1	0	1	0,41
Weiß	W	Re, Ge, Be	1	1	1	1,00
Schwarz	SW		0	0	0	0,00

Tabelle 6.1 Luminanz-Spannungen bei den Norm-Farbbalken mit 100% Farbsättigung

Für die Farbbildübertragung müssen insgesamt drei Signal-Komponenten gebildet werden. Mit Gl. (6.3) ist die Bildung des Luminanzsignals festgelegt. Mithin bleiben noch zwei Signal-Komponenten für die Farbart (Farbton und Farbsättigung).

Theoretisch könnte man für die Übertragung der Farbart zwei beliebige Signale auswählen. Sie müßten lediglich die Generierung der drei Signale für Rot, Grün und Blau ermöglichen. So könnte man zusätzlich zum Luminanzsignal z.B. das Rot- und Grün-Signal übertragen.

Bei der Festlegung der zwei zusätzlichen Signale hat man jedoch eine weitere Bedingung eingebracht: Bei unbunten Bildern (schwarz-weiß) sollen die zusätzlichen Signale zu Null werden. Aus diesem Grunde verwendet man zwei Farb-Differenzsignale. Dies sind nach Gl. (6.4) die um die Luminanz verminderten Rot- und Blau-Signale.

$$u_{R-Y} = u_R - u_Y \qquad (6.4a)$$
$$u_{B-Y} = u_B - u_Y \qquad (6.4b)$$

mit

u_{R-Y} = Rot -Differenz-Signal
u_{B-Y} = Blau-Differenz-Signal
u_R, u_B, u_Y = gammakorrigiertes Signal Rot, Blau, Luminanz (s. Gl. (6.3))

Diese beiden Signale sind Ausgangssignale für die Farbart-Übertragung bei den drei Standard-Farbfernsehverfahren NTSC, PAL und SECAM. Sie werden allerdings für die Übertragung noch speziell verändert (s. Kapitel 6.2, 6.3, 6.4).

Die Farb-Differenzsignale bildet man wie das Luminanzsignal aus den drei Ausgangssignalen Rot, Grün und Blau.

Aus Gl. (6.4) und Gl. (6.3) ergibt sich das Rot-Farbdifferenz-Signal zu:

$$u_{R-Y} = u_R - (0{,}30 \cdot u_R + 0{,}59 \cdot u_G + 0{,}11 \cdot u_B)$$

Das Blau-Differenz-Signal wird entsprechend erzeugt. Die Ergebnisse sind in Gl. (6.5) wiedergegeben.

$$u_{R-Y} = +0{,}70 \cdot u_R - 0{,}59 \cdot u_G - 0{,}11 \cdot u_B \qquad (6.5a)$$
$$u_{B-Y} = -0{,}30 \cdot u_R - 0{,}59 \cdot u_G + 0{,}89 \cdot u_B \qquad (6.5b)$$

mit Größen nach Gl. (6.4)

Für die Farben der Norm-Farbbalken gibt die Tabelle 6.2 die beiden Farb-Differenzsignale wieder. Hier sind die Ausgangsspannungen genauso eingestellt wie für Tabelle 6.1.

Das Grün-Differenz-Signal braucht sendeseitig nicht gebildet zu werden, die Farbbildinformation befindet sich ja vollständig in den anderen drei Signal-Komponenten.

Im Empfänger können allerdings alle drei Farb-Differenzsignale erzeugt werden. Dies wird auch praktisch getan, wenn die Bild-Wiedergabe-Wandler neben einem Eingang für das Luminanzsignal über Eingänge für die drei Farb-Differenzsignale verfügen. Zum Grün-Differenzsignal kommt man dann wie folgt:

Farbe		Farb-Komponenten (Empfänger-Primärfarben)	U_{R-Y} in V	U_{B-Y} in V
Rot	R	Re	0,70	- 0,30
Grün	G	Ge	- 0,59	- 0,59
Blau	B	Be	- 0,11	0,89
Gelb		Re, Ge	0,11	- 0,89
Cyan		Ge, Be	- 0,70	0,30
Purpur		Re, Be	0,59	0,59
Weiß	W	Re, Ge, Be	0,00	0,00
Schwarz	SW		0,00	0,00

Tabelle 6.2 Farb-Differenz-Spannungen bei den Norm-Farbbalken mit 100% Farbsättigung

Ausgehend von

$$u_{G\text{-}Y} \;=\; u_G - u_Y \tag{6.6a}$$

ergibt sich mit Gl. (6.3)

$$u_{G-Y} = \frac{1}{0{,}59} \cdot \left(u_Y - 0{,}30 \cdot u_R - 0{,}11 \cdot u_B\right) - u_Y$$

$$u_{G-Y} = \frac{1}{0{,}59} \cdot \left(0{,}41 \cdot u_Y - 0{,}30 \cdot u_R - 0{,}11 \cdot u_B\right)$$

und mit der Aufteilung des Y-Signals kommt man dann zu

$$u_{G-Y} = \frac{1}{0{,}59} \cdot \left(-0{,}30 \cdot \left(u_R - u_Y\right) - 0{,}11\left(u_B - u_Y\right)\right)$$

und unter Verwendung von Gl. (6.4) schließlich zu

$$u_{G-Y} = -\frac{1}{0{,}59} \cdot \left(0{,}30 \cdot u_{R-Y} + 0{,}11 \cdot u_{B-Y}\right)$$

Das ergibt die Gl. (6.6b), die die empfängerseitige Bildung des Grün-Differenz-Signals aus den Rot- und Blau-Differenz-Signalen beschreibt:

$$u_{G\text{-}Y} \;=\; -\,0{,}51 \cdot u_{R\text{-}Y} - 0{,}19 \cdot u_{B\text{-}Y} \tag{6.6b}$$

mit

$u_{G\text{-}Y}$, $u_{R\text{-}Y}$, $u_{B\text{-}Y}$ = Grün-, Rot-, Blau-Differenz-Signal

In Bild 6.2 sind die fundamentalen Übertragungsstrukturen für Schwarz-Weiß- und Farb-Fernsehen dargestellt.

Die Kompatibilität beim Empfang von Farb- und Schwarz-Weiß-Bildern durch Farb- und Monochrom-Fernsehempfänger war systembestimmend für die Standardverfahren NTSC, PAL und SECAM. Es läßt sich sowohl ein Schwarz-Weiß-Fernsehsignal mit einem Farbfernseh-Empfänger wiedergeben als auch ein Farb-Fernsehsignal mit einem Schwarz-Weiß-Empfänger.

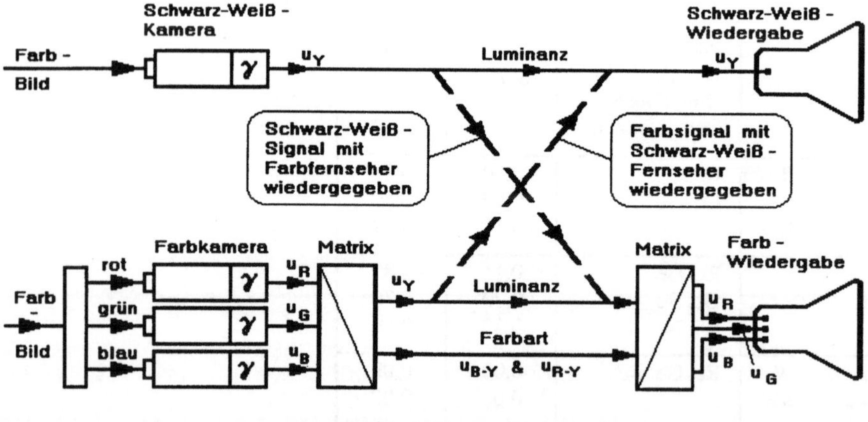

Bild 6.2 Schwarz-Weiß- und kompatible Farb-Fernsehübertragung

6.1.2 Bandbreiten und Spektren

Wie beim Schwarz-Weiß-Fernsehen muß das Luminanzsignal breitbandig übertragen werden. Es bestimmt auch beim Farbbild die horizontale Auflösung. Die Bandbreiten entsprechen den in Kapitel 1.4 angegebenen.

Die Ergebnisse der Gl. (1.12) werden hier wiederholt.

$$B_Y = 5 \text{ MHz}, \text{ Videobandbreite (CCIR B,G)} \quad (6.7a)$$
$$B_Y = 4{,}2 \text{ MHz}, \text{ Videobandbreite (CCIR M)} \quad (6.7b)$$

Im Gegensatz zu diesen breitbandigen Luminanzsignalen wird für die Übertragung der Farb-Differenzsignale weit weniger Bandbreite benötigt. Unser Auge löst eben Helligkeitsunterschiede wesentlich besser auf als Farbunterschiede. Es genügt für die Farbe etwa eine Bandbreite von

$$B_F = \text{ca. } 1{,}3 \text{ MHz} \quad (6.8)$$

Bei den Standard-Farbfernsehverfahren wird jedoch teilweise von dem Wert der Gl. (6.8) abgewichen. Insbesondere nutzt NTSC das unterschiedliche Farbunterscheidungsvermögen des Auges: Die beiden Farb-Differenzsignale nach Gl. (6.5) werden umgeformt in zwei neue Differenzsignale mit unterschiedlicher Bandbreite (Näheres s. Kapitel 6.2.1).

Die o.g. Bandbreiten werden nun nicht gleichmäßig von Luminanz- und Farb-Differenzsignalen genutzt. Die Amplitudendichten besitzen periodische Strukturen. Insbesondere sind große Amplitudendichten im Bereich von ganzzahligen Vielfachen der Zeilenfrequenz zu finden. Bereits 1934 wurde dies mit theoretischen Betrachtungen von MERTZ und GRAY offengelegt [6.01] und wenig später für das Zeilensprungverfahren erweitert [6.02].

Das Zustandekommen spezieller zeilenperiodischer Strukturen bedarf genauerer Erklärungen. Wir betrachten zu diesem Zweck zunächst nur das BAS-Signal einer Schwarz-Weiß-Kamera. Außerdem gehen wir von einem nicht bewegten Bild aus. Die Abtastung des Bildes erfolge in bekannter Weise, jedoch ohne Zeilensprung. Die beiden Halbbilder sind dann gleich. Die Zeilenzahl muß dabei gerade sein und weicht deshalb geringfügig von den genormten ungeradzahligen Zeilenzahlen ab. Die Vertikalfrequenz ist deshalb ebenfalls geringfügig verändert. Dies ist jedoch so minimal, daß es ohne Belang für die resultierenden Aussagen bleibt. Überdies ist der Signalverlauf der Vertikal-Impuls-Blöcke gegenüber dem des gesamten Bildbereichs unbedeutend und wird daher außer acht gelassen.

Gehen wir hier nun vorerst von einem Bild mit **gleichen Zeilensignalen** aus. Dies ist dann der Fall, wenn auf dem Bild nur **vertikale Streifen** vorhanden sind oder gleiche Helligkeit vorliegt. Das Signal eines solchen Bildes ist zeilenperiodisch. Im Frequenzbereich ergibt sich dafür ein Linienspektrum mit der Zeilenfrequenz als Periodizität (s. Bild 6.3).

Dieses periodische Signal kann quantitativ mit Hilfe der Fourier-Reihen im Frequenzbereich beschrieben werden. Außer einem Gleichanteil ergeben sich Amplituden bei der Zeilenfrequenz und deren Vielfachem ($n \cdot f_H$, $n = 0;1;2;...$). Sie repräsentieren die Amplituden der sinusförmigen Teilsignale, die phasenrichtig addiert wieder den zeitlichen Signalverlauf ergeben würden.

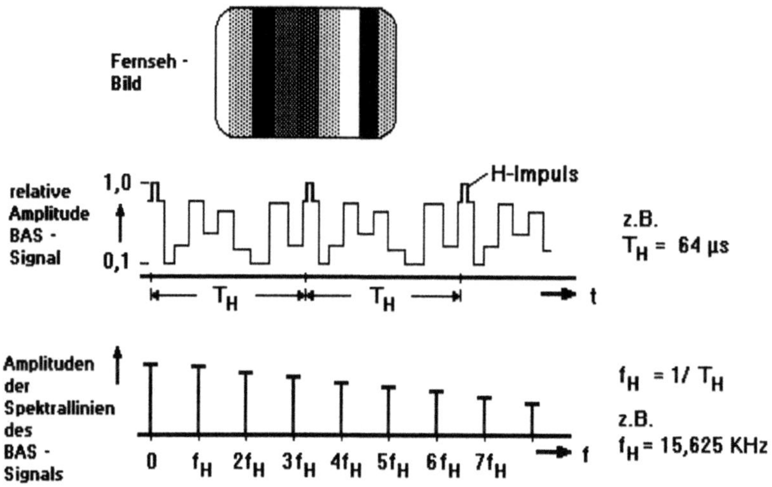

Bild 6.3 Zeilenperiodisches Signal im Zeit- und Frequenzbereich

In Bild 6.3 sind die spektralen Amplitudenwerte nur qualitativ dargestellt. Sie sind vom Verlauf des Helligkeitssignals abhängig. Das Linienspektrum erstreckt sich allgemein über den gesamten Frequenzbereich. Die Amplituden der Linien können darin mit der Frequenz ab und auch wieder zunehmen.

Stellen wir uns jetzt ein Bild mit **horizontalen Streifen** vor. Auch hier entsteht im Frequenzbereich ein Linienspektrum. Allerdings ist das Signal periodisch mit der Vertikalfrequenz. Dies ist wegen der Annahme gleicher Halbbilder (kein Zeilensprung) die Halbbild-Frequenz. Die Linien entstehen auch hier bei den Frequenzen Null (Gleichanteil) und bei positiv Ganzzahligem der Vertikalfrequenz ($i \cdot f_V$, $i = 0;1;2;...$).

Dieses mit der Vertikalfrequenz periodische Linienspektrum entsteht übrigens nicht nur bei den eben angenommenen horizontalen Streifen. Jedes stehende Bild wiederholt sich ja nach unserer oben gemachten Annahme jeweils nach einer Halbbildperiode. Ein nicht bewegtes Bild führt daher stets zu einem vertikal-periodischen BAS-Signal.

Nehmen wir nunmehr ein Bild mit **vertikalen und horizontalen Streifen** an. Im Frequenzbereich gibt es sowohl Linien mit der Frequenzperiode der Zeilen wie der der Halbbilder. Man kann diesen allgemeinen Fall auch wie folgt interpretieren: Das gleichartige Zeilensignal wird durch ein vertikalfrequentes Halbbildsignal in seiner Amplitude verändert (Amplituden-Modulation). Die Amplitudenänderung betrifft das gesamte zeilenfrequente Signal, das aus vielen Spektrallinien besteht (s. Bild 6.3). Für jede dieser Linien gibt es nun Amplitudenmodulation.

Greifen wir uns eine Linie bei $n \cdot f_H$ heraus. Auch bei dem vertikalfrequenten Signal betrachten wir zunächst nur eine Spektrallinie bei $i \cdot f_V$. Die Amplitude des Zeilensignals ändert sich dann nach Gl. (6.9a), und unter Verwendung des Additionstheorems $\cos(\alpha) \cdot \cos(\beta) = 0{,}5 \cdot (\cos(\alpha-\beta) + \cos(\alpha+\beta))$ wird Gl. (6.9a) zu Gl. (6.9b):

$$u_{Hni}(t) = \hat{u}_{Hn} \cdot \cos(2\pi \cdot n \cdot f_H \cdot t) \cdot m_{ni} \cdot \cos(2\pi \cdot i \cdot f_V \cdot t) \quad (6.9a)$$

$$u_{Hni}(t) = 0{,}5 \cdot \hat{u}_{Hn} \cdot m_{ni} \{\cos(2\pi \cdot (n \cdot f_H - i \cdot f_V) \cdot t) + \cos(2\pi \cdot (n \cdot f_H + i \cdot f_V) \cdot t)\}$$

$$u_{Hni}(t) = \hat{u}_{Hni} \{\cos(2\pi \cdot (n \cdot f_H - i \cdot f_V) \cdot t) + \cos(2\pi \cdot (n \cdot f_H + i \cdot f_V) \cdot t)\} \quad (6.9b)$$

mit

$u_{Hni}(t)$ = mit der Halbbildfrequenz moduliertes Zeilensignal (Modulationssignal)

$\hat{u}_{Hn}$ = Amplitude der unmodulierten Spektrallinie $n \cdot f_H$ bei vertikalen Bildstreifen (Trägeramplitude) wobei für das H-Liniensignal gelte $u_{Hn}(t) = \hat{u}_{Hn} \cdot \cos(2\pi \cdot n \cdot f_H)$

m_{ni} = Amplitudenfaktor (Modulationsgrad) wobei für das V-Liniensignal gelte $u_{Vi}(t) = \hat{u}_{Vi} \cdot \cos(2\pi \cdot i \cdot f_V)$ und $m_{ni} = \hat{u}_{Vi}/\hat{u}_{Hn}$

$\hat{u}_{Hni}$ = Amplitude der resultierenden Spektrallinien

f_H, f_V = H- und V-Frequenzen

n, i = ausgewählte Vielfache der Spektrallinien 0;1;2;3;...

t = Zeit

Gl. (6.9b) zeigt, daß aus einer Linie bei $n \cdot f_H$ ein Linienpaar um diese ursprüngliche Frequenz entsteht. Nur für $i = 0$ (Gleichanteil) bleibt es bei den Linien nach Bild 6.3.

Im allgemeinen wird auch das vertikalfrequente Signal im Frequenzbereich ein ausgedehntes Linienspektrum mit einem Gleichanteil ($i = 0$) besitzen. Es entstehen somit aus einer zeilenfrequenten Linie bei $n \cdot f_H$ viele Linien im Abstand von f_V um diese Linie. Dies gilt natürlich für alle zeilenfrequenten Linien des ursprünglichen Spektrums der Bild 6.3. Insgesamt entsteht ein Spektrum mit vielen Linien bei $n \cdot f_H$, um die sich jeweils viele Linien im Abstand von f_V scharen (s. Bild 6.4).

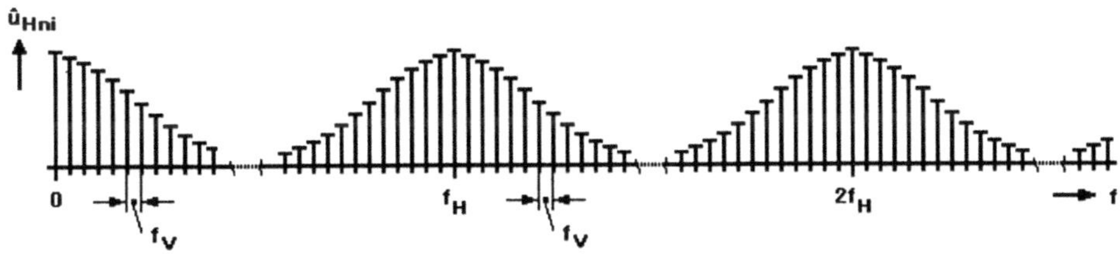

Bild 6.4 Linienspektrum eines Standbildes ohne Zeilensprung

Der Abfall der Linien rechts und links neben den zeilenfrequenten Linien rührt daher, daß schon die vertikalfrequenten Linien ($i \cdot f_V$) mit zunehmender Ordnungszahl abnehmen. Allerdings kann man keine allgemeingültige quantitative Aussage treffen, da die Amplitudenwerte vom Bildinhalt abhängen.

Beim Zeilensprungverfahren der Standard-Farbfernsehverfahren werden jeweils zwei Halbbilder abgetastet. Sie unterscheiden sich im allgemeinen nur geringfügig voneinander. Wir gehen deshalb näherungsweise von zwei gleichen Halbbildern aus, so daß das Linienspektrum prinzipiell die gleiche Struktur – wie in Bild 6.4 skizziert – besitzt. Horizontal- und Vertikalfrequenz sind nun über die Zeilenzahl des Bildes miteinander verknüpft. Die Zeilenzahl ist ungerade (vgl. Gl. (1.5)). Aus diesem Grunde ist die Zeilenfrequenz kein ganzzahliges Vielfaches der Vertikalfrequenz. So bestehen für die wichtigsten Zeilenzahlen die folgenden Zusammenhänge:

$$f_H = 625/2 \cdot f_V = 312{,}5 \cdot f_V \text{ bei 625 Z/B} \qquad (6.10a)$$

$$f_H = 525/2 \cdot f_V = 262{,}5 \cdot f_V \text{ bei 525 Z/B} \qquad (6.10b)$$

In Bild 6.5 sind dazu die Spektrallinien dargestellt.

Die Seitenbandlinien sind auch hier ober- und unterhalb jeder Trägerlinie ($n \cdot f_H$) im Abstand der Vertikalfrequenz (f_V) angeordnet. Der Abstand der Trägerlinien selbst ist jedoch kein ganzzahliges Vielfaches der Vertikalfrequenz. Aus diesem Grunde liegen die Seitenbandlinien benachbarter Trägerlinien auf Lücke. Der Zwischenraum zwischen zwei Linien ist nicht mehr f_V, sondern nur noch $f_V/2$ (z.B. $f_V/2$=25 Hz).

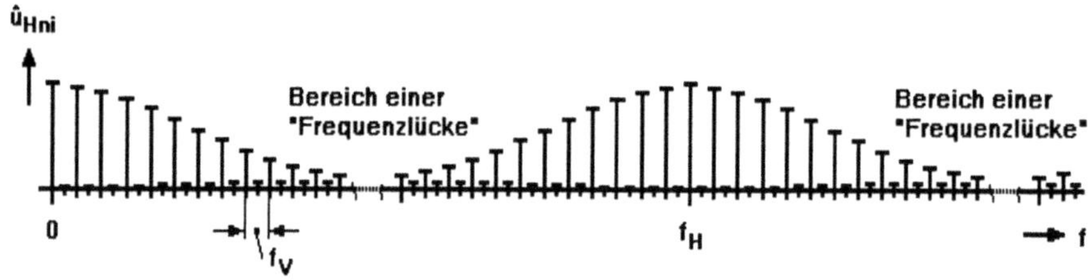

Bild 6.5 Verkämmung der Spektrallinien eines Standbildes beim Zeilensprungverfahren

Die Ausführungen über die spektrale Kammstruktur gelten auch für die beim Fernsehen üblichen Bewegtbilder. Statt der diskreten Spektrallinien muß man sich lediglich Amplitudendichten vorstellen, die sich jeweils über kleine Frequenzbereiche erstrecken.

Zusammenfassend stellen wir fest: Auch beim Zeilensprungverfahren liegt eine spektrale Kammstruktur des Spektrums vor. Die Spektrallinien besitzen Maxima bei Ganzzahligem der Zeilenfrequenz und fallen trotz Überlappungen dazwischen mehr oder weniger ab.

In diesen Zwischenbereichen sind die Signalamplituden im allgemeinen so klein, daß dort zusätzliche Signale untergebracht werden können. Dies wird auch tatsächlich so gemacht. So werden die Farbdifferenzsignale bei NTSC und PAL in diesen periodischen „Frequenzlücken" übertragen: Auch die Farbdifferenzsignale besitzen ja die spektrale Kammstruktur. Das ganze Spektrum des Chrominanzsignals wird jedoch etwa um die halbe Zeilenfrequenz verschoben. Damit liegen dann die periodischen Maxima der Farbinformation jeweils in den Bereichen der „Frequenzlücken" des BAS-Signals (s. Bild 6.6). Auf diese Weise kann das Farbartsignal zum BAS-Signal hinzugefügt werden. Die Übertragung erfolgt somit ohne zusätzliche Bandbreite.

Auch bei SECAM werden die Farbdifferenzsignale im Frequenzbereich des Luminanzsignals – jedoch ohne Ausnutzung der spektralen Kammstruktur – mit untergebracht.

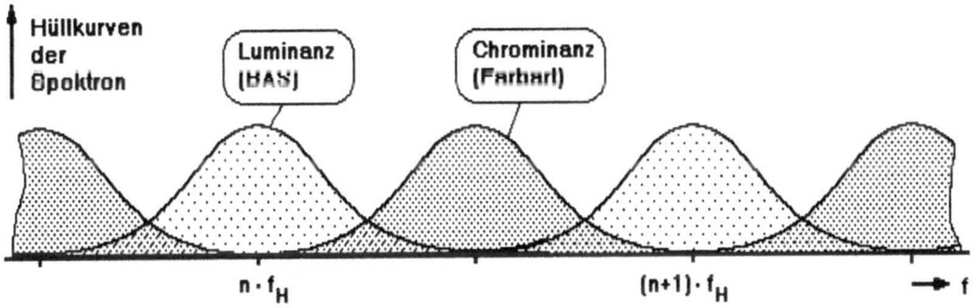

Bild 6.6 Prinzip der spektralen Verschachtelung von Luminanz- und Chrominanzsignal bei NTSC und PAL

Alle Standardverfahren benötigen demnach keine zusätzliche Bandbreite für die Übertragung der Farbart. Es ist dadurch grundsätzlich eine gegenseitige Beeinflussung von Luminanz und Chrominanz vorhanden. Sie kann jedoch so klein gehalten werden, daß sie toleriert werden kann. Andererseits wird gerade diese gegenseitige Beeinflussung von Luminanz und Chrominanz als ein schwerwiegender Mangel unserer Standardverfahren angesehen.

6.2 NTSC-Farbfernsehübertragung

6.2.1 Quadraturmodulation für die Farbdifferenzsignale

Bei NTSC und PAL werden die beiden Farbdifferenzsignale mittels Quadratur-Amplituden-Modulation (QAM) übertragen.

Bei der QAM handelt es sich um eine zweifache Amplituden-Modulation einer gemeinsamen Trägerfrequenz. Das Trägersignal und das um 90 Grad gedrehte Trägersignal werden jeweils von einem modulierenden Signal in ihrer Amplitude verändert. Wegen der Orthogonalität der beiden Trägerschwingungen sind auch die entstehenden Seitenbandsignale orthogonal zueinander. Sie sind gegenseitig entkoppelt, auch wenn sie gleiche Frequenzbereiche belegen. Bild 6.7 zeigt das Blockbild eines Modulators für QAM.

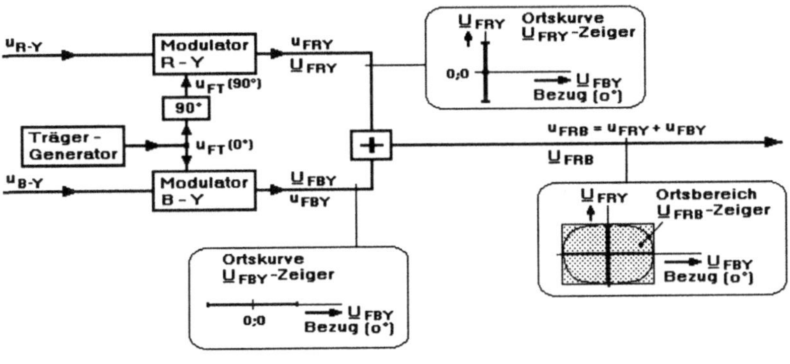

Bild 6.7 Blockbild eines Quadratur-Amplituden-Modulators für die Farb-Differenzsignale

Dargestellt ist ein Modulator für die Farbdifferenzsignale nach Gl. (6.4). Tatsächlich werden bei NTSC diese Farbdifferenzsignale vor der Modulation noch modifiziert. Dies wird aber hier zunächst noch außer acht gelassen.

Bei der Modulation werden die Trägersignale selbst unterdrückt. In jedem Modulator wird ein Zweiseitenbandsignal ohne Träger erzeugt (Prinzip des Ringmodulators, s. Kapitel 6.2.4).

Für die Modulationssignale in Bild 6.7 u_{FRY} (Zweig mit 90°-Träger $u_{FT}(90°)$ und mit 0°-Träger $u_{FBY}(0°)$ können die Gl. (6.11a) und Gl. (6.11b) angesetzt werden.

$$u_{FRY} = u_{R\text{-}Y} \cdot \cos(2\pi \cdot f_{FT} \cdot t + \frac{\pi}{2}) \quad (6.11a)$$

$$u_{FBY} = u_{B\text{-}Y} \cdot \cos(2\pi \cdot f_{FT} \cdot t) \quad (6.11b)$$

mit

u_{FRY} = Modulationssignal Rot -Differenz
u_{FBY} = Modulationssignal Blau-Differenz

$u_{R\text{-}Y}$ = Rot -Differenz-Signal (s. Gl. 6.4a)
$u_{B\text{-}Y}$ = Blau-Differenz-Signal (s. Gl. 6.4b)

f_{FT} = Farbträgerfrequenz
t = Zeit

Es werden nun sinusförmige modulierende Rot- und Blau-Differenzsignale unterstellt:

$$u_{R\text{-}Y} = \hat{u}_{R\text{-}Y} \cdot \cos(2\pi \cdot f_{RY} \cdot t)$$

$$u_{B\text{-}Y} = \hat{u}_{B\text{-}Y} \cdot \cos(2\pi \cdot f_{BY} \cdot t)$$

Man kommt damit unter Benutzung des Additionstheorems $\cos(\alpha) \cdot \cos(\beta) = 0{,}5 \cdot (\cos(\alpha-\beta) + \cos(\alpha+\beta))$ von Gl. 6.11a, Gl. 6.11b zu Gl. 6.12a, Gl. 6.12b.

$$u_{FRY} = 0{,}5 \cdot \hat{u}_{R\text{-}Y} \cdot \{\cos(2\pi \cdot (f_{FT}-f_{RY}) \cdot t + \frac{\pi}{2}) + \cos(2\pi \cdot (f_{FT}+f_{RY}) \cdot t + \frac{\pi}{2})\} \quad (6.12a)$$

$$u_{FBY} = 0{,}5 \cdot \hat{u}_{B\text{-}Y} \cdot \{\cos(2\pi \cdot (f_{FT}-f_{BY}) \cdot t) + \cos(2\pi \cdot (f_{FT}+f_{BY}) \cdot t)\} \quad (6.12b)$$

mit

$u_{R\text{-}Y} = \hat{u}_{R\text{-}Y} \cdot \cos(2\pi \cdot f_{RY} \cdot t)$, sinusförmiges Rot-Differenz-Signal
$u_{B\text{-}Y} = \hat{u}_{B\text{-}Y} \cdot \cos(2\pi \cdot f_{BY} \cdot t)$, sinusförmiges Blau-Differenz-Signal

weitere Größen nach Gl. (6.11)

Die Aussagen der Gl. (6.12) sollen nun in Form von Zeigerdiagrammen wiedergegeben werden. Dabei werden die Beziehungen zwischen den Gl. (6.11) bzw. Gl. (6.12) im Zeitbereich und der Zeigerdarstellung in der komplexen Ebene (Bezug Träger(0°)) durch die Gl. (6.13) hergestellt.

$$\underline{U}_{FRY} = u_{R\text{-}Y} \cdot e^{j\pi/2} = j u_{R\text{-}Y} \quad (6.13a)$$

$$\underline{U}_{FBY} = u_{B\text{-}Y} \quad (6.13b)$$

$$\underline{U}_{FRB} = \underline{U}_{FRY} + \underline{U}_{FBY} \quad (6.13c)$$

mit

$\underline{U}_{FRY}$ = Modulationssignal Rot-Differenz
$\underline{U}_{FBY}$ = Modulationssignal Blau-Differenz
$\underline{U}_{FRB}$ = Modulationssignal Farb-Differenz, Chrominanzsignal (QAM)

Es ergeben sich für die Differenz- und Summenfrequenzen der Gl. (6.12) jeweils Zeiger, die im trägerfrequenten Bezugssystem gegenläufig rotieren (s. Bild 6.8).

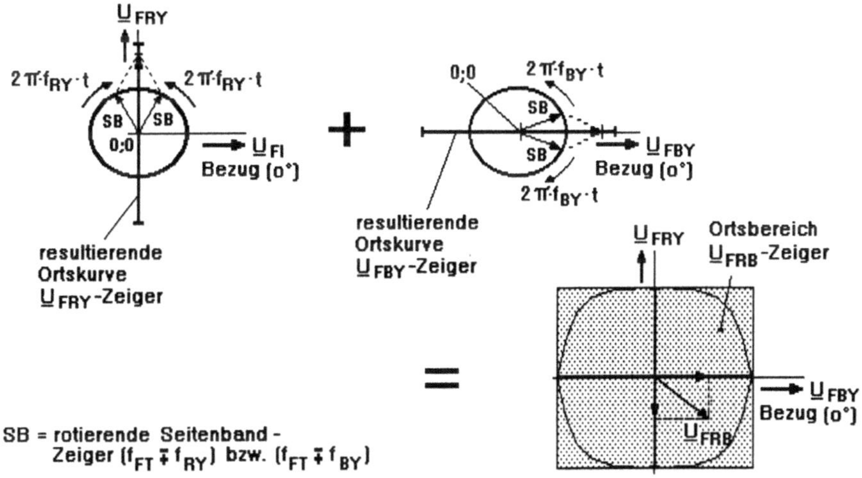

Bild 6.8 Zeigerdiagramme der Farb-Differenz-QAM

Die Addition der gegenläufig rotierenden Zeiger führt jeweils zu einer Ortskurve, auf der sich die Zeigerspitze des resultierenden Signals bewegt. Im Falle der sinusförmigen Differenzsignale erfolgt diese Bewegung periodisch mit der Frequenz des Rot- bzw. Blau-Differenzsignals. Die Ortskurven entsprechen denen, die bereits in Bild 6.7 skizziert sind.

Die beiden Ortskurven der Rot- und Blau-Differenzzeiger sind zueinander orthogonal. Sie spannen die Ebene des Summenzeigers auf. Obwohl er aus zwei amplitudenmodulierten Signalen gebildet wird, ist er sowohl in der Amplitude wie in der Phase moduliert (QAM). Wegen der Verwendung der Farb-Differenzsignale nach Gl. (6.4) stellt die Zeigerlänge die Farbsättigung und die Phase den Farbton dar.

Der rechteckige Ortsbereich ergibt sich allgemein aus den beiden orthogonalen Ortskurven. Dabei wird unterstellt, daß die beiden Signale gleichzeitig maximale Amplitudenwerte annehmen können. Tatsächlich ist dies hier bei den beiden Farb-Differenzsignalen nicht der Fall. Der Ortsbereich hat daher nicht die Form eines Rechtecks, insbesondere erreicht der Summenzeiger die Eckbereiche nicht. In Bild 6.8 ist eine Begrenzungslinie innerhalb des rechteckförmigen Bereichs skizziert. Sie gibt qualitativ die maximale Zeigerlänge von $\underline{U}_{FRB}$ und somit die Begrenzung des tatsächlichen Ortsbereichs an. Man kommt zu ihr, indem man für alle gesättigten Farben die beiden zugehörigen Farb-Differenzsignale bildet und den Betrag von $\underline{U}_{FRB}$ errechnet.

Bei NTSC wird nun das chrominante QAM-Signal (Modulationssignal Farb-Differenz oder Chrominanzsignal) dem BAS-Signal überlagert. Man erzeugt so das **FBAS**-Signal (**F**arb-**BAS**).

Die Farb-Trägerfrequenzen wurden dafür nach Gl. (6.14) festgelegt.

$$f_{FT} = 3{,}58\ \text{MHz (CCIR M)} \quad (6.14a)$$
$$f_{FT} = 4{,}43\ \text{MHz (CCIR B,G) (europäische NTSC-Version)} \quad (6.14b)$$

Die Gl. (6.14) geben allerdings nur die groben Werte an. Die Farbträgerfrequenz ist jeweils mit der Zeilenfrequenz fest verkettet (s. Kapitel 6.2.8).

Das farbträgerfrequente Chrominanzsignal (QAM) wird in den sichtbaren Zeilenbereichen dem Luminanzsignal überlagert. Es kommt zu einem FBAS-Signal, wie es in Bild 6.9 dargestellt ist.

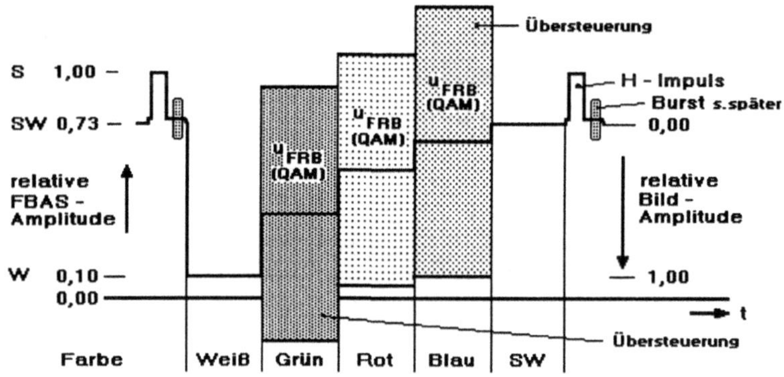

Bild 6.9 FBAS-Signal mit nicht reduzierten Farb-Differenzsignalen

Die Amplituden des Chrominanzsignals errechnen sich dabei wie folgt: Ausgehend von den Farbdifferenzsignalen (u_{R-Y}, u_{B-Y}) nach Gl. (6.5) ergeben sich mit Gl. (6.11) die Spitzenwerte des Modulationssignals ($\hat{u}_{FRY}$, $\hat{u}_{FBY}$). Wegen der Orthogonalität dieser beiden Komponenten kommt man zum Spitzenwert des Summensignals $\hat{u}_{FRB}$ nach Gl. (6.15).

$$\hat{u}_{FRB} = \sqrt{u_{R-Y}^2 + u_{B-Y}^2} \quad (6.15)$$

mit

$\hat{u}_{FRB}$ = Amplitude des Chrominanzsignals (QAM)
u_{R-Y} = Rot -Differenz-Signal (s. Gl. (6.5a))
u_{B-Y} = Blau-Differenz-Signal (s. Gl. (6.5b))

Zur Beurteilung der Aussteuerung müssen die Maximal- und Minimalamplituden des Summensignals von Luminanz- und Chrominanzsignal (QAM) gebildet werden.

$$((u_Y - \hat{u}_{FRB}) \text{ und } (u_Y + \hat{u}_{FRB}))$$

Für die Normfarbbalken wurden Werte aus den Tabelle 6.1 und Tabelle 6.2 entnommen und in die Gl. (6.15) eingesetzt. Die Ergebnisse sind in der Tabelle 6.3 wiedergegeben (FB = Farbbild).

Farbe		u_Y in V	u_{R-Y} in V	u_{B-Y} in V	$\hat{u}_{FRB}$ in V	u_Y-$\hat{u}_{FRB}$ in V	u_Y+$\hat{u}_{FRB}$ in V
Rot	R	0,30	0,70	-0,30	0,76	-0,46	1,06
Grün	G	0,59	-0,59	-0,59	0,83	-0,24	1,42
Blau	B	0,11	-0,11	0,89	0,90	-0,79	1,01
Gelb		0,89	0,11	-0,89	0,90	0,01	1,79
Cyan		0,70	-0,70	0,30	0,76	-0,06	1,46
Purpur		0,41	0,59	0,59	0,83	-0,42	1,24
Weiß	W	1,00	0,00	0,00	1,00	1,00	1,00
Schwarz	SW	0,00	0,00	0,00	0,00	0,00	0,00

Tabelle 6.3 Spannungen des nicht reduzierten FB-Signals bei den Norm-Farbbalken mit 100% Farbsättigung

Der Tabelle 6.3 liegt die Normierung $U_Y = 1{,}00$ V für Weiß zugrunde. Der Luminanzbereich (u_Y) erstreckt sich auf den Bereich 1 V (weiß) bis 0 V (schwarz).

Laut Tabelle 6.3 wird er jedoch dramatisch über- und unterschritten. Die Auswirkungen auf das FBAS-Signal sind Übersteuerungen (s. Bild 6.9). Sie lassen sich leicht berechnen, wenn man die bereits bekannte lineare Zuordnung der Luminanzwerte beim FBAS berücksichtigt. Danach sind ja die folgenden relativen Amplitudenwerte festgelegt: Weiß 0,10 V; Schwarz 0,73 V; Synchronimpulse 1,00 V.

Negative Werte (u_Y-$\hat{u}_{FRB}$) bedeuten deshalb Signalamplituden im Spannungsbereich der Synchronimpulse (s. Bild 6.9). Werte von ca. -0,43 V entsprechen dem Synchronwert. Dabei können kleinere negative Werte noch toleriert werden.

Positive Werte (u_Y+$\hat{u}_{FRB}$) über 1 V bedeuten im FBAS-Signal Unterschreitungen des Weißwertes (s. Bild 6.9). Bereits Werte von mehr als ca. 1,16 V führen zu negativen FBAS-Amplituden. Dies hat bei der hochfrequenten Modulation mit dem FBAS-Signal Übermodulation zur Folge. Sie muß strikt vermieden werden.

Zur Verminderung der behandelten Übersteuerungen reduziert man daher die Farb-Differenzsignale Gl. (6.16) und kommt mit Gl. (6.5) schließlich zu Gl. (6.17).

$$u_V = 0{,}88 \cdot u_{R-Y} \quad (6.16a)$$
$$u_U = 0{,}49 \cdot u_{B-Y} \quad (6.16b)$$
$$u_V = +\,0{,}61 \cdot u_R - 0{,}52 \cdot u_G - 0{,}10 \cdot u_B \quad (6.17a)$$
$$u_U = -\,0{,}15 \cdot u_R - 0{,}29 \cdot u_G + 0{,}44 \cdot u_B \quad (6.17b)$$

mit

u_V = reduziertes Rot -Differenz-Signal, V-Signal
u_U = reduziertes Blau-Differenz-Signal, U-Signal
u_{R-Y} = Rot -Differenz-Signal (s. Gl. (6.5a))
u_{B-Y} = Blau-Differenz-Signal (s. Gl. (6.5b))

Der Betrag des reduzierten Chrominanzsignals kann dann Gl. (6.15) entsprechend bestimmt werden.

$$\hat{u}_F = \sqrt{u_V^2 + u_U^2} \quad (6.18)$$

mit

$\hat{u}_F$ = Amplitude Chrominanzsignal reduziert (QAM)
u_V = V-Signal (s. Gl. (6.16a), Gl. (6.17a))
u_U = U-Signal (s. Gl. (6.16a), Gl. (6.17b))

Mit diesen Signalreduktionen ergeben sich geringere Übersteuerungen, aber auch ein etwas schlechteres Signal-Geräusch-Verhältnis bei der Übertragung. In der Praxis kommt es damit kaum zu Übersteuerungen, da stark gesättigte Farben selten auftreten.

Die neuen Ergebnisse aufgrund der Gl. (6.18) sind in Tabelle 6.4 nachzulesen.

Farbe		u_Y in V	u_V in V	u_U in V	$\hat{u}_F$ in V	u_Y-$\hat{u}_F$ in V	u_Y+$\hat{u}_F$ in V
Rot	R	0,30	0,62	-0,15	0,63	-0,33	0,93
Grün	G	0,59	-0,52	-0,29	0,59	-0,00	1,18
Blau	B	0,11	-0,10	0,44	0,45	-0,34	0,56
Gelb		0,89	0,10	-0,44	0,45	0,44	1,34
Cyan		0,70	-0,62	0,15	0,63	0,07	1,33
Purpur		0,41	0,52	0,29	0,59	-0,18	1,00
Weiß	W	1,00	0,00	0,00	1,00	1,00	1,00
Schwarz	SW	0,00	0,00	0,00	0,00	0,00	0,00

Tabelle 6.4 Spannungen des reduzierten FB-Signals bei den Norm-Farbbalken mit 100% Farbsättigung

Bild 6.10 stellt die Ergebnisse der Tabelle 6.4 im zeitlichen Ablauf einer Zeile dar.

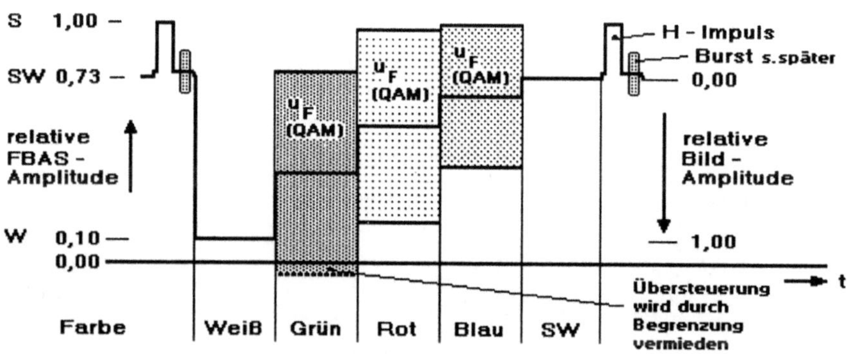

Bild 6.10 FBAS-Signal mit reduzierten Farb-Differenzsignalen

Gebräuchlich sind auch Vektordarstellungen in der V-U-Ebene. Für das QAM-Signal entspricht eine solche Darstellung einer Zeigerdarstellung im Bezugssystem der Farbträgerfrequenz. Bezugsphase ist üblicherweise die Phase des U-Signals (s. Gl. (6.19) und Bild 6.11).

$$\underline{U}_{FV} = u_V \cdot e^{j\pi/2} = ju_V \tag{6.19a}$$
$$\underline{U}_{FU} = u_U \tag{6.19b}$$
$$\underline{U}_F = \underline{U}_{FV} + \underline{U}_{FU} \tag{6.19c}$$

mit

$\underline{U}_{FV}$ = V-Modulationssignal (Rot -Differenz, reduziert)
$\underline{U}_{FU}$ = U-Modulationssignal (Blau-Differenz, reduziert)
$\underline{U}_F$ = NTSC-Chrominanzsignal (QAM)
u_V = V-Signal (s. Gl. (6.16a), Gl. (6.17a))
u_U = U-Signal (s. Gl. (6.16a), Gl. (6.17b))

In Bild 6.11 sind die Chrominanz-Zeigerlagen für markante Farben dargestellt. Die Eckpunkte sind miteinander verbunden. Der eingeschlossene Bereich entspricht grob dem möglichen Ortsbereich des Chrominanzzeigers $\underline{U}_F$.

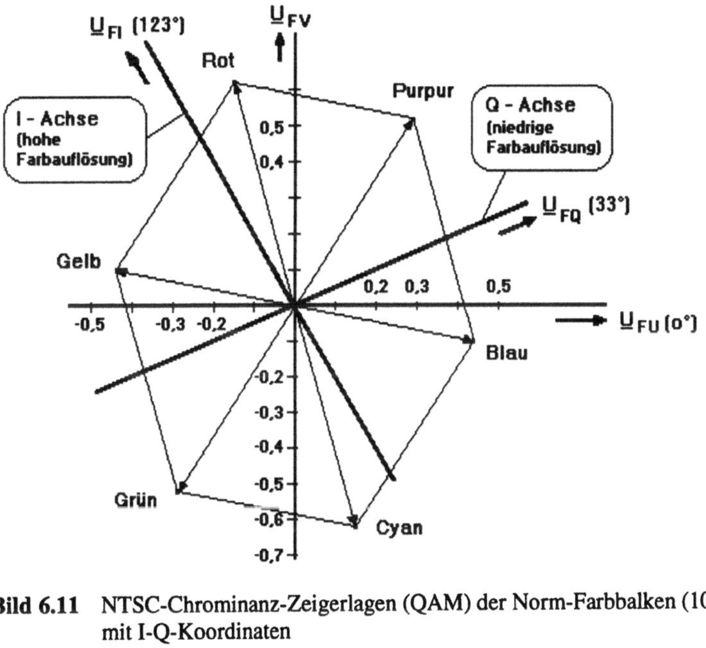

Bild 6.11 NTSC-Chrominanz-Zeigerlagen (QAM) der Norm-Farbbalken (100%) mit I-Q-Koordinaten

Bei NTSC werden nicht die Farb-Differenzsignale u_V und u_U übertragen. Statt dessen benutzt man ein sogenanntes I- und Q-Signal (Inphase, Quadraturphase). Die I-Q-Koordinaten sind gegenüber den V-U-Koordinaten um 33° gedreht.

Der Grund dafür liegt in dem unterschiedlichen Farbauflösevermögen des Auges. Das Q-Signal erfordert die geringste Bandbreite. Im Farbdreieck entspricht der Q-Achse etwa der Richtung der minimalen Farbauflösung. Der I-Achse kann man etwa die Richtung der maximalen Farbauflösung zuordnen. Gl. (6.20) gibt die Bandbreiten von I- und Q-Signal an.

B_I = ca. 1,3 MHz, Basisbandbreite I-Signal (6.20a)
B_Q = ca. 0,6 MHz, Basisbandbreite Q-Signal (6.20b)

Nach der Modulation (QAM) mit den Farbträgerfrequenzen nach Gl. (6.14) steht für das obere Seitenband des I-Signals nicht genügend Bandbreite zur Verfügung. Die Bandbreiten liegen ja mit Gl. (6.7) fest. Das obere Seitenband muß daher beschnitten werden. Es entstehen zwei unterschiedliche Seitenbänder. Für höherfrequente I-Signale wird somit nur das untere Seitenband übertragen (s. Bild 6.12).

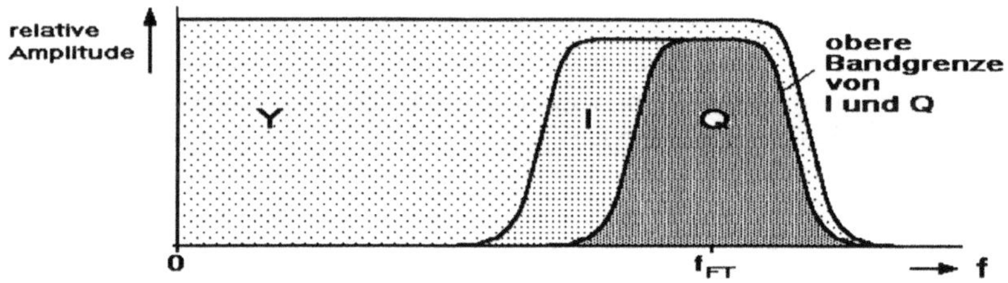

Bild 6.12 NTSC-Frequenzbänder des FBAS-Signals

Die Berechnung der I-Q-Amplituden wird wie folgt über den Zusammenhang aus Bild 6.11 vorgenommen:

$$u_I = u_V \cdot \cos(33°) - u_U \cdot \sin(33°)$$
$$u_Q = u_V \cdot \sin(33°) + u_U \cdot \cos(33°)$$

mit Gl. (6.17) erhält man dann

$$u_I = 0{,}60 \cdot u_R - 0{,}28 \cdot u_G - 0{,}32 \cdot u_B \qquad (6.21a)$$
$$u_Q = 0{,}21 \cdot u_R - 0{,}52 \cdot u_G + 0{,}31 \cdot u_B. \qquad (6.21b)$$

Die Modulationssignale können äquivalent zu Gl. (6.11) angesetzt werden (s. Gl.(6.22)).

$$u_{FI} = u_I \cdot \cos(2\pi \cdot f_{FT} \cdot t + \frac{\pi}{2} + 33°) \qquad (6.22a)$$
$$u_{FQ} = u_Q \cdot \cos(2\pi \cdot f_{FT} \cdot t + 33°) \qquad (6.22b)$$

mit

u_{FI} = Modulationssignal I
u_{FQ} = Modulationssignal Q
u_I = I-Signal (s. (Gl. 6.21a))
u_Q = Q-Signal ((s. Gl. 6.21b))
f_{FT} = Farbträgerfrequenz
t = Zeit

Die Rückrechnung von den I-Q-Signalen zu den V-U-Signalen erfolgt mit Gl. (6.23). Zum Ansatz der Gl. (6.23) kommt man über die Bild 6.11.

$$u_V = + u_I \cdot \cos(33°) + u_Q \cdot \sin(33°)$$
$$u_U = - u_I \cdot \sin(33°) + u_Q \cdot \cos(33°)$$
$$u_V = + 0{,}84 \cdot u_I + 0{,}54 \cdot u_Q \qquad (6.23a)$$
$$u_U = - 0{,}54 \cdot u_I + 0{,}84 \cdot u_Q \qquad (6.23b)$$

mit

u_I = I-Signal (s. Gl. (6.21a))
u_Q = Q-Signal (s. Gl. (6.21b))

Im Empfänger benötigt man schließlich Rot-, Grün-, Blau-Differenz-Signale oder die Rot-, Grün-, Blau-Signale. Man kommt zu den Blau- und Rot-Differenz-Signalen unter Verwendung der Gl. (6.16).

$$u_{R\text{-}Y} = 1/0{,}88 \cdot u_V = 1{,}14 \cdot u_V \qquad (6.24a)$$
$$u_{B\text{-}Y} = 1/0{,}49 \cdot u_U = 2{,}04 \cdot u_U \qquad (6.24b)$$

mit

u_V = V-Signal (s. Gl. (6.16a), Gl. (6.17a))
u_U = U-Signal (s. Gl. (6.16a), Gl. (6.17b))

Zur Bildung des Grün-Differenz-Signals wird Gl. (6.6b) herangezogen.

$$u_{G\text{-}Y} = -\,0{,}58 \cdot u_V - 0{,}39 \cdot u_U \qquad (6.25)$$

mit

u_V = V-Signal (s. Gl. (6.16a), Gl. (6.17a))
u_U = U-Signal (s. Gl. (6.16a), Gl. (6.17b))

Unter Verwendung von Gl. (6.23) können die Differenz-Signale der Gl. (6.24) und Gl. (6.25) aus den I-Q-Signalen berechnet werden.

$$u_{R\text{-}Y} = +\,0{,}96 \cdot u_I + 0{,}62 \cdot u_Q \qquad (6.26a)$$
$$u_{G\text{-}Y} = -\,0{,}28 \cdot u_I - 0{,}64 \cdot u_Q \qquad (6.26b)$$
$$u_{B\text{-}Y} = -\,1{,}11 \cdot u_I + 1{,}71 \cdot u_Q \qquad (6.26c)$$

mit

u_I = I-Signal (s. Gl. (6.21a))
u_Q = Q-Signal (s. Gl. (6.21b))

Rot-, Grün, Blau-Signale werden dann aufgrund der Beziehungen laut Gl. (6.4) aus Gl. (6.26) ermittelt.

$$u_R = +\,0{,}96 \cdot u_I + 0{,}62 \cdot u_Q + u_Y \qquad (6.27a)$$
$$u_G = -\,0{,}28 \cdot u_I - 0{,}64 \cdot u_Q + u_Y \qquad (6.27b)$$
$$u_B = -\,1{,}11 \cdot u_I + 1{,}71 \cdot u_Q + u_Y \qquad (6.27c)$$

mit

u_I = I-Signal (s. Gl. (6.21a))
u_Q = Q-Signal (s. Gl. (6.21b))

6.2.2 Farbträgerburst

Zur Demodulation des I-Q-Signals wird im Empfänger die Bezugsphase des QAM-Signals benötigt (Farbton-Information steckt in der Phase des QAM-Signals). Aus diesem Grunde wird ein Farbträgerburst übertragen (s. Bild 6.13).

Der Burst des Farbträgers wird im Austastbereich hinter jedem Horizontal-Synchronimpuls gesendet. Die Burstphase ist um 180° gegenüber der Bezugsphase (U-Signal) gedreht.

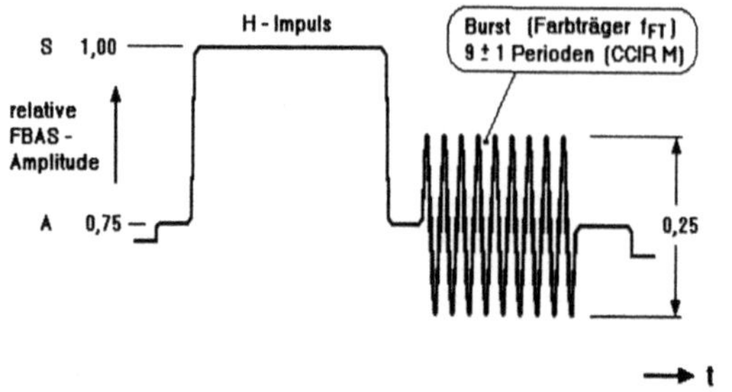

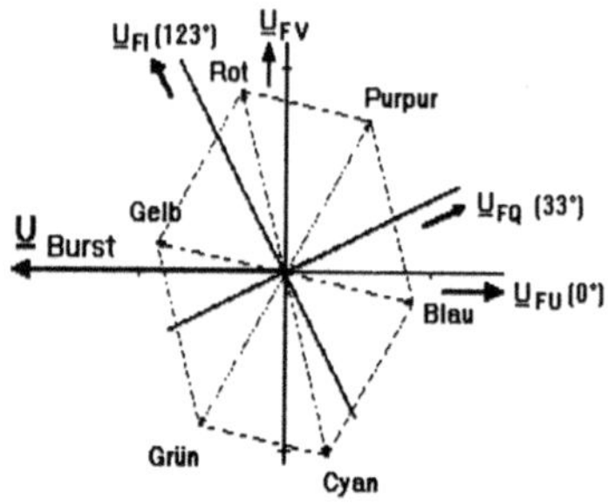

Bild 6.13 Signalverlauf und Zeigerlage des NTSC-Farbträger-Bursts

Unsere Augen erkennen sehr kleine Farbtonfehler. Deshalb werden schon geringe Phasenfehler als störende Farbtonfehler wahrgenommen. Die Burstphase muß daher möglichst genau übertragen werden.

Im Empfänger wird mit dem kurzen Farbträgerburst ein Farbträger-Oszillator synchronisiert. Er besitzt eine gute Kurzzeit-Phasenstabilität. Dadurch tritt bis zur nächsten Synchronisation kein nennenswerter Phasenfehler auf. Im Bereich der V-Impulsblöcke unterbleibt die Burstübertragung. Auch hier überbrückt der stabile Oszillator diese Zeit praktisch fehlerfrei.

Die Funktionsblöcke des Phasenregelkreises werden in Bild 6.14 gezeigt.

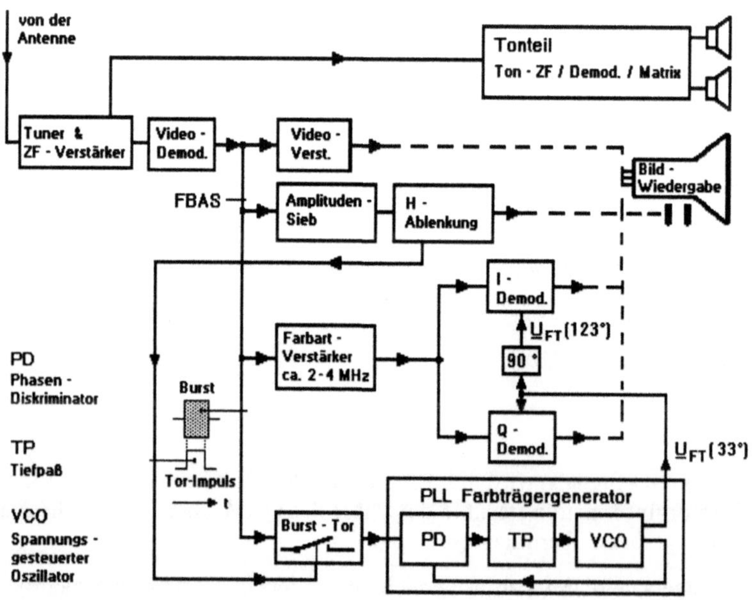

Bild 6.14 Farbträger-Synchronisation im NTSC-Empfänger (f_{FT}=3,58 MHz)

Das Burst-Tor in Bild 6.14 schaltet das Burstsignal zum *Phase Locked Loop* (PLL) durch. Bei diesem Burst-Tor handelt es sich eigentlich um einen selektiven Verstärker (Bandpaß um f_{FT}) mit einer Torschaltung (elektronischer Schalter für analoge Signale). Letztere schaltet das Burstsignal. Der dazu notwendige Torimpuls kommt vom H-Impulsgenerator. Das Burst-Signal synchronisiert nun über die Regelschleife des PLL den VCO (*Voltage Controlled Oscillator*). Dies geschieht dadurch, daß der PD (Phasen-Diskriminator) in Abhängigkeit von der Phasendifferenz zwischen Burst und VCO eine Spannung erzeugt, die über den Tiefpaß zum VCO gelangt und dessen Frequenz dahingehend ändert, daß sich die Phasenabweichung verringert. Aufgrund der hohen Schleifenverstärkung weist der VCO im eingeschwungenen Zustand nur noch einen sehr geringen Phasenfehler auf. Der integrierende Tiefpaß (sehr tiefe Grenzfrequenz) sorgt für die nötige Stabilität. Er hält insbesondere die frequenzbestimmende VCO-Eingangsspannung auch zwischen den Bursts so konstant, daß fast kein Phasenfehler auftritt.

Das Oszillatorsignal (33° und 123°) wird den Demodulatoren zugeführt. Sie erzeugen das I- bzw. das Q-Signal (s. Kapitel 6.2.6).

6.2.3 FBAS-Signal

Bild 6.15 gibt im Überblick den FBAS-Signalverlauf wieder. Kennzeichnend ist die Addition des Chrominanzsignals zum Luminanzsignal.

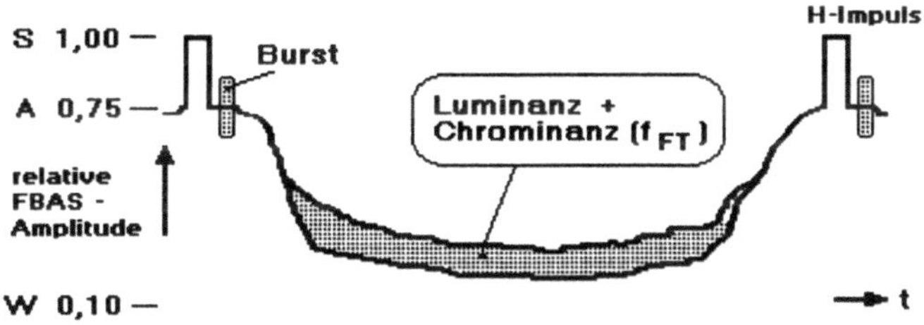

Bild 6.15 FBAS-Signal einer sichtbaren Zeile

Auf die gegenüber dem BAS (Schwarz-Weiß-Fernsehen) etwas verkürzten H-Impulse folgen im Austastbereich die Burstimpulse, die die wichtige Referenzphase des Chrominanzsignals zum Empfänger übertragen. Mit der Phasendifferenz von Burst und Chrominanzsignal wird der Farbton übertragen. Schon geringe Phasenfehler werden vom Auge als störende Farbtonfehler wahrgenommen. Es kommt also darauf an, möglichst phasengenau zu übertragen.

Im Vertikalbereich werden Bildsignal und Burstimpulse unterdrückt. Bei CCIR M/NTSC erfolgt dies über minimal 19 Zeilen (ca. 16 Zeilen nach Beginn der Halbbilder) [N.05].

6.2.4 NTSC-Coder

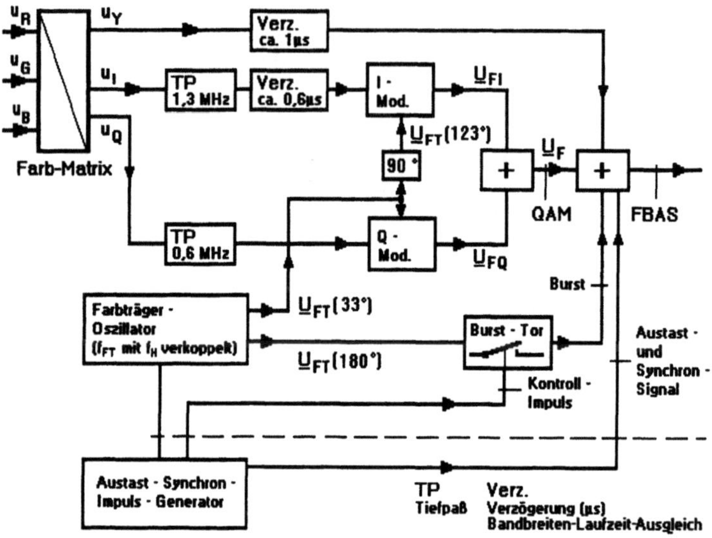

Bild 6.16 Blockbild NTSC-Coder

Am Eingang des NTSC-Coders liegen die gammakorrigierten Kamerasignale Rot, Grün, Blau an. In einer sogenannten Farbmatrix werden die Signale Y, I und Q gebildet. Hier erfolgt die Umsetzung der Gl. (6.3) (u_Y) und der Gl. (6.21) (u_I, u_Q).

Die Matrixschaltung besteht im Prinzip aus drei summierenden Schaltungen mit jeweils drei Eingängen. Negativ zu gewichtende Eingangsspannungen werden eingangsseitig invertiert (Operations-Verstärker-Schaltung). Danach erfolgt die Summation der drei Spannungen. Sie kann mit einem invertierenden Operationsverstärker realisiert werden. Die Spannungen werden dabei über Widerstände (Gewichtung) zum virtuellen Nullpunkt geführt (dort werden die Ströme summiert).

In Bild 6.16 folgen auf die Farbmatrix im I- und Q-Zweig je ein Tiefpaß zur Bandbegrenzung. Die Phasenlaufzeit von Tiefpässen nimmt reziprok mit der Bandbreite zu. Sie ist somit im Q-Zweig am größten. Aus diesem Grunde sind im Y-Pfad und im I-Pfad Laufzeitverzögerungen eingebaut (elektrische LC-Leitungen).

Die I- und Q-Modulatoren bereiten die Signale nach Gl. (6.22) auf. Der Farbträger wird gegenüber der Bezugsphase(0°) mit 123°- bzw. 33°-Phasenverschiebung zugeführt.

Man realisiert die Modulatoren nach dem Prinzip des Ringmodulators. Die Grundschaltung des Ringmodulators besteht aus 4 Schaltdioden, die im Ring angeordnet sind. Sie werden mit dem Trägersignal so angesteuert, daß sie das Eingangssignal des Modulators abwechselnd invertiert und nicht invertiert durchschalten. Bild 6.17 zeigt das Prinzip eines solchen Modulators mit einem Umschalter für das modulierende Eingangssignal u_I.

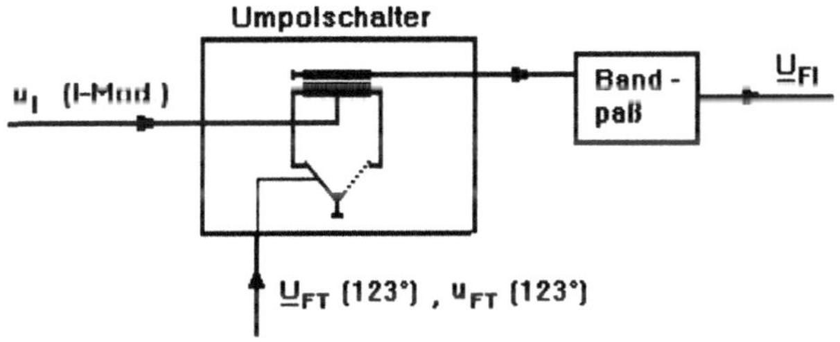

Bild 6.17 Prinzip des Modulators für Farb-Differenzsignal u_I und Trägersignal $u_{FT}(123°)$

Das Eingangssignal des Modulators wird mit wechselndem Vorzeichen über einen Übertrager durchgeschaltet: Bei positiver Spannung des Trägersignals ($u_{FT}(123°) > 0$ V) wird die modulierende Eingangsspannung unverändert, bei negativer Trägerspannung ($u_{FT}(123°) < 0$ V) wird sie mit verändertem Vorzeichen (umgepolt) übertragen.

Durch den Umschaltvorgang ergibt sich ein amplitudenmoduliertes Zweiseitenbandsignal ohne Träger, das den Frequenzbereich um die Trägerfrequenz f_{FT} belegt. Darüberhinaus entstehen weitere Zweiseitenbandsignale in Frequenzbereichen um Vielfache der Trägerfrequenz. Sie werden mit Hilfe des Bandpasses unterdrückt.

Die Entstehung der Zweiseitenbänder läßt sich als Wirkung der Umpolfunktion erklären. Die Umpolung kann man als Multiplikation des Eingangssignals mit der Signumfunktion (hier: $\mathrm{sgn}(u_{FT}(123°))$ auffassen. Die Signumfunktion besteht (nach FOURIER) aus einer Grundschwingung (f_{FT}) und Oberschwingungen. Das Eingangssignal wird daher mit allen Teilschwingungen multipliziert. Somit findet ein Modulationsvorgang (Gl. 6.22) statt.

Die Realisierung des Umschalters kann mittels Schalttransistoren erfolgen. Der Leser stelle sich z.B. statt des Umschalters in Bild 6.17 zwei Feldeffekt-Transistoren vor, die von dem Trägersignal $u_{FT}(123°)$ wechselseitig so angesteuert werden, daß jeweils einer von ihnen durchgeschaltet ist.

Darüberhinaus gibt es für den Umschalter weitere Realisierungsmöglichkeiten. So setzt man eine sogenannte kreuzgekoppelte Transistorschaltung ein (als integrierte Schaltung verfügbar). Sie schaltet einen Strom in Abhängigkeit von der Polarität der Trägerspannung wechselweise auf einen invertierenden oder auf einen nichtinvertierenden Differenzverstärker.

In Bild 6.16 werden die Modulatorsignale ($\underline{U}_{FI}$, $\underline{U}_{FQ}$) addiert. Die Addition ergibt das QAM-Signal ($\underline{U}_F$). Es entspricht dem Zeiger nach Gl. (6.19c). Dieses Chrominanzsignal wird am folgenden Summationsblock zum Luminanzsignal addiert. Außerdem werden hier noch das Burstsignal sowie Synchronimpulse mit dem Austastsignal hinzugefügt.

Das Burstsignal entstammt dem Farbträgeroszillator. Das mit 180° Phasendrehung versehene Trägersignal $\underline{U}_{FT}(180°)$ wird mittels Burst-Tor nur jeweils nach den H-Impulsen für kurze Dauer durchgeschaltet.

Die Erzeugung des Kontrollimpulssignals und die phasenstarre Anbindung des Farbträgeroszillators an die Zeilenfrequenz ist hier nicht im Detail dargestellt.

6.2.5 NTSC-Senderblockbild

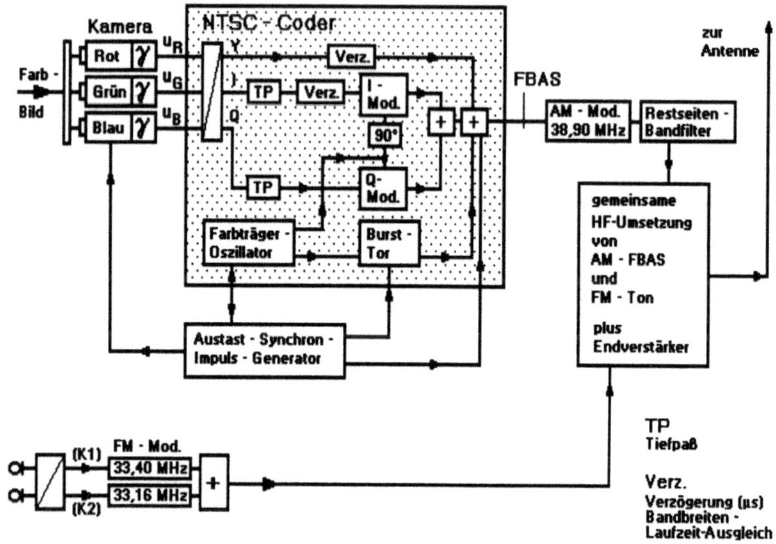

Bild 6.18 Blockbild NTSC-Sender (Bild-Ton 5,50/5,74 MHz)

Das Bild 6.18 entspricht Bild 1.12. Der NTSC-Coder ist hier in den Gesamtzusammenhang gestellt worden. Die Bandbreite des FBAS-Signals wird durch das Restseitenbandfilter auf den Wert nach Gl. (6.7) beschränkt. Dadurch erfährt auch die I-Komponente des Chrominanzsignals eine einseitige Bandbegrenzung.

6.2.6 NTSC-Decoder

Das Chrominanzsignal wird zuerst über einen Bandpaß herausgefiltert. Allerdings sind in diesem Frequenzbereich auch Signalanteile des Luminanzsignals. Sie führen in einzelnen Fällen zu Farbstörungen (Cross-Colour).

Die I- und Q-Demodulatoren erzeugen aus dem Chrominanzsignal die I- und Q-Basisbandsignale. Dazu wird den Demodulatoren jeweils das Farbträgersignal mit 123°- bzw. 33°-Phasenverschiebung zugeleitet.

Die Demodulatoren sind Synchron-Demodulatoren. Sie besitzen große Ähnlichkeit mit dem Modulator von Bild 6.17. Auch hier wird mit der Umpolfunktion (Ringmodulator-Prinzip) gearbeitet. Es entstehen Verknüpfungen von Chrominanz- und Trägersignal, die u.a. im Frequenzbereich um Null die gewünschten Differenzsignale aufweisen. Mit einem Tiefpaß kann man diese demodulierten Signale herauslösen (s. Bild 6.19).

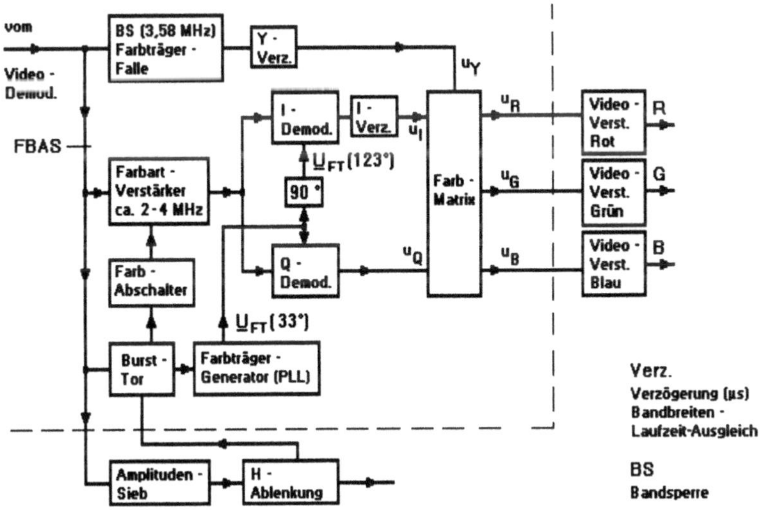

Bild 6.19 Blockbild NTSC-Decoder (F_{FT}=3,58 MHz)

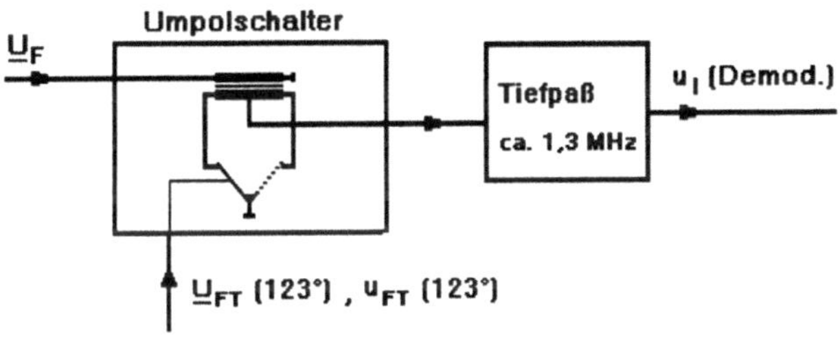

Bild 6.20 Prinzip des Synchron-Demodulators für Farb-Differenzsignal u_I und Trägersignal $u_{FT}(123°)$

Zur kurzen Erklärung der Demodulation nehmen wir die Synchron-Demodulatoren idealisierend als Multiplizierer mit nachgeschaltetem Tiefpaß an. Die Multiplikation ist diejenige zentrale Funktion eines realen Synchron-Demodulators, die die Demodulation bewirkt. Die Umpolfunktion des Demodulators kann nämlich als Multiplikation mit der Signumfunktion (hier: $\mathrm{sgn}(u_{FT}(123°))$ interpretiert werden. Für die Demodulation ist lediglich die Grundschwingung der Signumfunktion maßgebend. Man darf sich demnach auf die Multiplikation des Chrominanzsignals (u_{FI}) mit dem Trägersignal ($u_{FT}(123°)$) beschränken.

Die QAM-I-Q-Komponenten (u_{FI}, u_{FQ}) werden nach Gl. (6.22) angesetzt. Es ergibt sich für die I-Komponente durch die Multiplikation mit dem Trägersignal ($u_{FT}(123°)$) das folgende Demodulationssignal:

$$
\begin{aligned}
u_{ISD} &= (u_{FI} + u_{FQ})\cdot\cos(2\pi\cdot f_{FT}\cdot t + 123°) \\
u_{ISD} &= u_I\cdot\cos^2(2\pi\cdot f_{FT}\cdot t + 123°) \\
&\quad + u_Q\cdot\cos(2\pi\cdot f_{FT}\cdot t + 33°)\cdot\cos(2\pi\cdot f_{FT}\cdot t + 123°)
\end{aligned}
$$

mit

u_{ISD} = I-Signal nach dem I-Synchron-Demodulator
u_{FI} = Modulationssignal I (s. Gl. (6.22a))
u_{FQ} = Modulationssignal Q (s. Gl. (6.22b))
f_{FT} = Farbträgerfrequenz
t = Zeit

Unter Verwendung der Additionstheoreme

$$\cos^2(\alpha) = 0{,}5+0{,}5\cdot\cos(2\cdot\alpha) \text{ und}$$
$$\cos(\alpha)\cdot\cos(\beta) = 0{,}5\cdot(\cos(\alpha-\beta)+\cos(\pi+\beta))$$

erhält man daraus die nachfolgende Gleichung:

$$u_{ISD} = u_I\cdot\{0{,}5 + 0{,}5\cdot\cos(2\cdot(2\pi\cdot f_{FT}\cdot t + 123°))\} + u_Q\cdot\{0 + 0{,}5\cdot\cos(2\cdot(2\pi\cdot f_{FT}\cdot t) + 156°)\}$$

mit

u_I = I-Signal (s. Gl. (6.21a))
u_Q = Q-Signal (s. Gl. (6.21b))
f_{FT} = Farbträgerfrequenz
t = Zeit

Davon verbleibt nach dem Tiefpaß der Anteil nach Gl. (6.28a). Die Q-Komponente des Chrominanzsignals liefert wegen der Orthogonalität zum 123°-Trägersignal offenbar keinen Beitrag zum Demodulationssignal u_{ID}. Bis auf einen Faktor 0,5 stimmt das Demodulationssignal mit dem sendeseitigen I-Signal überein.

Gl. (6.28b) erhält man mit dem äquivalenten Ansatz für den Q-Signalzweig.

$$u_{ID} = 0{,}5\cdot u_I \quad (6.28a)$$
$$u_{QD} = 0{,}5\cdot u_Q \quad (6.28b)$$

mit

u_{ID} = I-Demodulationssignal
u_{QD} = Q-Demodulationssignal
u_I = I-Signal (s. Gl. (6.21a))
u_Q = Q-Signal (s. Gl. (6.21b))

Die genaue Wiedergabe der I- und Q-Signale hängt von der Einhaltung der Phasenwinkel ab. Beim Ansatz zu Gl. (6.28) haben wir ja eine exakt 123°- bzw. 33°-Phasenverschiebung angenommen. Schon geringfügige Phasenfehler des Burst-Signals führen zu Farbtonfehlern. Dies ist eine gravierende Schwäche von NTSC.

Bild 6.19 entsprechend wird das demodulierte I-Signal wegen der gegenüber dem Q-Pfad geringeren Laufzeit (größere Bandbreite) verzögert. Die dann laufzeitgleichen I- und Q-Farbsignale werden einer Farbmatrix zugeführt.

Die Farbmatrix bildet die Signale Rot-, Grün-, Blau-Differenz nach Gl. (6.26) oder aber die Signale Rot, Grün, Blau nach Gl. (6.27). Ihre Realisierung entspricht der in Kapitel 6.2.4 für den NTSC-Coder beschriebenen.

Das laufzeitangepaßte Luminanzsignal durchläuft eingangs ein Bandsperrfilter (Bild 6.21: Farbträgerfalle). Diese Bandsperre unterdrückt Signale im Frequenzbereich der Farbträgerfrequenz. Dies ist erforderlich, da das Chrominanzsignal einfach dem Luminanzsignal überlagert wurde. Es können so durch die Farbinformation Helligkeitsstörungen (Cross-Luminanz, s. Kapitel 6.2.8) entstehen, die insbesondere bei Bildern mit großen uniformen Farbflächen stören. Diese Störungen treten im Frequenzbereich nahe der Farbträgerfrequenz auf. Die Bandsperre im Luminanzpfad des Decoders dämpft Signale dieses Frequenzbereichs und vermindert so die Luminanz-Störungen.

Bei Schwarz-Weiß-Sendungen soll der Farbartverstärker abgeschaltet werden, um so das Einfließen von Rauschsignalen des Chrominanzpfades zu verhindern. Zu diesem Zweck detektiert ein Farbabschalter (Color-Killer) ein längeres Ausbleiben des Burstsignals und liefert ggf. das Abschaltsignal.

Die Synchronisierung des Farbträger-Generators (PLL) erfolgt durch das Burst-Signal. Der Vorgang wurde bereits in Kapitel 6.2.2 erläutert (vgl. Bild 6.14 und zugehörige Ausführungen).

6.2.7 NTSC-Empfänger

Das hochfrequente Antennensignal durchläuft wie beim Schwarz-Weiß-Fernsehempfänger (Kapitel 4.4) den Tuner und ZF-Verstärker (s. Bild 6.21). Das FBAS-Signal wird mittels eines Amplituden-Demodulators (Video-Demodulator) aus dem hochfrequenten ZF-Signal gewonnen. Mit dem Amplitudensieb (einfache Komparatorschaltung) trennt man die Synchronimpulse ab. Horizontal- und Vertikal-Synchronimpulse werden in bekannter Weise (Kapitel 4.4) verarbeitet. Die Burstabtrennung (Burst-Tor) und Phasen-Synchronisation des Farbträgeroszillators (PLL) wurde in Kapitel 6.2.2 behandelt.

Das Luminanzsignal (Y) wird über die Farbträgerfalle geführt und mittels einer Verzögerung der größeren Laufzeit des Q-Signals angepaßt. Es gelangt dann zu der Farb-Matrix, die die Signale Rot, Grün und Blau erzeugt.

Die Aufbereitung des Chrominanzsignals im Block NTSC-Decoder wurde in Kapitel 6.2.6 erläutert. Die ausgangsseitigen Rot-, Grün- und Blau-Signale stehen den drei Videoverstärkern zur Verfügung. Deren Ausgangssignale werden hier den Kathoden einer Bildröhre zugeführt.

Eine Besonderheit stellt die Abtrennung der Ton-ZF-Signale dar. Die Ton-ZF-Signale werden auch hier nach dem Intercarrier-Verfahren gewonnen (s. Kapitel 4.3.2).

Die Nichtlinearität eines AM-Demodulators (Gleichrichters) wird beim Intercarrier-Verfahren zur Bildung der Differenzfrequenzen zwischen Bildträger- und Ton-ZF-Signalen ausgenutzt. Im Unterschied zum Schwarz-Weiß-Fernseher wird hier jedoch ein separater AM-Demodulator eingesetzt (Quasi-Parallel-Ton-Verfahren, s. Kapitel 4.3.2).

Der Grund dafür ist die Erzeugung von weiteren Differenzfrequenzen. Es handelt sich vor allem um die Differenzfrequenzen zwischen Chrominanzsignal und den FM-Tonsignalen. Vereinfachend kann von den Differenzen zwischen Farbträgerfrequenz und den beiden Tonträgerfrequenzen ausgegangen werden. Diese Störfrequenzen liegen z.B. für CCIR B,G mit ca. 4,4 MHz Farbträger und 5,5/5,7 MHz Tonträger-Differenzfrequenzen bei ca. 1,1/1,3 MHz. Das sind aber äußerst störende Frequenzen im unteren Luminanzfrequenz-Bereich. Sie würden bei Verwendung eines gemeinsamen Demodulators für Bild- und Ton-ZF-Signale im Bild als störendes Hell-Dunkel-Muster auftreten.

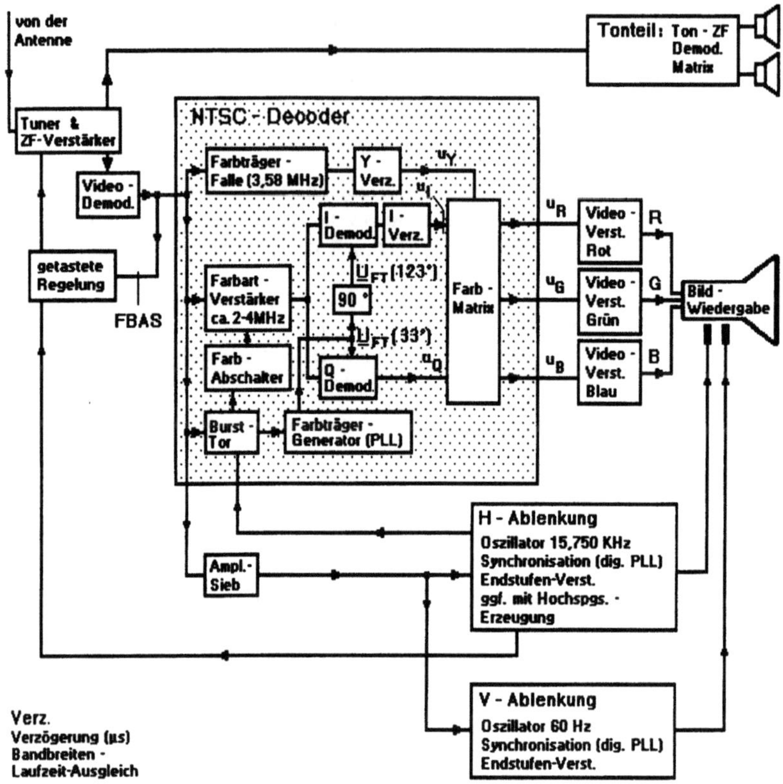

Bild 6.21 Blockbild NTSC-Empfänger

Bei Verwendung eines separaten AM-Demodulators (Gleichrichters) für den Ton-Zweig entstehen dort diese Störfrequenzen natürlich auch. Sie sind aber ohne Belang, da sie von den nachfolgenden Ton-ZF-Verstärkern unterdrückt werden. Die Entstehung solcher Differenzfrequenzen am Video-Demodulator (FBAS) wird aber durch Filter vor diesem Demodulator vermieden (Ton-ZF-Signale werden weggefiltert).

Die getastete Regelung wurde bereits in Kapitel 4.4 (Schwarz-Weiß-Fernsehempfänger) behandelt.

6.2.8 NTSC-Farbträgerfrequenz

Ein wichtiger Punkt ist die Wahl der Farbträgerfrequenz. Das QAM-Signal wird ja dem Luminanzsignal einfach überlagert. Die Kammspektren von Luminanz- und Chrominanzsignal (QAM) sollen wegen der gewünschten Verschachtelung um die halbe Zeilenfrequenz gegeneinander verschoben sein (Kapitel 6.1.2). Dies erreicht man mit dem sogenannten **Halbzeilenoffset**. Er bedeutet eine Verkopplung von Zeilen- und Farbträgerfrequenz entsprechend Gl. (6.29).

$$f_{FT} = \frac{1}{2} f_H \cdot (2n+1) \tag{6.29}$$

mit

f_{FT} = Farbträgerfrequenz
f_H = Zeilenfrequenz
n = 455 (CCIR M)
n = 567 (CCIR B,G)
f_{FT} = 3,579 5450 MHz (CCIR M) (6.30a)
f_{FT} = 4,429 6875 MHz (CCIR B,G) (6.30b)

Trotz Halbzeilenoffset kommt es aber zu Störungen. Das Chrominanzsignal verursacht kleine Helligkeitsstörungen auf dem Bildschirm. Man spricht von einem Störmoiré. Es handelt sich um schwache sinusförmige Helligkeitsschwankungen in jeder Zeile. Stellen wir sie uns vereinfachend als Folge von kleinen Hell-Dunkel-Bereichen längs der Zeilen vor. Nehmen wir weiterhin ein einfarbiges Bild an. Das Chrominanzsignal verschiebt sich dann lediglich von Zeile zu Zeile aufgrund des Halbzeilenoffsets jeweils um 180°. Wegen des Zeilensprungverfahrens wird nacheinander nur jede zweite Bildschirmzeile geschrieben. Die dazwischenliegenden Zeilen werden dann jeweils erst im nächsten Halbbild wiedergegeben.

Bild 6.22 zeigt schematisch die Entstehung des Störmusters über vier Halbbilder.

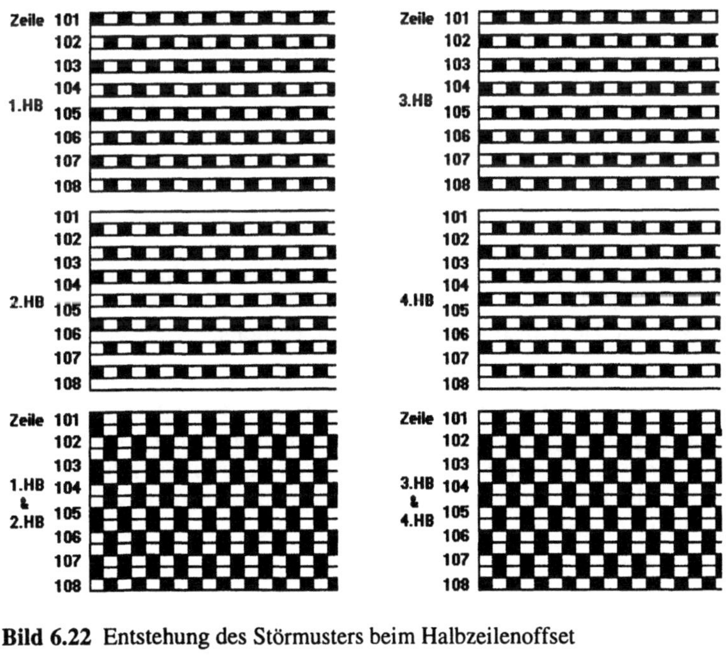

Bild 6.22 Entstehung des Störmusters beim Halbzeilenoffset

Es wird ein Bildausschnitt beginnend mit Zeile 101 dargestellt. Es folgt die Zeile 102, dabei wird auf dem Bildschirm eine Zeile übersprungen (Zeilensprungverfahren). Man sieht innerhalb des ersten Halbbildes von Zeile zu Zeile den 180°-Versatz der dunklen

Stellen. Im zweiten Halbbild werden die Zwischenzeilen geschrieben. Das Muster entspricht dem des ersten. Das Summenmuster von den ersten zwei Halbbildern ist unten dargestellt.

Das Störmuster des dritten und vierten Halbbildes unterscheidet sich von dem des ersten und zweiten. Wegen der ungeraden Zeilenzahl des Bildes ist das Muster des dritten Halbbildes gegenüber dem des ersten (um 180°) verschoben. Auch für das dritte und vierte Halbbild ist das summierte Störmuster abgebildet. Man erkennt, daß es sich gegenüber dem Summenmuster der ersten beiden Halbbilder unterscheidet. Helle und dunkle Punkte sind vertauscht. Die Störungen kompensieren sich demnach, jedoch jeweils erst nach zwei Bildern.

Es müssen daher zusätzliche Maßnahmen zur Unterdrückung der Störmuster ergriffen werden. Im Empfänger wird deshalb eine sogenannte Farbträgerfalle eingebaut (s. Kapitel 6.2.6 und Kapitel 6.2.7). Es handelt sich dabei um ein Bandsperrfilter bei der Farbträgerfrequenz. Auch Tiefpaßfilter werden eingesetzt. Diese Filter verringern natürlich ungünstigerweise auch die horizontale Auflösung des Fernsehbildes.

Eine befriedigende Lösung des Problems ist im Rahmen des NTSC-Verfahrens allerdings nicht möglich. Man muß dieses systembedingte Übersprechen von Farbinformationen auf die Helligkeit (Cross-Luminanz) hinnehmen.

6.2.9 Farbton und Phasenfehler

Die Phase des Chrominanzsignals (QAM) trägt die Farbtoninformation. Die Referenzphase wird dem Empfänger mit dem Farbträger-Burst geliefert. Es kommt daher darauf an, Chrominanzsignal und Burst ohne Phasenfehler zu übertragen. Auch im Empfänger sollen keine Phasenfehler auftreten, da schon geringe Phasenfehler (<5°) als störend empfunden werden.

Phasenfehler entstehen auf verschiedene Weise. So auf dem Übertragungswege durch unterschiedliche Laufzeiten. Das hochfrequente Fernsehsignal gelangt neben der Hauptrichtung über Umwege (Reflexionen) zur Antenne. Die entstehenden Phasendrehungen führen zu Farbtonfehlern, wenn sich unterschiedliche Phasendrehungen für Chrominanzsignal und Burst ergeben. Es kann insbesondere an den Farbrändern zu erheblichen Farbtonfehlern führen.

Phasenfehler können aber auch im Empfänger selbst entstehen. Bedingt durch Nichtlinearitäten gibt es eine gegenseitige Beeinflussung von Luminanz- und Chrominanzsignal. Die wichtigste ist die sogenannte **differentielle Phase** des Chrominanzsignals. Darunter versteht man die von der Luminanzamplitude abhängige Phasenänderung des Chrominanzsignals. Differentielle Phasenfehler können ganz erheblich stören. Sie treten bei NTSC häufig auf. Dies ist ein entscheidender Nachteil von NTSC.

Das generelle Problem der richtigen Farbträger-Phase bei NTSC kann durch ein Zusatzsignal im vertikalen Austastbereich gemildert werden [6.06]. Es wird ein bekanntes Farb-Bildsignal in einer nicht sichtbaren Zeile des V-Bereichs übertragen. Die Phase des Farbträgeroszillators kann damit korrigiert werden. Ein manuelles Nachstellen wird dadurch überflüssig.

6.3 PAL-Farbfernsehübertragung

6.3.1 Quadraturmodulation mit V-Umpolung

Wie bei NTSC wird auch bei PAL für die Übertragung der Farb-Differenzsignale Quadratur-Amplituden-Modulation (QAM) angewandt. Allerdings geht man nicht von den I-Q-Signalen, sondern von den V-U-Signalen aus. Es hatte sich nämlich bei NTSC gezeigt, daß die Verwendung der I-Q-Signale mit ihren unterschiedlichen Bandbreiten gegenüber den V-U-Signalen keine nennenswerte Verbesserung der Farbqualität bringt. Der zusätzliche Aufwand im Empfänger wurde daher bei PAL vermieden. Die Bandbreiten für V- und U-Signal sind gleich.

B_V = 1,3 MHz, Basisbandbreite V-Signal (6.31a)
B_U = 1,3 MHz, Basisbandbreite U-Signal (6.31b)

Für die V-U-Signale gelten Gl. (6.16), Gl. (6.17) und die Tabelle 6.4.

Die Rückgewinnung der Farb-Differenzsignale erfolgt gemäß Gl. (6.24) und Gl. (6.25). Sie sind hier zusammengefaßt in Gl. (6.32).

$$u_{R\text{-}Y} = +1{,}14 \cdot u_V \quad (6.32a)$$
$$u_{G\text{-}Y} = -0{,}58 \cdot u_V - 0{,}39 \cdot u_U \quad (6.32b)$$
$$u_{B\text{-}Y} = +2{,}04 \cdot u_U \quad (6.32c)$$

Die Gleichungen für die Signale Rot, Grün, Blau lassen sich mit Gl. (6.4) und (6.33) gewinnen.

$$u_R = +1{,}14 \cdot u_V + u_Y \quad (6.33a)$$
$$u_G = -0{,}58 \cdot u_V - 0{,}39 \cdot u_U + u_Y \quad (6.33b)$$
$$u_B = +2{,}04 \cdot u_U + u_Y \quad (6.33c)$$

Wesentliches Systemmerkmal bei PAL ist die **Umpolung des V-Signals**. Bei der Modulation wird das Vorzeichen des V-Signals von Zeile zu Zeile geändert [6.04].

Die Beschreibung des Chrominanzsignals erfolgt äquivalent zu Gl. (6.19). Es ergibt sich Gl. (6.34).

$\underline{U}_{FV} = +ju_V$ ungepolte Zeile (6.34a)
$\underline{U}_{FV} = -ju_V = +ju_V^*$ gepolte Zeile (6.34b)
$\underline{U}_{FU} = u_U$ (6.34c)
$\underline{U}_F = \underline{U}_{FV} + \underline{U}_{FU}$ (6.34d)

mit

$\underline{U}_{FV}$ = V-Modulationssignal (ungepolt/gepolt: V/V*)
Modulationssignal Rot -Differenz, reduziert
$\underline{U}_{FU}$ = U-Modulationssignal
Modulationssignal Blau-Differenz, reduziert
$\underline{U}_F$ = PAL-Chrominanzsignal (QAM)

Man kann auch für PAL das Zeigerlagen-Diagramm von Bild 6.11 verwenden. Es gilt jedoch nur für die ungepolten Zeilen. Bei den Zeilen mit Umpolung muß das Vorzeichen der V-Werte geändert werden. Es ergeben sich für diesen Fall neue – an der U-Achse gespiegelte – Chrominanzzeiger. In Bild 6.23 sind beide Chrominanz-Zeigerlagen dargestellt.

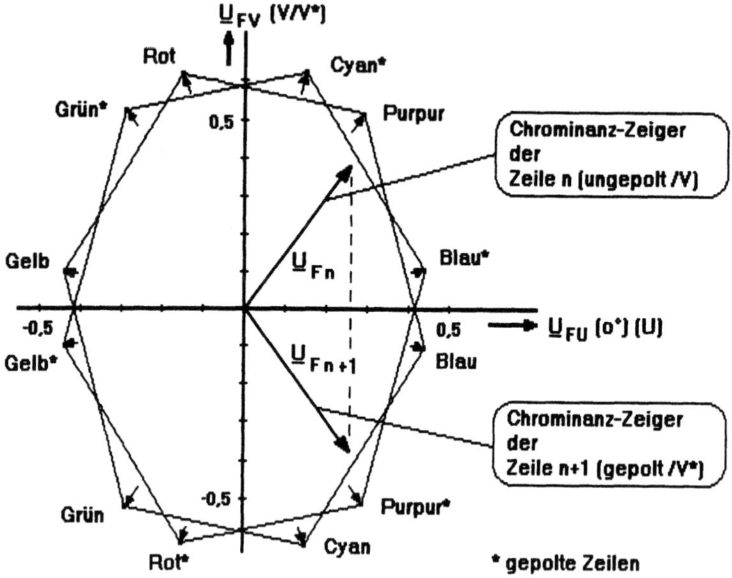

Bild 6.23 PAL-Chrominanz-Zeigerlagen (QAM) der Norm-Farbbalken (100%) mit ungepoltem und gepoltem V-Signal

Die Umpolung der V-Komponente erfolgt in einfacher Weise durch eine Umschaltung der Trägerphase beim sendeseitigen Quadratur-Amplituden-Modulator. Die in Bild 6.7 dargestellte Modulator-Anordnung wird bei PAL entsprechend modifiziert. Bild 6.24 zeigt die PAL-Anordnung.

Im Zweig für die V-Komponente wird das 90°-Farbträgersignal umgeschaltet. Das ergibt ein Trägersignal mit 90°/270° für den V-Modulator.

Der Grund für die Umpolung der V-Komponente bei PAL war die Empfindlichkeit des NTSC-Verfahrens bezüglich Phasenfehlern. PAL kompensiert nun Phasenfehler weitgehend. Man geht dabei von etwa gleichen Farb-Differenzsignalen aufeinanderfolgender Zeilen aus. Außerdem wird unterstellt, daß ein Phasenfehler von Zeile zu Zeile etwa gleich bleibt. In Bild 6.25 sind die PAL-Farbsignal-Zeiger (Chrominanz-Signale) für jeweils zwei aufeinanderfolgende Zeilen mit und ohne Phasenfehler dargestellt.

Im Empfänger wird die Umpolung rückgängig gemacht. Der rückgepolte Zeiger wird dann zu dem ungepolten Zeiger addiert. Man erhält einen Summenzeiger, dessen Phasenlage mit der des ungepolten übereinstimmt. Dies ist auch dann der Fall, wenn ein Phasenfehler auftritt. In dem Falle wechselt mit der Rückpolung auch der Phasenfehler sein Vorzeichen, so daß sich der Phasenfehler kompensiert. Der Summenzeiger ist dann allerdings etwas kürzer. Dies bedeutet eine kleinere Farbsättigung. Unser Auge ist aber diesbezüglich unempfindlich. PAL kann deshalb große Phasenfehler kompensieren, ohne daß dabei störende Farbsättigungs-Fehler entstehen.

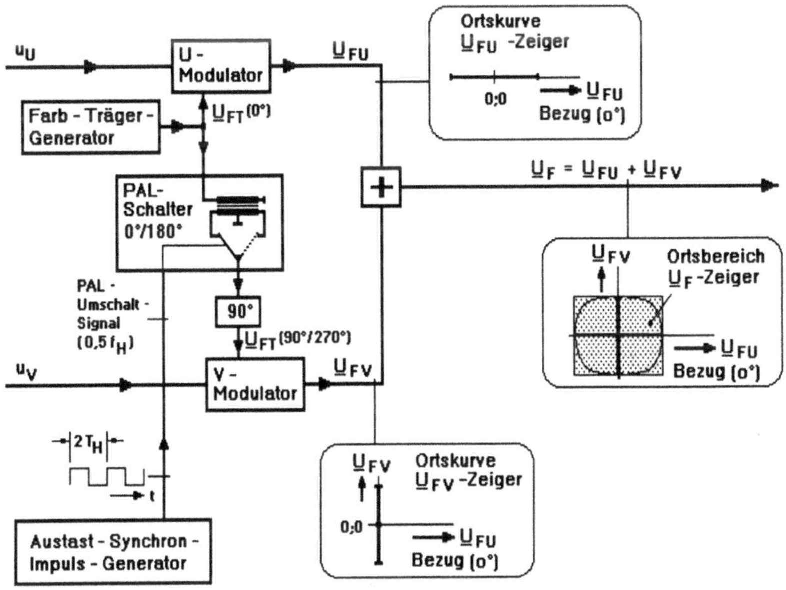

Bild 6.24 Modulator-Anordnung für PAL-QAM

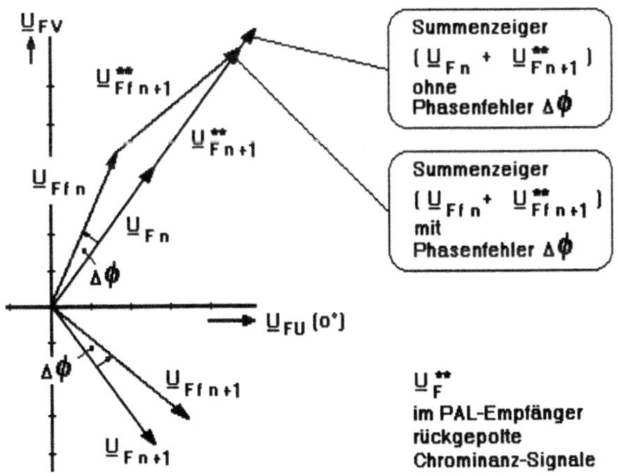

Bild 6.25 PAL-Farbsignal-Zeiger ohne und mit Phasenfehlern und deren Kompensation

Zur Bildung des Summenzeigers muß im Empfänger das Farbartsignal der jeweils letzten Zeile zwischengespeichert werden. Man benötigt dazu einen Speicher. Es werden Ultraschall-Laufzeitspeicher eingesetzt. Es handelt sich dabei um eine Leitung für Ultraschallsignale, die aus Quarzglas besteht. Sie besitzt am Eingang einen elektro-akustischen Wandler zur Umsetzung des elektrischen Chrominanzsignals (4,43 MHz CCIR B,G). Am Ausgang befindet sich ein akusto-elektrischer Wandler zur Rückwandlung. Die Laufzeit der Leitung ist gleich der Zeilendauer (64 µs CCIR B,G). Man verwendet diese Ultraschall-Laufzeitleitungen weil die Ausbreitungsgeschwindigkeit von Ultraschall in Quarzglas wesentlich unter der einer elektrischen Leitung liegt. Die relativ große Verzögerung (z.B. 64 µs) wird mittels Quarzglas-Leitung erst praktikabel. Man benötigte dafür eine normale elektrische Leitung (200.000 km/s) von 12,8 km Länge!

Das Prinzip des Laufzeitdecoders ist in Bild 6.26 wiedergegeben.

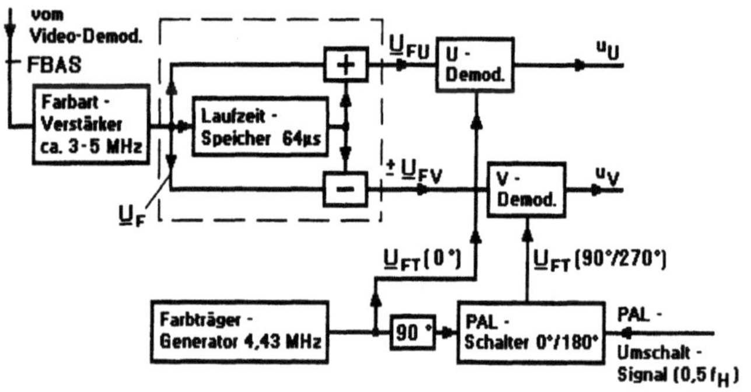

Bild 6.26 Prinzip des Laufzeitdecoders bei PAL (CCIR B,G)

Der Laufzeitdecoder liefert zwei Ausgangssignale, die jeweils durch Summation und Differenzbildung entstanden sind. Sie stellen die U- und die V-Komponente des Chrominanzsignals dar. Allerdings wechselt das Vorzeichen des trägerfrequenten V-Signals von Zeile zu Zeile. Mit der Demodulation muß daher das Vorzeichen wieder umgeschaltet werden. Zu diesem Zweck liefert man dem Empfänger eine Information über die Polung der Zeilen. Dies wird in Kapitel 6.3.2 näher behandelt.

Statt der beschriebenen Lösung mit einem Ultraschall-Laufzeitspeicher kann das Chrominanzsignal auch digital verzögert werden. In dem Fall wird der Laufzeitspeicher mittels digitalem Halbleiterspeicher realisiert. Dies setzt natürlich eine Analog-Digital-Wandlung des Chrominanzsignals voraus. Die digitalen Werte werden im Speicher abgelegt und nach jeweils einer Zeilendauer wieder ausgelesen. Tatsächlich verarbeitet man in einem solchen Fernsehempfänger das Chrominanzsignal auch in den weiteren Stufen (Demodulatoren u.a.) digital. Die gesamte Chrominanzsignalverarbeitung wird dann mit einem speziellen Mikroprozessor (einem Chrominanzprozessor) in Echtzeit durchgeführt. Die Funktionsblöcke des Laufzeitdecoders – ja der gesamten Chrominanzsignal-Aufbereitung (PAL-Decoder) – besitzen dann keinen Bezug zu einzelnen Schaltungen, sondern zu Programm-Modulen.

Die Phasenfehler-Kompensation bei PAL funktioniert nur bei gleicher Farbart korrekt. Ändert sie sich von Zeile zu Zeile wesentlich, wird durch die Zeigeraddition ein Fehler auftreten. Dies gilt auch für kurzzeitige Phasenfehler. Die Farbkanten können dann unsauber werden.

Obwohl PAL nur eine Variante von NTSC darstellt, erreicht man durch die V-Umpolung gegenüber NTSC eine substantielle Verbesserung der Farbwiedergabe. Die auftretenden Farbsättigungsfehler fallen subjektiv nicht ins Gewicht.

6.3.2 PAL-Farbträgerburst

Wie bei NTSC ist auch bei PAL die Bezugsphase des QAM-Signals für die Demodulation im Empfänger erforderlich. Sie wird auch hier mit Hilfe des Farbträgerbursts übertragen. Zusätzlich muß außerdem ein Signal zur Zeilenidentifikation (gepolte/ungepolte Zeile) gesendet werden. Beide Aufgaben werden vom Burstsignal übernommen. Von Zeile zu Zeile werden zwei in der Phase unterschiedliche Burstsignale gesendet. Man spricht vom A-Burst(+135°) und vom B-Burst(-135°) (s. Bild 6.27).

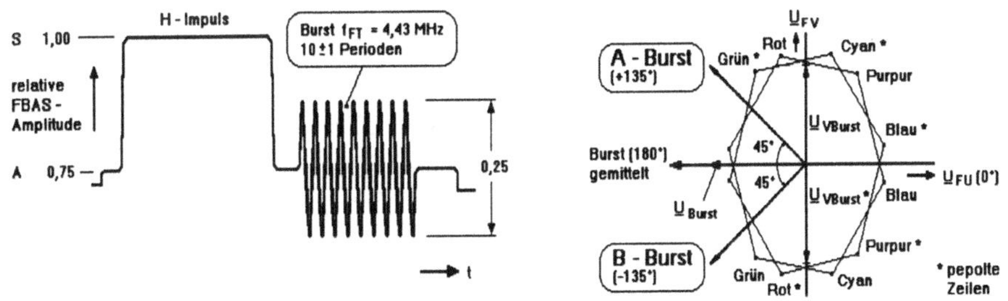

Bild 6.27 PAL-Farbträger-Burst (CCIR B,G)

Der A-Burst wird zu Beginn der Zeilen mit ungepoltem V-Signal gesendet.

Im Empfänger werden die beiden Burstphasen gemittelt und zur Synchronisation des Farbträgergenerators herangezogen. Dazu dient wie bei NTSC eine PLL-Schaltung (Kapitel 6.2.2, Bild 6.14). Bild 6.28 zeigt im Übersichts-Blockbild die Farbträgeraufbereitung und die Einbindung der U- und V-Demodulatoren.

Das Ausgangssignal des Phasendiskriminators wird zur Gewinnung des Umpolsignals benutzt. Je nach Burstphase (Burst A bzw. Burst B) entsteht ein Kennimpulssignal unterschiedlicher Polarität. Es ändert sich somit von Zeile zu Zeile (halbe Zeilenfrequenz, $f_H/2$=7,8125 kHz CCIR B,G).

Das Kennimpulssignal dient zur Ansteuerung des sogenannten PAL-Flip-Flops. Mit jedem H-Impuls wird dieses PAL-Flip-Flop (D-Flip-Flop) getaktet. Das anliegende Kennimpulssignal bestimmt dabei den Flip-Flop-Zustand, der sich nach dem H-Impuls einstellt. Das PAL-Flip-Flop liefert deshalb (im Normalfall) ein Rechtecksignal mit halber Zeilenfrequenz.

Dieses Signal dient direkt zur Rückpolung der V-Komponente. Es steuert einen sogenannten PAL-Schalter an, der die Polarität (0°/180°) des 90°-Farbträgersignals umschaltet. Dadurch wird ein Farbträgersignal mit alternierender Phase (90°/270°) erzeugt. Das so in der Phase geschaltete Farbträgersignal wird schließlich zur Demodulation im V-Zweig des QAM-Demodulators verwandt.

Die Burstimpulse werden wie bei NTSC während des vertikalen Halbbildrücklaufs ausgesetzt. Detaillierte Angaben dazu sind im folgenden Kapitel (Kapitel 6.3.3) zu finden.

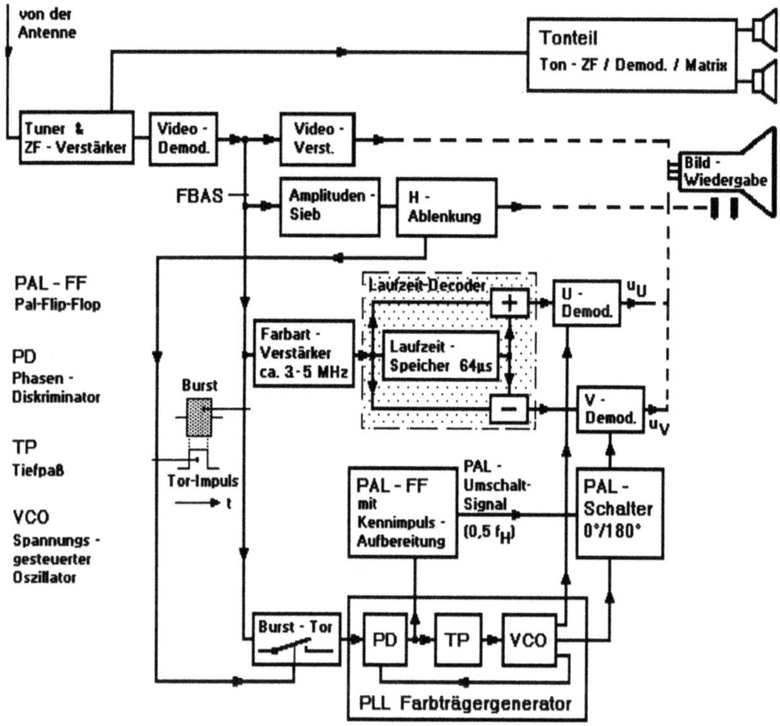

Bild 6.28 Farbträgersynchronisation, Kennimpulserzeugung und PAL-Schalter (CCIR B,G)

6.3.3 FBAS-Signal

Die Darstellung des FBAS-Signals einer sichtbaren PAL-Zeile entspricht der für NTSC (s. Bild 6.15). Auch bei PAL wird das Chrominanzsignal dem Luminanzsignal überlagert. Dadurch treten auch hier gegenseitige Beeinflussungen von Chrominanz und Luminanz (Cross-Luminanz, Cross-Colour) auf.

Wegen der zeilenweisen Umpolung der V-Komponente springt die Phase des Chrominanzsignals von Zeile zu Zeile. Wie wir wissen, werden dadurch Phasenfehler gut kompensiert. Die Burstphase springt ebenfalls von Zeile zu Zeile zwischen +135° und -135° (A-Burst/B-Burst). Wegen der ungeraden Zeilenzahl eines Bildes wechselt auch die Burstphase einer Bildzeile von Bild zu Bild. Die Darstellung der vier V-Impulsbereiche in Bild 6.29 verdeutlicht dies. Aus ihr geht auch die Unterdrückung der Bursts im Vertikalbereich hervor.

Die Farbträgerfrequenz wird auch bei PAL mit der Zeilenfrequenz verkoppelt. Darauf wird näher in Kapitel 6.3.8 eingegangen.

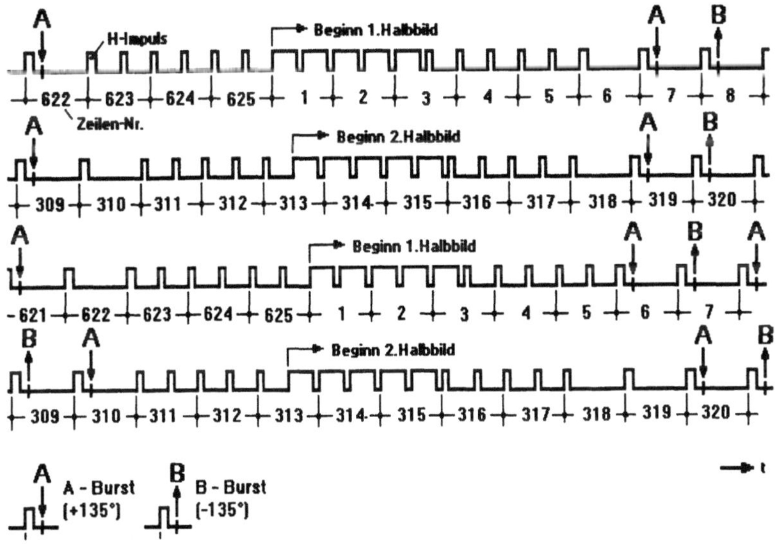

Bild 6.29 FBAS-Signal des V-Impuls-Bereichs (CCIR B,G)

6.3.4 PAL-Coder

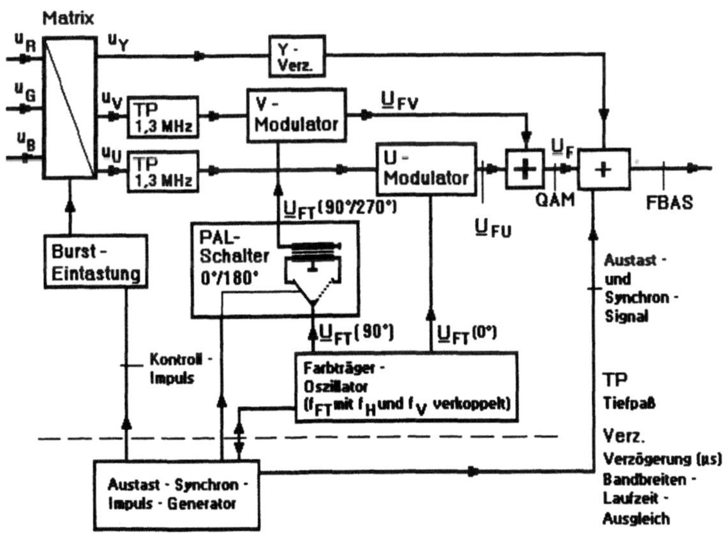

Bild 6.30 Blockbild PAL-Coder (CCIR B,G)

Aus den gammakorrigierten Signalen Rot, Grün und Blau bildet die Matrixschaltung das Y-, V- und U-Signal nach Gl. (6.3) (u_Y) und Gl. (6.17) (u_V, u_U). Es folgt die Tiefpaßbandbegrenzung im V- und U-Zweig auf ca. 1,3 MHz.

Im Pfad des Luminanzsignals (Y) liegt eine elektrische Verzögerung zum Ausgleich der Signalverzögerung der V- und U-Komponente, die durch die geringere Bandbreite (ca. 1,3 MHz CCIR B,G) gegenüber dem Y-Signal (ca. 5 MHz CCIR B,G) entstanden ist.

Die bandbegrenzten V- und U-Signale modulieren den Farbträger mit Hilfe der Modulatoren in der Amplitude. Der Träger selbst wird dabei unterdrückt. An den Ausgängen der Modulatoren sind nur die Zweiseitenbandsignale vorhanden (Ringmodulator-Prinzip, s. Kapitel 6.2.4 Bild 6.17 mit Erläuterungen). Wegen der Orthogonalität der Farbträger von V- und U-Modulator sind auch die beiden Modulationssignale orthogonal zueinander. Deren Addition führt zum QAM-Signal (Chrominanzsignal).

Die Umpolung der V-Komponente von Zeile zu Zeile bewirkt der PAL-Schalter (0°/180°). Mit dem 90°-Träger ergibt sich die Farbträgerphase des V-Modulators zu 90/270°.

Eine Besonderheit stellt die Erzeugung der Bursts dar. Dazu werden die V- und U-Modulatoren benutzt. Während der Austastzeiten werden die Modulatoren ohnehin nicht benötigt, da das zu übertragende Chrominanzsignal Null ist. Die Burst-Eintastung gibt zur Erzeugung der Farbträgerbursts einen Impuls an die Farbmatrix ab. Diese erzeugt dann einen negativen U-Impuls für den U-Modulator. Daraus entstehen die trägerfrequenten Burstschwingungen mit 180° gegen die Bezugsphase (0°) des Farbträgers. Der V-Modulator erhält ebenfalls einen Impuls. Er führt zu einer Burstschwingung mit 90° gegenüber der Bezugsphase. Mit der Addition der U- und V-Burst-Komponenten wird nun ein Burstsignal mit 135°-Phase erzeugt. Durch die Wirkung des PAL-Schalters (Umpolung der V-Komponente) alterniert die Phase des Bursts zwischen +135° und -135°.

In einer letzten Additionsstufe des PAL-Coders werden Luminanz- und Chrominanzsignal nebst Burstsignal mit Synchronimpulsen und Austastsignal zum FBAS-Signal zusammengeführt.

Synchronimpulse und Farbträgersignal sind phasenstarr miteinander verbunden (f_H und f_V). Dies wird hier jedoch nicht im Detail behandelt.

6.3.5 PAL-Senderblockbild

Der PAL-Sender unterscheidet sich prinzipiell lediglich im Farb-Coder vom NTSC-Sender. Auch hier wird die Bandbreite des FBAS-Signals auf den Wert des BAS-Signals nach Gl. (6.7) begrenzt. Das obere Band des Chrominanzsignals wird dabei ebenfalls beschnitten, so daß es bandunsymmetrisch gesendet wird.

Die Gruppenlaufzeitfehler (Phasenfehler) aufgrund der unterschiedlichen Bandbreiten von Luminanz und Chrominanz betreffen die V- und U-Komponente gleichermaßen. Sie wirken sich nicht mehr als Farbtonfehler aus.

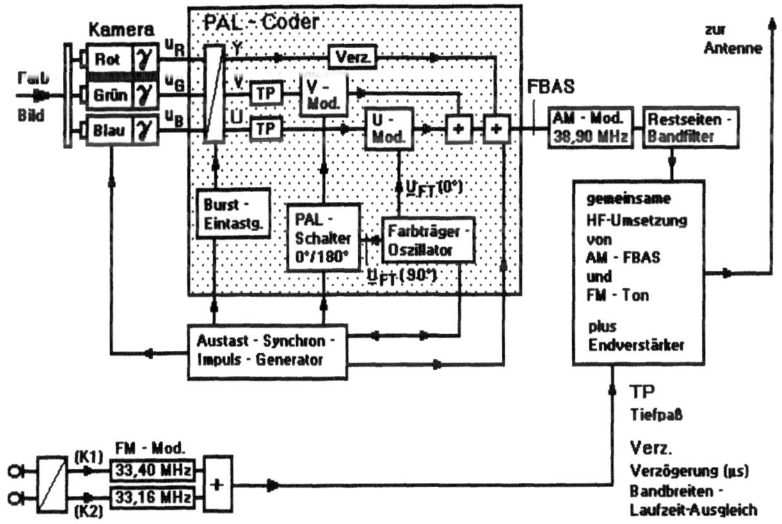

Bild 6.31 Blockbild PAL-Sender (CCIR B,G)

6.3.6 PAL-Decoder

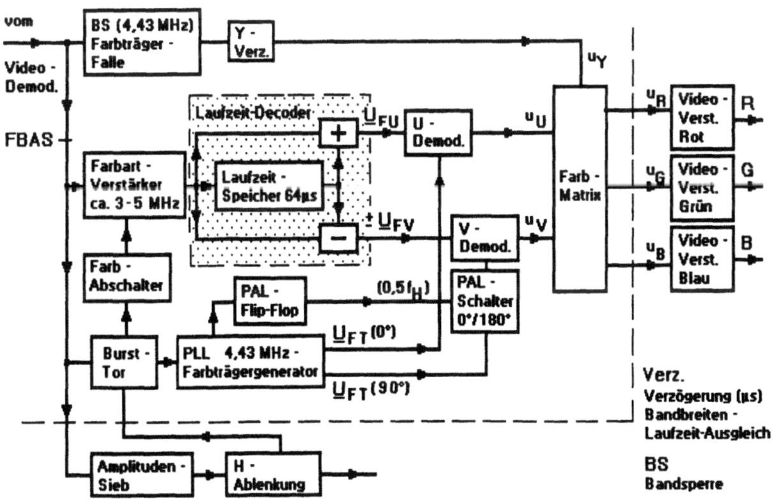

Bild 6.32 Blockbild PAL-Decoder (CCIR B,G)

Die Aufbereitung des Chrominanzsignals beginnt mit dem Farbartverstärker. Aus dem FBAS-Signal wird das Chrominanzsignal herausgefiltert und verstärkt. Es gelangt dann zum Laufzeit-Decoder (s. Kapitel 6.3.1).

Er speichert das Farbartsignal der jeweils vorangegangenen Zeile. Als Speicher werden üblicherweise Ultraschall-Laufzeitspeicher (4,43 MHz/64 µs CCIR B,G) eingesetzt. Der Laufzeitdecoder liefert zwei Ausgangssignale, die durch Summation und Differenzbildung von Eingangssignal und verzögertem Signal entstanden sind. Es sind dies die U- und die das Vorzeichen wechselnde V-Komponente des Chrominanzsignals.

Mit der nachfolgenden Demodulation der V-Komponente wird das Vorzeichen umgeschaltet. Zu diesem Zweck steuert das sogenannte PAL-Flip-Flop ($0{,}5 \cdot f_H = 7{,}8125$ kHz CCIR B,G) den PAL-Schalter, der die Phase des Farbträgers von Zeile zu Zeile (0°/180°) umschaltet (s. Kapitel 6.3.1). Der V-Demodulator erhält dadurch ein in der Phase alternierendes Farbträgersignal (90°/270°). Auf diese Weise wird die PAL-Umpolung im V-Zweig rückgängig gemacht.

Die demodulierten V-U-Signale werden der Farb-Matrix-Schaltung zugeleitet. Dort werden sie mit dem laufzeitkorrigierten Y-Signal (Luminanz) in die Rot-, Grün- und Blau-Signale umgewandelt. Die Farb-Matrix setzt dabei die Zusammenhänge der Gl. (6.33) um.

Alternativ bildet man mit einer Farb-Matrix im Empfänger auch häufig die Rot-, Grün- und Blau-Differenz-Signale (Gl. (6.32)). In dem Fall werden diese Rot-, Grün- und Blau-Signale direkt am Bildwandler (Bildröhre) gebildet. Das Luminanzsignal wird dann separat dem Bildwandler zugeführt.

Die Synchronisation des Farbträgeroszillators (VCO) erfolgt in der Regelschleife des Phase Locked Loop (PLL). Dem PLL-Phasen-Diskriminator wird über das Burst-Tor das Burstsignal zugeleitet. Der integrierende Tiefpaß des PLL sorgt für eine Mittelwertbildung der alternierenden Burstphase (+135°/-135°). Der VCO läuft somit phasenstarr zur mittleren Phase des Bursts.

Bei Schwarz-Weiß-Sendungen soll der Farbartverstärker abgeschaltet werden, um das Rauschen des Chrominanzpfades auszuschließen (vgl. Kapitel 6.2.6). Das Abschalten übernimmt der Farbabschalter (Color-Killer). Er detektiert zu diesem Zweck langandauerndes Ausbleiben des Burstsignals.

6.3.7 PAL-Empfänger

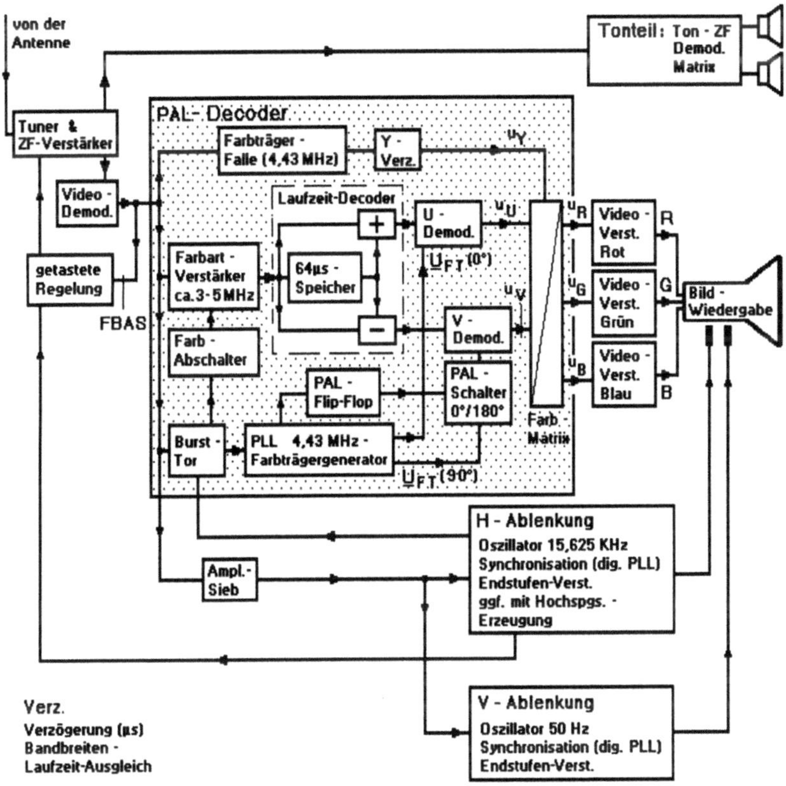

Bild 6.33 Blockbild PAL-Empfänger (CCIR B,G)

Die Gewinnung von FBAS-Signal, die Burst- und Synchron-Impulsabtrennung erfolgen in der vom NTSC-Fernseher (Kapitel 6.2.7) bzw. vom Schwarz-Weiß-Fernseher (Kapitel 4.4) her bekannten Art. Die Funktionen des PAL-Decoders wurden bereits in Kapitel 6.3.6 behandelt. Die Farbträgerfalle ist in Kapitel 6.2.6 beschrieben worden.

Auf die separate Abtrennung der Ton-ZF-Signale wurde schon beim NTSC-Empfänger (Kapitel 6.2.7) eingegangen.

6.3.8 PAL-Farbträgerfrequenz

Die Wahl der Farbträgerfrequenz und deren Verkopplung mit der Zeilenfrequenz ist wegen der unvermeidlichen Störungen der Luminanz durch die Chrominanz von großer Bedeutung. Bei NTSC wurde der Halbzeilenoffset festgelegt (Kapitel 6.2.8). Wegen der Umpolung des V-Signals würde damit aber bei PAL die Kompensation des Störmoirés nicht erreicht. Insbesondere die gepolte V-Komponente würde ein vertikales Störmuster hinterlassen.

Man hat daher für PAL einen **Viertelzeilenoffset** mit zusätzlichem **bildfrequenten Versatz** festgelegt.

$$f_{FT} = f_H \cdot \left(n - \frac{1}{4}\right) + \frac{f_V}{2}$$

mit

f_{FT}, f_H, f_V = Frequenz von Farbträger, Zeile, Halbbild
n = 284)
f_H = $625 \cdot f_V/2$) (CCIR B,G)
f_H = 15,625 kHz)
f_{FT} = 4,433 618 75 MHz (CCIR B,G) (6.36)

Der Viertelzeilenoffset ohne Versatz führt dazu, daß sich das Störmuster von Zeile zu Zeile um eine viertel Periode verschiebt. Das Störmoiré der U-Komponente wandert nach rechts und das der V-Komponente (Umpolung) nach links. Es entstehen in vertikaler Richtung zwei schräge, entgegengesetzt gewinkelte Störstrukturen.

Das Störmuster unbewegter Bilder wiederholt sich hier beim Viertelzeilenoffset ohne Versatz und der ungeraden Zeilenzahl des Bildes erst nach acht Halbbildern. Nach vier Halbbildern treten die Störungen um 180° verschoben auf, so daß eine Kompensation erst nach vier Bildern (6,25 Hz CCIR B,G) erreicht wird.

Der zusätzliche bildfrequente Versatz der Farbträgerfrequenz bewirkt nun eine Störmusterbewegung. Auch bei stehenden Bildern vermeidet man damit ein festes Störmoiré. Das Störmuster wird dadurch subjektiv als weniger störend empfunden.

Wie bei NTSC ist auch bei PAL eine befriedigende Kompensation der Farbstörungen nicht gegeben. Es existiert ein systembedingtes Übersprechen der Chrominanz auf die Luminanz (Cross-Luminanz). Man behilft sich auch hier mit einer sogenannten Farbträgerfalle im Empfänger (Filter-Bandsperre). Die Auflösung des Fernsehbildes wird dadurch allerdings verschlechtert.

6.4 SECAM-Farbfernsehübertragung

6.4.1 Frequenzmodulation für die Farb-Differenzsignale

Abweichend von NTSC und PAL wird bei SECAM von anderen Farb-Differenzsignalen ausgegangen (s. Gl. (6.37)).

$$u_{DR} = -1{,}9 \cdot u_{R-Y} \quad (6.37a)$$
$$u_{DB} = +1{,}5 \cdot u_{B-Y} \quad (6.37b)$$

mit

u_{DR} = Farb-Differenzsignal Rot
u_{DB} = Farb-Differenzsignal Blau
u_{R-Y} = Rot -Differenz, nicht reduziert) lt. Gl. (6.4)
u_{B-Y} = Blau-Differenz, nicht reduziert) lt. Gl. (6.4)

Ihre Bandbreite wird begrenzt (s. Gl. (6.38)).

B_{DR} = 1,3 MHz, Basisbandbreite DR-Signal) (CCIR L) (6.38a)
B_{DB} = 1,3 MHz, Basisbandbreite DB-Signal) (CCIR L) (6.38b)

Die Farb-Differenzsignale werden nicht gleichzeitig gesendet. Je Zeile wird nur ein Farb-Differenzsignal übertragen. Das jeweils fehlende Farb-Differenzsignal wird im Empfänger aus einem Speicher gelesen, in den es eine Zeile davor hineingeschrieben wurde (Laufzeitspeicher wie bei PAL).

Bei der Festlegung dieser **zeilensequentiellen Farb-Übertragung** ging man von der beschränkten Farbauflösung des Auges aus. Es wird unterstellt, daß sich die Farbart von Zeile zu Zeile kaum ändert. Letzteres wird ja auch bei PAL vorausgesetzt.

Die beiden Farb-Differenzsignale werden im Frequenzband des Luminanzsignals übertragen (wie bei NTSC und PAL). Man wendet **Frequenzmodulation** (FM) an. Dabei werden zwei voneinander abweichende Trägerfrequenzen benutzt. Sie sind den Farb-Differenzsignalen Rot (DR) und Blau (DB) fest zugeordnet. Ihre Frequenzen sind Vielfache der Zeilenfrequenz (s. Gl. (6.39)).

$f_{FTDR} = n_R \cdot f_H$, Trägerfrequenz DR-Signal (DR-Zeilen) (6.39a)
$f_{FTDB} = n_B \cdot f_H$, Trägerfrequenz DB-Signal (DR-Zeilen) (6.39b)

mit

n_R = 282) (CCIR L)
n_B = 272) (CCIR L)
f_H = 15,625 KHz) (CCIR L)

f_{FTDR} = 4,406 250 MHz) (CCIR L) (6.40a)
f_{FTDB} = 4,250 000 MHz) (CCIR L) (6.40b)

f_{FTDR} = Trägerfrequenz DR-Signal
f_{FTDB} = Trägerfrequenz DB-Signal

Bei Frequenzmodulation verändert sich die momentane Frequenz proportional zum modulierenden Signal. Hier bedeutet das:

$$f_{DR} = f_{FTDR} + k_{FMDR} \cdot u_{DR} \quad (6.41a)$$
$$f_{DB} = f_{FTDB} + k_{FMDB} \cdot u_{DB} \quad (6.41b)$$

mit

f_{DR} = momentane Frequenz in den DR-Zeilen
f_{DB} = momentane Frequenz in den DB-Zeilen

f_{FTDR}, f_{FTDB} = Farb-Trägerfrequenzen lt. Gl. (6.39), Gl. (6.40)

u_{DR} = Farb-Differenz Rot (Gl. (6.37a))
u_{DB} = Farb-Differenz Blau (Gl. (6.37b))

k_{FMDR}, k_{FMDB} = Modulationskonstanten; in Hz/V

k_{FMDR} = ca. 280 kHz/V) (CCIR L)
k_{FMDB} = ca. 230 kHz/V) (CCIR L)

Bei Verwendung der Gl. (6.41), Gl. (6.37) und der Ergebnisse aus Tabelle 6.2 ergeben sich die Daten der Tabelle 6.5.

Farbe		U_{DR} in V	U_{DB} in V	f_{DR}-f_{FTDR} in kHz	f_{DB}-f_{FTDB} in kHz
Rot	R	- 1,33	- 0,45	- 373	- 104
Grün	G	+1,12	- 0,89	+313	- 203
Blau	B	+0,21	+1,34	+61	+307
Gelb		- 0,21	- 1,34	- 61	- 307
Cyan		+1,33	+0,45	+350 (373)	+104
Purpur		- 1,12	+0,89	- 313	+203
Weiß	W	0,00	0,00	0	0
Schwarz	SW	0,00	0,00	0	0

Tabelle 6.5 SECAM-Frequenz-Differenzen bei den Norm-Farbbalken mit 100% Farbsättigung (CCIR L)

Die Frequenz-Hübe sind relativ gering im Vergleich zu den Basisbandbreiten der modulierenden Signale nach Gl. (6.38). Es handelt sich demnach um Schmalband-Frequenzmodulation.

Die kleinen Frequenzhübe werden darüberhinaus auch noch begrenzt. Aus diesem Grunde ist in der Tabelle 6.5 die Differenz-Frequenz der DR-Komponente (f_{DR}-f_{FTDR}) mit +350 kHz statt mit dem errechneten Wert von +373 kHz ausgewiesen. Der Bereich der Frequenzhübe der beiden FM-Signale wird eingeengt. Der des DR-Signals wird nach oben, der des DB-Signal nach unten begrenzt (s. Gl. (6.42)).

$$3{,}900\ \text{MHz} \leq f_{DB}, f_{DR} \leq 4{,}756\ \text{MHz} \tag{6.42}$$

mit

f_{DR} = momentane Frequenz der DR-Zeile (Gl. 6.41a)
f_{DB} = momentane Frequenz der DB-Zeile (Gl. 6.41b)

Die maximalen Frequenzhübe liegen wegen Gl. (6.40) und Gl. (6.42) bei:

$$f_{DRmax} = +350\ /\ -506\ \text{kHz} \tag{6.43a}$$
$$f_{DBmax} = +506\ /\ -350\ \text{kHz} \tag{6.43b}$$

mit

f_{DRmax} = max. Frequenzhub des DR-Signals
f_{DBmax} = max. Frequenzhub des DB-Signals

Die Begrenzung der Frequenzhübe bedeutet natürlich Verlust an Farbqualität.

Tatsächlich erstreckt sich allgemein bei Frequenzmodulation (FM) das Frequenzspektrum noch weit über den Frequenzhub hinaus. Es besitzt noch große Werte für Frequenzen, die um die modulierende Frequenz außerhalb des Hubbereichs liegen (bei CCIR L: ca. 1,3 MHz modulierende Frequenz). Man braucht demnach wesentlich mehr Bandbreite als Frequenz-Hubbereich. Durch die Begrenzung des Frequenzbereichs bei SECAM kommt es deshalb zu weiteren Qualitätsverlusten. Dies betrifft insbesondere die hohen Frequenzen des Farbartsignals. Allerdings wird die dramatische Begrenzung des Frequenzbandes jeweils nur einseitig vorgenommen, so daß die Qualitätseinbußen der Farbübertragung noch tolerabel bleiben.

Bei FM ist der Signal-Geräusch-Abstand für hohe Frequenzen generell schlechter als für tiefe. Aus diesem Grunde wendet man bei SECAM (wie beim UKW-Rundfunk) die sogenannte **Preemphasis** an. Dabei werden die Amplituden der hohen Frequenzen gegenüber den tiefen angehoben. Im Empfänger muß dies natürlich wieder rückgängig gemacht werden (Deemphasis). Gl. (6.44) gibt den genormten Bewertungsfaktor für SECAM wieder.

$$A_{\mathrm{BF}} = \sqrt{\frac{1+\left(\frac{f}{f_{\mathrm{gBF}}}\right)^2}{1+\left(\frac{f}{3\cdot f_{\mathrm{gBF}}}\right)^2}} \tag{6.44}$$

mit

A_{BF} = Amplitudenbewertungsfaktor
f = Frequenz der Farb-Differenzsignale DR, DB
f_{gBF} = 85 kHz (CCIR L), Grenzfrequenz SECAM-Bewertungsfaktor

Das Bild 6.34 zeigt den Verlauf der Preemphasis in logarithmierter Form.

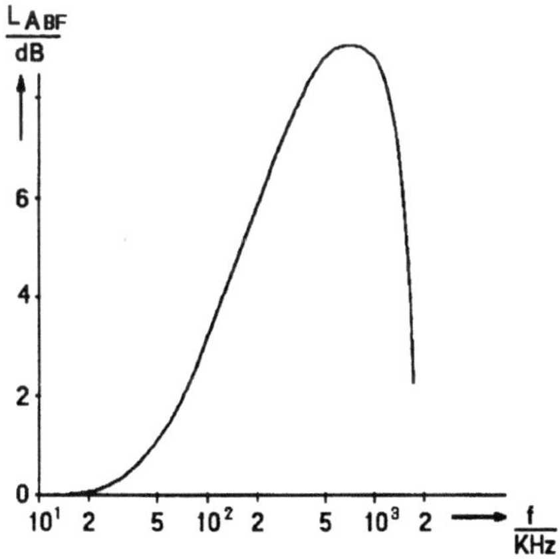

Bild 6.34 SECAM-Preemphasis (CCIR L)

Die Farb-Differenzsignale DR und DB durchlaufen vor der Frequenz-Modulation ein Bewertungsnetzwerk mit dem dargestellten Amplitudengang. Es bewirkt die Preemphasis aber auch einen steilen Abfall der Amplituden bei hohen Farbartfrequenzen.

6.4.2 Zeilen-Identifikation

Im Empfänger müssen die zeilensequentiellen Farbinformationen richtig zugeordnet werden. Man benötigt wie bei PAL eine Zeilen-Identifikation. Nun gibt es bei SECAM keinen Burst, dem man diese Information zusätzlich aufprägen könnte (man müßte ihn erst einführen). Es genügt aber, die notwendige Zuordnung jeweils im Bereich der Vertikal-Synchronisierung (V-Rücklauf) vorzunehmen und danach fortlaufend mit dem H-Impuls umzuschalten. Dieses Verfahren wendet man bei SECAM an.

Im Bereich des V-Rücklaufs werden sogenannte Identifikations-Signale gesendet. Man überträgt sie in einigen Leerzeilen nach den V-Impulsblöcken. Während dieser Zeilen findet ja im Empfänger der V-Rücklauf statt. Der Bildschirm ist dabei dunkel getastet, so daß der Inhalt der Leerzeilen nicht dargestellt wird. Zur Synchronisation der SECAM-Umschaltung werden nun abwechselnd zwei unterschiedliche Identifikations-Signale übertragen. Einzelheiten sind in Bild 6.35 dargestellt.

Die Identifikations-Signale werden in Form von sogenannten Bottle-Impulsen gesendet. Sie beginnen mit dem unmodulierten Farbträger. Dessen Spannung wird zunächst konstant gehalten, steigt dann an und bleibt schließlich auf einem größeren Wert wieder konstant. Während des Spannungsanstieges wird gleichzeitig die Frequenz linear erhöht (DR) bzw. erniedrigt (DB). Die Identifikations-Signale werden in den Zeilen 7-15 bzw. 320-328 gesendet.

Im Empfänger werden die Identifikations-Signale zur Synchronisation eines Flip-Flops herangezogen. Dieses Flip-Flop wird mit jedem H-Impuls umgeschaltet. Sein Ausgangssignal steuert die Umschaltung der Frequenz-Demodulation.

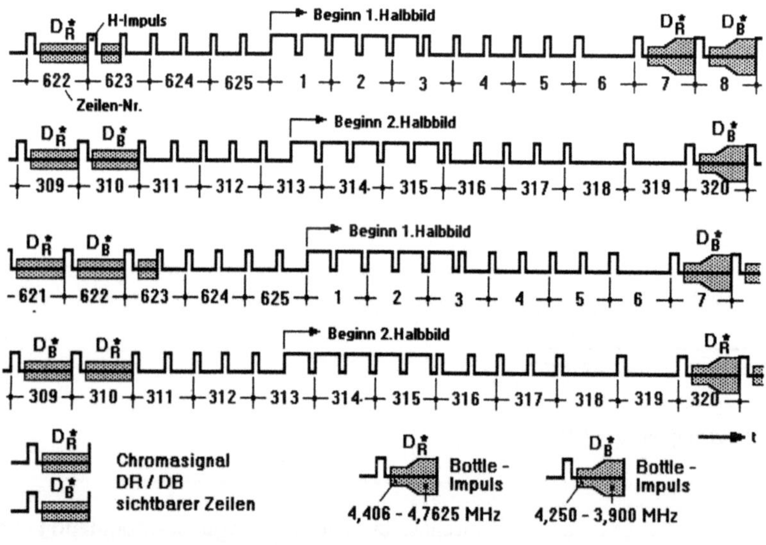

Bild 6.35 SECAM-Identifikationssignale (CCIR L)

6.4.3 Minderung der Moiré-Störungen

Durch die FM-Modulation für das Farbartsignal existiert keine ausgeprägte Kamm-struktur des Chrominanzsignals. Somit läßt sich das Chrominanz-Spektrum nicht in die spektralen Lücken des Luminanzsignals bringen. Damit sind auch die Betrachtungen zur Wahl der Farbträgerfrequenz – wie sie bei NTSC und PAL angestellt wurden – irrelevant. Da aber auch bei SECAM das Chrominanzsignal im Frequenzbereich des Luminanzsignals mit untergebracht wird, müssen die Störungen des Luminanzsignals auf andere Weise sehr klein gehalten werden.

Eine ganze Reihe von Maßnahmen verringern nun diese Chrominanzstörungen:

- Verwendung von zwei unterschiedlichen Farbträgerfrequenzen für die beiden abwechselnd gesendeten Farb-Differenzsignale DR und DB (s. Kapitel 6.4.1).
- Begrenzung der Amplitude des Chrominanzsignals. Bei Frequenzmodulation wird auch ohne Modulation das Trägersignal gesendet. Das bedeutet stehende Störmuster, wenn die Farb-Differenzsignale DR und DB Null sind. Dieser sehr störende Effekt wird durch die Absenkung der unmodulierten Trägeramplitude auf 23% des Y-Signals klein gehalten.
- Zusätzliche Amplitudenmodulation des Chrominanzsignals. Die Moiré-Störungen fallen bei ungesättigten Farben am meisten ins Gewicht. Dann liegen aber die momentanen Frequenzen des Chrominanzsignals in der Nähe der Trägerfrequenzen. Die Amplitude des Farbsignals muß daher in den Bereichen um die beiden Trägerfrequenzen recht klein gehalten werden. Man kann aber die Amplitude des Chrominanzsignals vergrößern, je weiter die momentane Frequenz von den Farbträgerfrequenzen wegliegt. Das frequenzmodulierte Chrominanzsignal wird daher sendeseitig über ein Filter geführt, das die zusätzliche Amplitudenmodulation bewerkstelligt. Wegen des glockenförmigen Dämpfungsverlaufs spricht man von einem Glockenfilter. Die Filtercharakteristik ist nach Gl. (6.45) festgelegt.

$$G_{SECAM} = \sqrt{\frac{1+(16F_G)^2}{1+(1{,}26F_G)^2}} \tag{6.45}$$

mit

G_{SECAM} = Gewichtsfunktion Glockenfilter
F_G = $f/f_{G0} - f_{G0}/f$, normierte Verstimmung
f_{G0} = 4,286 MHz (CCIR L), Bezugsfrequenz
f = Frequenz der FM-Signale (DR oder DB)

Bild 6.36 zeigt Gl. (6.45) in logarithmierter Form.

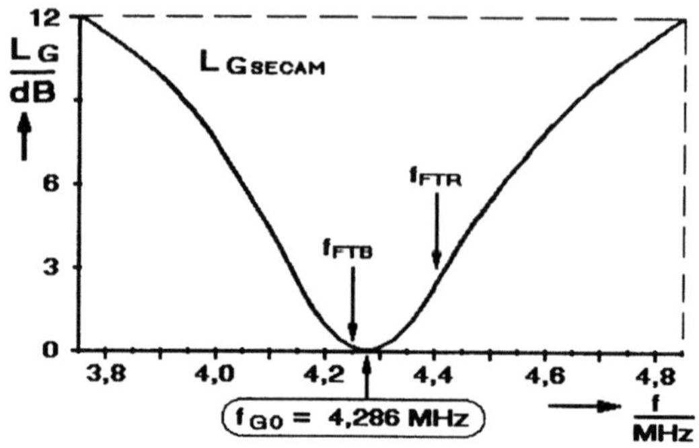

Bild 6.36 Amplitudengang des SECAM-Glockenfilters (CCIR L)

6.4.4 SECAM-Coder

Die gammakorrigierten Kamerasignale Rot, Grün und Blau werden der Matrixschaltung zugeführt (s. Bild 6.37). Sie bildet aus diesen Signalen das Y-, DR- und DB-Signal (Gl. (6.3) (u_Y) und Gl. (6.37) (u_{DR}, u_{DB})).

Das Luminanzsignal (Y) wird elektrisch verzögert, um die geringere Laufzeit (größere Bandbreite) des Y-Signals gegenüber dem Farbartsignal auszugleichen. Es wird dann weiter der Additionsstufe des SECAM-Coders zugeführt. Dort entsteht mit dem Chrominanzsignal, dem Synchronimpuls- und Austastsignal das FBAS-Signal.

Die Farbartsignale DR und DB der Farbmatrix werden dem SECAM-Umschalter zugeleitet. Er wird vom H-Impuls-Generator über das SECAM-Flip-Flop gesteuert und schaltet von Zeile zu Zeile von einem Eingang zum anderen um. An dieser Stelle entsteht das zeilensequentielle SECAM-Signal.

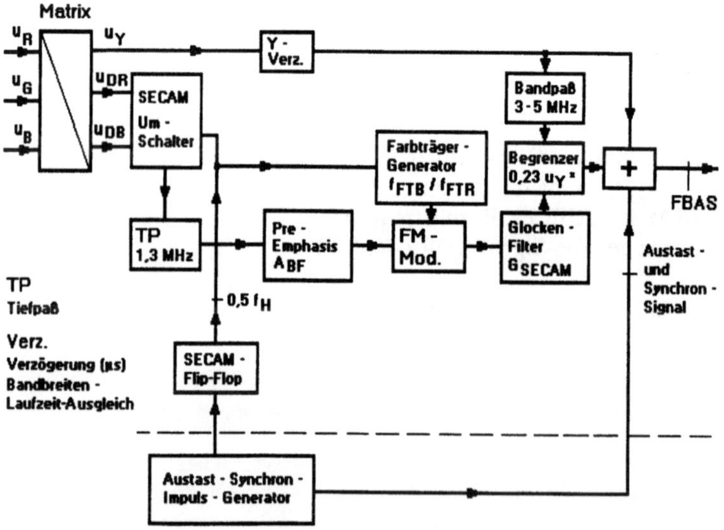

Bild 6.37 Blockbild SECAM-Coder (CCIR L)

Das Ausgangssignal des SECAM-Umschalters gelangt über einen Tiefpaß und ein Preemphasis-Filter (vgl. Bild 6.34) zum FM-Modulator. Die Trägerfrequenz des FM-Modulators wird ebenfalls von Zeile zu Zeile und zwar synchron mit dem SECAM-Umschalter umgeschaltet.

Am Ausgang des FM-Modulators folgt das Glockenfilter (vgl. Bild 6.36). Es bewirkt die zusätzliche Amplitudenmodulation, die einerseits den Störabstand verbessert und andererseits die Moiré-Störungen klein hält.

Die Begrenzung der Chrominanzamplitude auf 23% des Luminanzwertes nimmt der Begrenzer vor. Dessen Dämpfung wird vom Y-Signal gesteuert. Allerdings wird dazu nur das höherfrequente Y-Signal (Bandpaß) herangezogen.

Die Identifikationssignale in den Leerzeilen des V-Rücklaufs werden über ein ID-Signal ausgelöst, das der Farbmatrix zugeführt wird. Dazu kommen Funktionen, die die Ausbildung des Amplitudenverlaufs der Bottle-Impulse bewirken. Im Blockbild ist die gesamte ID-Aufbereitung nicht dargestellt.

Die phasenstarre Erzeugung der Synchron-Impulse, des Austastsignals und der Farbträgerfrequenzen ist ebenfalls nicht skizziert.

Auf die Wiedergabe des Senderblockbildes wird hier verzichtet. Bis auf den SECAM-Decoder entspricht es im Prinzip dem des NTSC- bzw. PAL-Senders (s. Kapitel 6.2.5 Bild 6.18 bzw. Kapitel 6.3.5 Bild 6.31).

6.4.5 SECAM-Decoder

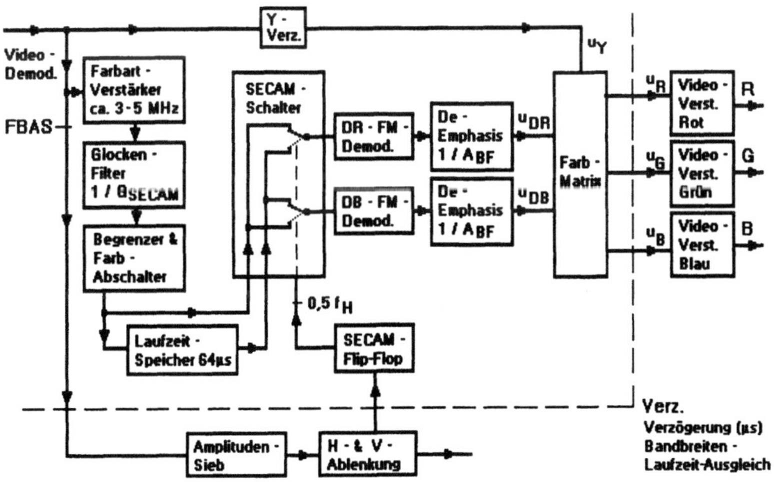

Bild 6.38 Blockbild SECAM-Decoder (CCIR L)

Das FBAS-Signal wird im Luminanzzweig (Y) wieder laufzeitverzögert, um die empfängerseitigen Laufzeitunterschiede infolge der unterschiedlichen Bandbreite von Luminanz- und Chrominanzsignal auszugleichen. Es gelangt dann zur Farb-Matrix, die es mit den DR- und DB-Signalen zu den Signalen Rot, Grün und Blau verarbeitet. Alternativ können auch die Signale Rot-, Grün- und Blau-Differenz gebildet werden.

Das Chrominanzsignal wird von dem Farbartverstärker (Bandpaß) aus dem FBAS-Signal herausgefiltert, verstärkt und dem inversen Glockenfilter ($1/G_{SECAM}$) zugeführt. Letzteres bildet die Amplitudenverzerrung des sendeseitigen Glockenfilters zurück.

Der nachfolgende Begrenzer (Begrenzer und Farb-Abschalter) stellt eine konstante Amplitude des FM-Signals sicher. Bei Schwarz-Weiß-Sendungen soll das Signal des Farbartverstärkers abgeschaltet werden, um das Einfließen von Rauschen und Störungen in die nachfolgenden Schaltungen zu unterbinden. Der Farbabschalter detektiert deshalb das Chrominanzsignal und schaltet es ggf. ab.

Nach dem Begrenzer (Begrenzer und Farb-Abschalter) wird das frequenzmodulierte Chrominanzsignal einem Laufzeitspeicher (64 µs CCIR L) zugeleitet. Er speichert das Signal der aktuellen Zeile und liefert das der vorangegangenen.

Der SECAM-Schalter stellt den FM-Demodulatoren sowohl das DR- wie das DB-Signal zur Verfügung. Dabei erhalten der DR- und der DB-Demodulator von Zeile zu Zeile abwechselnd das unverzögerte und das verzögerte Chrominanzsignal. Die Demodulatoren werden jeweils in der Zeile vor den Laufzeitspeicher geschaltet, in der die zugehörige Farb-Differenz gesendet wird. Der andere Demodulator muß dann jeweils auf den Laufzeitspeicher geschaltet sein, in dem sich das Chrominanzsignal der vorangegangenen Zeile befindet.

Das SECAM-Flip-Flop steuert die zeilensequentielle Umschaltung. Es kippt mit jedem H-Impuls. Mit der Auswertung der Identifikations-Signale im V-Bereich wird es synchronisiert.

Die Signale der FM-Demodulatoren besitzen noch die Höhenanhebung (Preemphasis). Sie wird in den Deemphasis-Netzwerken rückgängig gemacht.

Der SECAM-Empfänger entspricht bis auf den Decoder weitgehend dem NTSC-Empfänger (Kapitel 6.2.7 Bild 6.21) und dem PAL-Empfänger (Kapitel 6.3.7 Bild 6.33). Auf eine erneute Darstellung wird daher verzichtet.

6.4.6 Vorzüge und Nachteile von SECAM gegenüber NTSC und PAL

Durch die Verwendung von Frequenzmodulation für die Übertragung der Farbart ist SECAM grundsätzlich unempfindlich gegenüber differentiellen Phasenfehlern. Wegen der sehr kleinen Bandbreite kommen jedoch die Vorteile der FM kaum zum Tragen [6.05].

Eine gravierende Schwäche von SECAM sind die Moiré-Störungen. Das Chrominanz-Spektrum besitzt nicht die Kammstruktur wie bei NTSC und PAL. Es kann daher auch nicht in die Lücken des Luminanz-Spektrums plaziert werden. Prinzipiell ist deshalb nur eine Minderung der Moiré-Störungen möglich. Sie kostet Aufwand und vermindert zudem auch noch den Signal-Rausch-Abstand.

6.5 Aufgaben und Lösungen

Im Anschluß an die folgenden Aufgaben finden Sie die zugehörigen Lösungen.

A 6.1 Bei NTSC, PAL und SECAM geht man für die Übertragung von dem Luminanz-Signal u_Y (Gl. (6.3)) und den Farb-Differenzsignalen $u_{R\text{-}Y}$, $u_{B\text{-}Y}$ (Gl. (6.4)) aus. Im Empfänger werde das Signal (B-Y) gebildet und weiterverarbeitet. Nun sei aber der Signalpfad (B-Y) defekt ($u_{B\text{-}Yf} = 0$). Welche Auswirkungen hat dies auf die wiedergegebene Farbe?

Bearbeiten Sie die Frage für eine blasse grün-gelbe Farbe: $U_R = 0{,}6$ V; $U_G = 1{,}0$ V; $U_B = 0{,}4$ V. Berechnen Sie die wiedergegebenen (fehlerbehafteten) Größen U_{Rf}, U_{Gf}, U_{Bf} und U_{Yf}.

A 6.2 Die Farbinformation (beide Farb-Differenzsignale) werde mit $B_F = 1{,}3$ MHz (Gl. 6.8) übertragen. Berechnen Sie die horizontale Farbauflösung.

Stellen Sie sich dazu schmale vertikale Farbstreifen vor. In einer Zeile sind dies nebeneinanderliegende Farbpunkte.

Die Berechnung ist für eine Bildschirm-Diagonale von 50 cm (sichtbare Bildausdehnung) anzustellen. Gehen Sie dabei von Daten nach CCIR B,G aus (Zeilendauer: 64µs; Zeilenrücklauf: 12µs; Seitenverhältnis: 4:3).

Welche theoretisch minimale Farbstreifenbreite wird gerade noch aufgelöst? (vgl. Kapitel 1 Gl. (1.9)).

A 6.3 Welche Periodizitäten (Linienabstände) finden sich im Frequenzspektrum eines Standbildes?

A 6.4 Die Farb-Differenzsignale werden als Modulationssignal dem BAS-Signal hinzugefügt. Geben Sie für NTSC, PAL und SECAM die Modulationsverfahren an.

A 6.5 Das I- und Q-Signal (NTSC) wird im Decoder mit einem Träger von 33°- bzw. 123°-Phase demoduliert (s. Bild 6.19). Zwischen den beiden Trägersignalen besteht eine 90°-Phasen-Differenz. Welche Auswirkungen hätte eine Abweichung von der 90°-Phasen-Differenz?

Berechnen Sie die (fehlerbehafteten) Farbspannungen U_{Rf}, U_{Gf} und U_{Bf} des Decoders für die sendeseitige Farbe Rot ($U_R = 1{,}0$ V; $U_G = 0{,}0$ V; $U_B = 0{,}0$ V) und die Trägerphasen der Demodulatoren von 33°/113°.

A 6.6 Bei der Übertragung des NTSC-Farbträgerbursts trete ein Fehler von +10° auf. Im Empfänger wird mit diesem fehlerbehafteten Trägersignal demoduliert. Wie wird gesättigtes Gelb ($U_B = 1$ V; $U_G = 1$ V; $U_B = 0$ V) wiedergegeben? Berechnen Sie U_{Rf}, U_{Gf} und U_{Bf} (fehlerbehaftete Spannungen U_R, U_G und U_B).

A 6.7 Es ist anzugeben, ob der Schwarz-Weiß-Bereich des FBAS (NTSC/PAL) bei blassem Purpur ($U_R = 0{,}8$ V; U_G 0,0 V; U_B 0,8 V) übersteuert wird.

A 6.8 Erklären Sie das PAL-Prinzip.

A 6.9 Bei einem PAL-Chrominanzsignal trete ein Phasenfehler von 10° auf. Berechnen Sie den empfangsseitig auftretenden relativen Farbsättigungsfehler (Farbe von Zeile zu Zeile unverändert, keine Begrenzung wegen Übersteuerung).

A 6.10 Von A 6.9 ausgehend (PAL, 10°-Phasenfehler) sollen für gesättigtes Rot (U_R = 1,0 V; U_G = 0,0 V; U_B = 0,0 V) die empfangsseitigen (fehlerbehafteten) Farbspannungen U_{Rf}, U_{Gf} und U_{Bf} ermittelt werden (keine Begrenzung des QAM-Signal bei der Übertragung).

A 6.11 In einem PAL-Decoder sei die Rückpolung desynchronisiert. Es erfolgt Rückpolung mit falscher Zuordnung der V-Komponenten: Das ungepolte PAL-Signal wird fälschlicherweise rückgepolt, während das gepolte PAL-Signal nicht rückgepolt wird.

Welche Farben werden bei roten (U_R = 1,0 V; U_G = 0,0 V; U_B = 0,0 V) und blauen (U_R = 0,0 V; U_G = 0,0 V; U_B = 1,0 V) Bildflächen wiedergegeben? Geben Sie die empfängerseitigen (fehlerbehafteten) Farbspannungen U_{Rf}, U_{Gf} und U_{Bf} an (keine Begrenzung des QAM-Signals).

A 6.12 Berechnen Sie die SECAM-Frequenzen (FM) der Farb-Differenzsignale in den DR- und DB-Zeilen (CCIR L) für blasses Grün: U_R = 0,5 V; U_G = 0,75 V; U_B = 0,5 V (25%-Sättigung).

A 6.13 Ein Bild mit Purpur (25% gesättigtes Purpur: U_R = 0,25 V; U_G = 0,00 V; U_B = 0,25 V) werde mit SECAM (CCIR L) übertragen. Im Coder werden die folgenden Differenzfrequenzen gebildet:

$$(f_{DR} - f_{FTDR}) = \text{ca. } -78 \text{ kHz}$$
$$(f_{DB} - f_{FTDB}) = \text{ca. } +51 \text{ kHz}$$

Ändern sich diese Frequenzen bei zusätzlicher Luminanz (z.B. plus U_Y = 0,3 V)?

A 6.14 Die SECAM-Frequenzen (FM, CCIR L) der Farb-Differenzsignale betragen:

$$f_{DR} = -280 \text{ KHz} + f_{FTDR}$$
$$f_{DB} = -78 \text{ KHz} + f_{FTDB}$$

mit

$$f_{FTDR}, f_{FTDB} = \text{Farbträgerfrequenzen}$$

Um welche Farbe könnte es sich dabei handeln? Berechnen Sie die Spannungen U_R, U_G und U_B. Nehmen Sie dazu U_Y = 0,3 V an.

A 6.15 Bei SECAM wird Preemphasis für die Farb-Differenzsignale angewandt (Gl. (6.44)).

Welche Auswirkungen hätte eine Deemphasis im Empfänger mit einer etwas verminderten Grenzfrequenz (z.B. f_{gBF} = 70 kHz)?

L 6.1 Bei korrekter Übertragung ergeben sich im Empfänger:

Luminanzsignal (Gl. (6.3))	U_Y	=	0,814 V
Farb-Differenzsignale (Gl. (6.4))	U_{R-Y}	=	-0,214 V
	U_{B-Y}	=	-0,414 V

Durch den Defekt des (B-Y)-Pfades ergibt sich abweichend U_{B-Yf} = 0 V. Damit kann man mit Gl. (6.6b) U_{G-Yf} = 0,109 V errechnen. Über Gl. (6.4) und (6.6a) lassen sich die gefragten Größen bestimmen:

U_{Rf}	=	0,600 V	(Cyan-Grün)
U_{Gf}	=	0,923 V	(Cyan-Grün)
U_{Bf}	=	0,814 V	(Cyan-Grün)

Es gibt keinen Luminanzfehler:

$$U_{Yf} = U_Y = 0{,}814 \text{ V}$$

L 6.2 Die Anzahl der Farbpunkte erhält man äquivalent zu der einer Schwarz-Weiß-Punktfolge (Gl. (1.9)):

Minimale Dauer eines Farbpunktes:

$$T_{PF} = \frac{1}{2B_F} = 0{,}385\ \mu s$$

Maximale Anzahl Punkte je Zeile:

$$\frac{64-12\ \mu s}{T_{PF}}\ \mu s/T_{PF} = \text{ca. } 135 \text{ Pkte./Zeile}$$

Bei einer Diagonale von 500 mm ergibt sich die horizontale Ausdehnung des Bildes zu:

$$s_h^2 = \frac{(500 \text{ mm})^2}{1+(3/4)^2}$$

$$sh = 400 \text{ mm}$$

Damit erhält man als Ergebnis die horizontale Auflösung: 400 mm/135 = 2,96 mm

L 6.3 Zeilenfrequenz f_H; Bildfrequenz $f_V/2$.

L 6.4 NTSC : QAM (Quadratur-Amplitudenmodulation)
PAL : QAM (mit V-Umpolung)
SECAM: FM (Frequenzmodulation)

L 6.5

$$U_Y = 0{,}30 \text{ V (Gl. (6.3))}$$
$$U_I = 0{,}60 \text{ V (Gl. (6.21a))}$$
$$U_Q = 0{,}21 \text{ V (Gl. (6.21b))}$$

Die Trägerphase des I-Demodulators ist mit 113° um 10° falsch. Der I-Demodulator bildet daher ein falsches I-Signal U_{If}:

$$U_{If} = U_I \cdot \cos(10°) + U_Q \cdot \sin(10°) = 0{,}6274 \text{ V}$$

Der Q-Demodulator arbeitet korrekt:

$$U_{Qf} = U_Q$$

Die Farb-Matrix bildet nun (Gl. (6.23) entsprechend) die V- und U-Signale zu:

$$U_{Vf} = +U_{If} \cdot \cos(33°) + U_{Qf} \cdot \sin(33°) = 0{,}6406 \text{ V}$$
$$U_{Uf} = -U_{If} \cdot \sin(33°) + U_{Qf} \cdot \cos(33°) = -0{,}1656 \text{ V}$$

Mit Gl. (6.24) führen diese Werte dann zu den Rot- und Blau-Differenzsignalen:

$$U_{R\text{-}Yf} = 0{,}7280 \text{ V}$$
$$U_{B\text{-}Yf} = -0{,}3379 \text{ V}$$

Das Grün-Differenzsignal ermittelt man nach Gl. (6.6b):

$$U_{G\text{-}Yf} = -0{,}51 \cdot U_{R\text{-}Yf} - 0{,}19 \cdot U_{B\text{-}Yf} = -0{,}3071 \text{ V}$$

Über Gl. (6.4) gelangt man schließlich zu

U_{Rf} = 1,028 V (Rot-Purpur)
U_{Gf} = -0,001 V (Rot-Purpur)
U_{Bf} = 0,038 V. (Rot-Purpur)

L 6.6 Nach Gl. (6.3) und Gl. (6.21) erhält man Luminanz- und Farb-Differenzsignale I/Q zu:

U_Y = 0,89 V
U_I = 0,32 V
U_Q = -0,31 V

Aufgrund der 10°-Drehung ergeben sich fehlerhafte I-/Q-Spannungen U_{If} und U_{Qf}. Man kann sich ein neues 10°-nacheilendes, rechtwinkliges Koordinatensystem für diese Spannungen vorstellen (s. Bild 6.39).

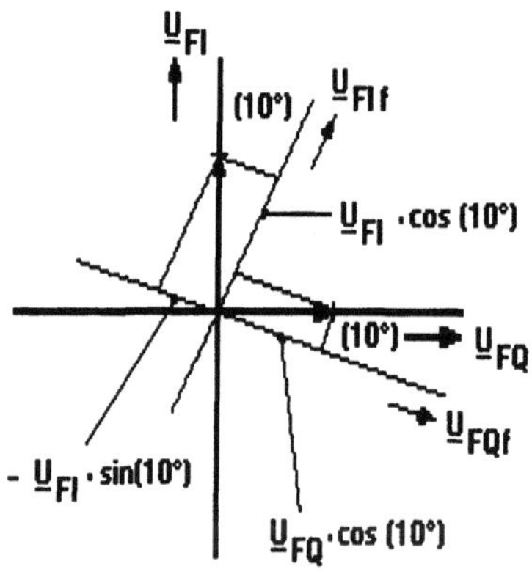

Bild 6.39 I/Q-Koordinatensystem-Drehung (10°nacheilend)

Die fehlerbehafteten Spannungen U_{If} und U_{Qf} setzt man wie folgt an und bestimmt sie zu:

$$U_{If} = U_I \cdot \cos(10°) + U_Q \cdot \sin(10°) = U_I \cdot 0{,}985 + U_Q \cdot 0{,}174 = 0{,}261 \text{ V}$$
$$U_{Qf} = U_Q \cdot \cos(10°) - U_I \cdot \sin(10°) = U_Q \cdot 0{,}985 - U_I \cdot 0{,}174 = -0{,}361 \text{ V}$$

Gl. (6.27) mit U_{If} und U_{Qf} führt zum Ergebnis (die Farb-Matrix realisiert Gl. (6.27)):

U_{Rf} = 0,917 V (Gelb-Grün)
U_{Gf} = 1,048 V (Gelb-Grün)
U_{Bf} = -0,017 V (Gelb-Grün)

L 6.7 U_Y = 0,328 V (Gl. (6.3))
U_V = 0,408 V (Gl. (6.17a))
U_U = 0,232 V (Gl. (6.17b))

Damit ergibt sich die QAM-Amplitude:

$\hat{u}_F$ = 0,469 V (Gl. (6.18)) und
$U_Y + \hat{u}_F$ = 0,797 V
$U_Y - \hat{u}_F$ = -0,141 V

Der Schwarz-Weiß-Bereich erstreckt sich von 0 V (Schwarz) bis 1 V (Weiß). Mit -0,141 V wird der Schwarzwert unterschritten. Das FBAS erreicht während des sichtbaren Teils der Zeilen den Bereich der Synchronimpulse. Es findet Übersteuerung statt.

L 6.8 Für die Übertragung wird die V-Komponente des Farb-Differenzsignals jeder zweiten übertragenen Zeile umgepolt.

Im Decoder erfolgt die Rückpolung und Mittelwertbildung (Addition) unter Benutzung des Signals der vorhergehenden Zeile.

Kleine Phasenfehler betreffen Signale aufeinanderfolgender Zeilen (gepolt/ungepolt) gleichermaßen. Mit der Rückpolung im Decoder wird das Vorzeichen des Phasenfehlers geändert, so daß bei der anschließenden Addition eine Kompensation des Phasenfehlers erreicht wird (etwa gleiche Farbart unterstellt). Es ergibt sich lediglich ein kleiner Fehler der Farbsättigung.

L 6.9 Zur Berechnung s. Bild 6.25. Die Länge des PAL-Farbsignal-Zeigers (Chrominanzsignal-Zeiger $\underline{U}_F$) verringert sich infolge des 10°-Phasenfehlers wie folgt:

$$2 \cdot |\underline{U}_{Ff}| = 2 \cdot |\underline{U}_F| \cdot \cos(10°) = 2 \cdot |\underline{U}_F| \cdot 0{,}985$$

Somit beträgt der relative Fehler der Farbsättigung:

$$1{,}000 - 0{,}985 = 0{,}015.$$

L 6.10

U_Y = 0,30 V (Gl. (6.3)) s. auch Tabelle 6.4
U_V = 0,61 V (Gl. (6.17a)) s. auch Tabelle 6.4
U_U = -0,15 V (Gl. (6.17b)) s. auch Tabelle 6.4

Die Länge des Chrominanzsignal-Zeigers $\underline{U}_F$ (s. Bild 6.25) ergibt sich nach Gl. (6.18) zu:

$$|\underline{U}_F| = \hat{u}_F = 0{,}628 \text{ V}$$ (s. auch Tabelle 6.4)

Der relative Sättigungsfehler von 0,015 (aus Aufgabe 6.9) führt zu der fehlerhaften Zeigerlänge von

$$|\underline{U}_{Ff}| = |\underline{U}_F| \cdot 0{,}985 = 0{,}619 \text{ V}.$$

V- und U-Signal reduzieren sich entsprechend:

$$U_{Vf} = 0{,}61 \cdot 0{,}985 \text{ V} = 0{,}601 \text{ V}$$
$$U_{Uf} = -0{,}15 \cdot 0{,}985 \text{ V} = -0{,}148 \text{ V}$$

Über Gl. (6.33) gelangt man zu den Farbspannungen

U_{Rf} = 0,985 V
U_{Gf} = 0,009 V (Rundungsfehler, U_{Gf}, U_{Bf} = 0,00 !)
U_{Bf} = -0,002 V (Rundungsfehler, U_{Gf}, U_{Bf} = 0,00 !)

L 6.11 Für Rot/Blau bestimmt man nach Gl. (6.3) und Gl. (6.17):

U_Y = 0,30/0,11 V
U_V = +0,61/-0,10 V
U_U = -0,15/+0,44 V

Durch die falsche Rückpolung ist das Vorzeichen der V-Komponente falsch:

U_{Vf} = -0,61/+0,10 V
U_{Uf} = +0,15/-0,44 V
(vgl. Bild 6.11 und Bild 6.23, Grün-Cyan/Blau-Purpur)

L 6.12 $U_{R\text{-}Y}$ = -0,148 V (Gl. (6.5a))
$U_{B\text{-}Y}$ = -0,148 V (Gl. (6.5b))

Daraus gewinnt man mit Gl. (6.37):

$$U_{DR} = +0{,}281 \text{ V}$$
$$U_{DB} = -0{,}222 \text{ V}$$

Gl. (6.41) führt mit den Zahlen der Gl. (6.40) zum Ziel.

$$f_{DR} = 4{,}406 \text{ MHz} + 280\cdot(+0{,}281) \text{ kHz} = 4{,}485 \text{ MHz}$$
$$f_{DB} = 4{,}250 \text{ MHz} + 230\cdot(-0{,}222) \text{ kHz} = 4{,}199 \text{ MHz}$$
(ca. -Werte)

L 6.13 Nein. Die DR- und DB-Signale werden nach Gl. (6.37) aus den Farb-Differenzsignalen der Gl. (6.5) gebildet. Letztere sind unabhängig vom Schwarz-Weiß-Anteil.

So wird z.B. mit $U_R = 0{,}55$ V, $U_G = 0{,}30$ V und $U_B = 0{,}55$ V eine zusätzliche Luminanz von 0,3 V erreicht. Man kann leicht nachprüfen, daß Gl. (6.5) die gleichen Ergeb-nisse liefert.

L 6.14 Mit der umgestellten Gl. (6.41) ergeben sich:

$$U_{DR} = -1{,}000 \text{ V}$$
$$U_{DB} = -0{,}339 \text{ V}$$

Unter Benutzung der Gl. (6.37) kommt man zu den unreduzierten Farb-Differenzsignalen

$$U_{R\text{-}Y} = +0{,}526 \text{ V}$$
$$U_{B\text{-}Y} = -0{,}226 \text{ V} .$$

Gl. (6.6b) führt mit diesen Werten zu

$$U_{G\text{-}Y} = -0{,}225 \text{ V} .$$

Addiert man zu den letzten drei Werten $U_Y = 0{,}3$ V, erhält man

U_R = 0,826 V (Rot)
U_G = 0,075 V (Rot)
U_B = 0,074 V (Rot)

Zusätzlich kann man die Farbsättigung bestimmen:

Man subtrahiert von U_R, U_G und U_B den bei allen drei Farbspannungen gleichen Anteil (Luminanz). Hier sind das etwa 0,075 V. Man erhält dann (bei zwei Nachkomma-Stellen):

U_R = 0,75 V (Rot, 75% Sättigung)
U_G = 0,00 V (Rot, 75% Sättigung)
U_B = 0,00 V (Rot, 75% Sättigung)

L 6.15 Im Decoder wird die inverse Kurve zu Bild 6.34 gebildet. Sie wäre hier jedoch zu tieferen Frequenzen hin verschoben. Die Farb-Differenzsignale würden zu stark abgeschwächt. Die Farbsättigung würde zu klein wiedergegeben. (Die Farb-Differenzsignale der oberen Frequenzen werden etwas angehoben. Praktisch werden sie jedoch etwa oberhalb des Maximums der Kurve nach Bild 6.34 im Decoder unterdrückt.)

7 Videotext – Prüfzeilen – VPS (Video-Programm-System)

7.1 Nutzung leerer Fernsehzeilen

Die Signalübertragung beim Fernsehen wurde geprägt von Techniken, die bei der breiten Einführung des Fernsehens verfügbar waren. So hatte die im Empfänger auch heute noch meist verwendete Bildröhre Einfluß auf die Übertragungstechnik. Sie benötigt für den horizontalen und den vertikalen Rücklauf des Elektronenstrahls einen recht großen Zeitanteil. Aus diesem Grunde werden nach den V-Impuls-Blöcken jeweils Zeilen ohne Videoinformation gesendet (vgl. Gl. (1.8)). Bei SECAM benutzt man einige dieser Zeilen zur Übertragung der Identifikationssignale (Kapitel 6.4.2). Bei allen Systemen verbleiben aber noch einige Zeilen ohne Bildsignal (Leerzeilen). Sie können heute sehr gut für zusätzliche Dienste genutzt werden. Bild 7.1 gibt Auskunft über die Belegung der Zeilen im V-Bereich.

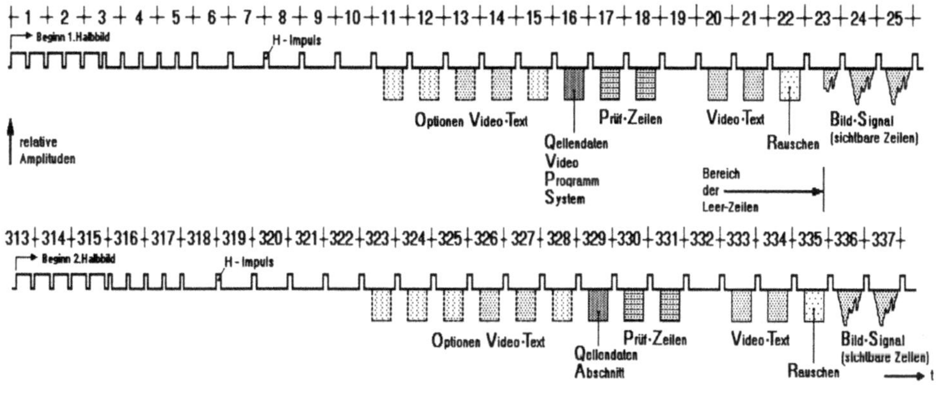

Bild 7.1 FBAS-Signal im Bereich des V-Rücklaufs (CCIR B,G DBP Telekom)

Die wichtigsten Dienste sind: **Videotext** (Fernsehtext), **Prüfzeilen** und Video-**P**rogramm-System (**VPS**). Außerdem werden Informationen über Programmquelle (Senderkennung), Programminhalt (Testbild o.a.), Tondaten (Stereo, Mono u.a.) sowie Meß- und Steuerdaten zum Betrieb der Fernsehnetze übertragen. Man benutzt dafür analoge und auch digitale Signale. Tabelle 7.1 gibt einen Überblick über die Nutzung der Leerzeilen im Bereich der Deutschen Bundespost Telekom (DBP Telekom).

Zeile (Halbbild)		Verwendung	analog/digital
6 - 22 319 - 335	(1) (2)	Leerzeilen insgesamt	
20, 21 333, 334	(1) (2)	Videotext (Fernsehtext) Standardzeilen	digital
17, 18 330, 331	(1) (2)	Prüfzeilen	analog
22, 335	(1,2)	Rauschen	analog
16	(1)	Quellendaten/VPS	digital
329	(2)	Quellendaten/ Meß-, Melde-, Steuerdaten	digital

Tabelle 7.1 Nutzung der Leerzeilen (CCIR B,G DBP Telekom)

Im Vertikalbereich wird das Fernsehbild (CCIR B,G) je Halbbild für insgesamt für 25 Zeilen ausgetastet (dunkle, unsichtbare Zeilen). Im ersten Halbbild erstrecken sich die Nachtrabanten bis in die Zeile 5, im zweiten Halbbild bis in die Zeile 318. Die verfügbaren Leerzeilen beginnen ab Zeile 6 bzw. 319. Es verbleiben je Halbbild 17 ganze Leerzeilen, die für zusätzliche Dienste genutzt werden können.

Die Leerzeilen sind mit den Anwendungen der Tabelle 7.1 nicht ausgeschöpft. Weitere Zeilen können für zusätzliche oder erweiterte Dienste herangezogen werden. So können die zusätzlichen Leerzeilen 11-15 und 323-328 für Videotext benutzt werden (vgl. Bild 7.1 (Option Video-Text)). Von Interesse ist auch die Nutzung zur Übertragung hochwertiger digitaler Toninformationen. So überträgt das Verfahren Compressed Multisound (COM [A.01]) komprimierte digitale Tonsignale in Leerzeilen (Zeile 19, 332).

7.2 Videotext

7.2.1 Allgemeine Parameter

Videotext (Fernsehtext) ist ein reiner Verteildienst. Die Informationen werden mit dem Fernsehprogramm mitgeliefert. Übertragung und Darstellung auf dem Bildschirm erfolgen seitenweise. Jede Videotextseite besteht aus

- 24 Zeilen/Seite und
- 40 Zeichen/Zeile.

Es können alphanumerische und grafische Zeichen dargestellt werden. In der ersten Zeile jeder Seite werden stets zusätzliche Zeichen für Seitenkennung u.a. übertragen. Die Anzahl der maximal darstellbaren Zeichen ist daher in der Anfangszeile auf 32 reduziert (s. Kapitel 7.2.3). Auch Steuerzeichen innerhalb einer Zeile (z.B. Farbe, Blinken o.a.) verringern die Anzahl der darstellbaren Zeichen.

Der Benutzer kann die gewünschten Seiten auswählen, er kann aber keinen Dialog (wie bei Bildschirmtext) führen. Sämtliche Informationen des Videotextsystems werden nacheinander gesendet. Es kommt dadurch leicht zu großen Wartezeiten. Die Anzahl zyklisch angebotener Seiten muß daher recht klein gehalten werden (ca. 100 Seiten/Zyklus). Die Zugriffszeit kann nur durch speziell organisierte Seitenfolgen und große Speicher im Videotext-Decoder verkleinert und damit das Seitenangebot vergrößert werden (s. Kapitel 7.2.4).

Die Zeichen werden auf dem Bildschirm punktweise dargestellt, typisch ist eine 12 x 20-Matrix mit 12 Punkten horizontal und 20 Punkten (Fernsehzeilen) vertikal (s. Bild 7.2).

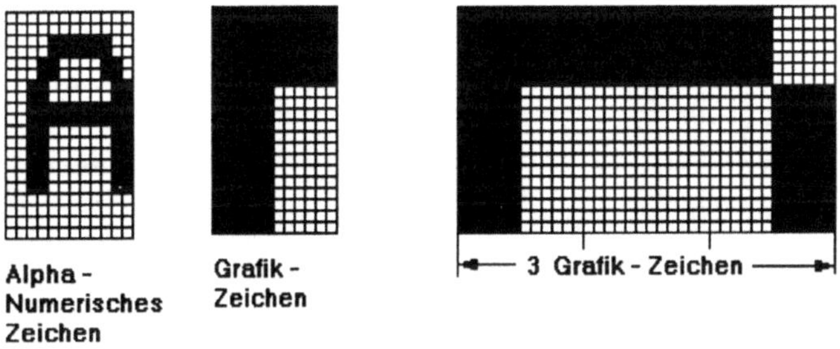

Bild 7.2 Zeichendarstellungen in einer Matrix 12 x 20

Jeder Punkt entspricht einem Farbtripel (roter-, grüner- und blauer Punkt) innerhalb einer Fernsehzeile. Mit 575 sichtbaren Fernsehzeilen (625 Z/B CCIR B,G) und 24 Zeichenzeilen/Seite sind

- 20 Fernsehzeilen/Zeichen

möglich (rechnerisch bis zu 23 Fernsehzeilen/Zeichen). Bei alphanumerischen Zeichen (Text) sind darin auch die horizontalen und vertikalen Zwischenräume zwischen den Zeichen enthalten. Grafische Zeichen gehen jedoch prinzipiell bis an die Ränder der Matrix, damit bei ihrer Aneinanderreihung geschlossene Kurvenzüge gebildet werden können.

7.2.2 Zeichencodierung und Zeichenvorrat

Videotextzeichen werden mit

- 8 Bit/Zeichen

codiert (7 Bit plus Prüfbit). Der damit verfügbare Zeichenvorrat von 128 Zeichen wird in zwei Bereiche aufgeteilt:

- 32 Steuerzeichen (s. Bild 7.3)
- 96 darstellbare Zeichen
  im Basissystem umschaltbar zwischen

(1) 96 alphanumerischen Zeichen wie Buchstaben, Ziffern, Sonderzeichen (s. Bild 7.4)

(2) 96 grafischen Zeichen wie 64 Mosaikgrafik-Zeichen und 32 Großbuchstaben/Sonderzeichen (s. Bild 7.4)

b_3	b_2	b_1	b_0	b_6 b_5 b_4 = 0 0 0	b_6 b_5 b_4 = 0 0 1
0	0	0	0	NUL [1]	DLE [1]
0	0	0	1	Alpha Rot	Mosaik Rot
0	0	1	0	Alpha Grün	Mosaik Grün
0	0	1	1	Alpha Gelb	Mosaik Gelb
0	1	0	0	Alpha Blau	Mosaik Blau
0	1	0	1	Alpha Magenta	Mosaik Magenta
0	1	1	0	Alpha Cyan	Mosaik Cyan
0	1	1	1	Alpha Weiß [2]	Mosaik Weiß
1	0	0	0	Blinken ein	verdeckt [4]
1	0	0	1	Blinken aus [2,3]	Grafik verbunden
1	0	1	0	Einblendfeld Ende	gerasterte Grafik
1	0	1	1	Einblendfeld Anfang	ESC [1]
1	1	0	0	Höhe normal [2,3]	Hintergrund Schw. [5]
1	1	0	1	Höhe doppelt	Hintergrund neu
1	1	1	0	SO [1]	überschreiben [6]
1	1	1	1	S1 [1]	nicht überschreiben [6]

b_0 bis b_6 Bits eines Zeichens

b_0 LSB (niedrigst wertiges Bit)

Steuerzeichen für alphanumerische (Alpha) und Mosaikgrafik - Zeichen (Mosaik)

1 im Basissystem wirkungslos
2 Grundzustand zu Beginn jeder Zeile
3 Wirkung bereits im Feld des Steuerzeichens
4 verdeckte Wiedergabe (Aufgabenlösungen u.a.)
5 Hintergrund Schwarz Grundzustand
6 überschreibende / nicht überschreibende Grafik

Bild 7.3 Videotext Steuerzeichen (Basissystem)

Mit den Steuerzeichen können Attribute, aber auch der Zeichensatz umgeschaltet werden. Neben den angesprochenen umschaltbaren Zeichensätzen ist mit dem Befehlszeichen „gerasterte Grafik" an eine Umschaltung des Übertragungsmodus auf die Übertragung von Punktgrafiken vorgesehen (Faksimile-Betriebsweise).

Im Mosaik-Grafik-Zeichensatz sind neben den grafischen Zeichen Großbuchstaben untergebracht. Die Großbuchstaben befinden sich schon im alphanumerischen Zeichensatz. Man kann durch die Unterbringung der Großbuchstaben im Mosaik-Grafik-Zeichensatz innerhalb einer grafischen Darstellung ohne Zeichensatz-Umschaltung Beschriftungen vornehmen. Dies ist sehr zweckmäßig, da ja auch Steuerzeichen (für die Umschaltungen) innerhalb einer Videotextzeile je einen leeren Zeichenplatz einnehmen.

Der Zeichenvorrat nach Bild 7.4 entspricht dem gegenwärtigen Gebrauch im deutschsprachigen Raum. Damit lassen sich aber viele Zeichen anderer Sprachen nicht darstellen.

Allein für alle Sprachen mit lateinischen Buchstaben sind insgesamt 330 alphanumerische Zeichen erforderlich [7.15]. Dazu kommt noch der Bedarf an erweiterten Grafikdarstellungen. Man hat daher weitere Ausbaustufen (Level) vorgesehen.

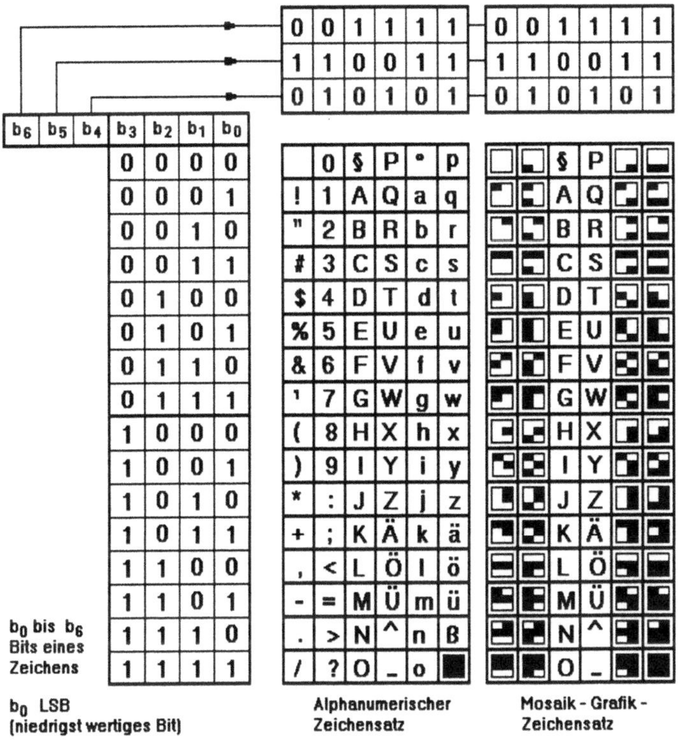

Bild 7.4 Alphanumerischer und grafischer Videotext-Zeichenvorrat (Basissystem)

Level 2 soll alle 330 alphanumerischen Zeichen erschließen.

Level 3 soll die freie Definition von Zeichen zulassen (DRCS = *Dynamically Redefinable Character Set*). Für solche Zeichen werden dem Decoder vorab die Beschreibungen gesendet. Es handelt sich dabei um die Übermittlung der Punkte der Zeichenmatrizen (z.B. 12 x 10 Punkte) und um Farbattribute. Der Decoder behandelt dann die DRCS-Zeichen genauso wie die fest definierten.

Level 4 (*Geometrik-Mode*) erfordert einen aufwendigen Decoder. Er verfügt über einige grafische Grundelemente wie Kreis und Linie, deren Größe, Farbe und Position über Befehlszeichenfolgen beschrieben werden können.

Level 5 (*Photographic-Mode*) soll die Faksimile-Übertragung einer ganzen farbigen Bildseite ermöglichen. Die Übertragungszeit für ein ganzes Bild liegt dann allerdings bei 120 s. Die Anwendung von datenreduzierenden Codern und Decodern könnte hier zu akzeptablen Zeiten führen. Gegenwärtig sind die Kosten dafür jedoch noch so enorm hoch, daß deren Einsatz nicht zu erwarten ist. Datenreduzierende Codecs sind im Bereich

Bildtelefon von großer Bedeutung. Erst wenn sie sich auf diesem Feld etabliert haben, kann ein Einsatz bei Videotext erwartet werden.

7.2.3 Übertragungsverfahren und Rahmenaufbau

Videotext nutzt im einfachen Standard die Fernsehzeilen 20, 21 und 333, 334 (s. Tabelle 7.1). Zusätzlich stehen die Zeilen 11-15 und 323-328 zur Verfügung (CCIR B,G DBP Telekom). Die Übertragung erfolgt binär im NRZ-Code (*No* ***Return*** *to* ***Zero***) mit einer Schrittgeschwindigkeit nach Gl. (7.1).

$$v_{SVT} = 444 \cdot f_H) \quad \text{(CCIR G,B)} \tag{7.1a}$$
$$v_{SVT} = 6{,}9375 \text{ MBd}) \quad \text{(CCIR G,B)} \tag{7.1b}$$

mit

v_{SVT} = Schrittgeschwindigkeit Videotext
v_{SVT} = $1/T_{SVT}$
T_{SVT} = Schrittdauer Videotext
f_H = 15,625 kHz, Zeilenfrequenz

Wegen der binären Codierung ist die Bitrate gleich der Schrittgeschwindigkeit (s. Gl. (7.2)).

$$f_{BitVT} = v_{SVT} \text{ (binäre Codierung)} \tag{7.2a}$$
$$f_{BitVT} = 6{,}9375 \text{ Mbit/s (CCIR B,G)} \tag{7.2b}$$

mit

f_{BitVT} = Bitrate (Bitfolgefrequenz) Videotext
v_{SVT} = Schrittgeschwindigkeit Videotext (Gl. (7.1))

Die Zuordnungen der logischen Zustände zu den relativen Amplitudenwerten des BAS-Signals (Synchronimpulse: 1,00) lauten:

- log 1 : 0,32 (ca. 70% Weißwert)
- log 0 : 0,73 (Schwarzwert)

Die NRZ-Codierung benötigt relativ wenig Bandbreite. Theoretisch genügt hier eine Bandbreite von $0{,}5 \cdot v_{SVT}$, mithin ca. 3,5 MHz. Sie wird auch etwa auf diesen Wert begrenzt. Die NRZ-Signale werden dabei einer Impulsformung unterworfen. Angaben zu Spektrum, Filterung und Impulsformung sind in der Literatur [7.15] zu finden.

Auf dem Fernsehschirm werden bis zu 40 Zeichen/Zeile dargestellt. Zu den 40 Zeichen je Zeile kommen noch 5 Synchronisations- und Kennungs-Zeichen bei der Übertragung hinzu. Diese 45 Zeichen werden jeweils während einer Videotext-Fernsehzeile übertragen. Dabei besteht jedes Zeichen aus 8 Bit (Byte).

- 45 Bytes/Zeile (CCIR B,G)
- 360 Bit/Zeile (CCIR B,G)

Unter Verwendung der Gl. (7.1b) ergeben sich mit 360 Bit/Zeile ca. 52µs. Das entspricht in etwa der Zeit einer sichtbaren Fernsehzeile (Gl. (1.8c)).

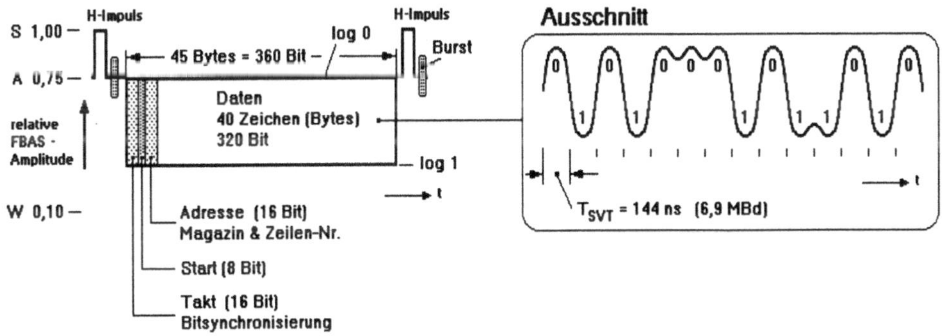

Bild 7.5 FBAS der Videotext-Zeilen

Bild 7.5 zeigt das FBAS-Signal einer Videotext-Fernsehzeile. Die Übertragung der Videotextinformation einer Zeile (auch Reihe genannt) beginnt stets mit der Bitsynchronisierung (Takt: 1-0-Folge). Es folgt die Rahmen-Synchronisation (Start). Das Start-Byte besitzt ein festes Bitmuster, mit dessen Hilfe der Decoder im Fernsehempfänger die Zuordnung der Bits zu den Bytes (Byte-Synchronisation) vornimmt. Bild 7.6 zeigt den gesamten Rahmenaufbau einer Videotext-Zeile.

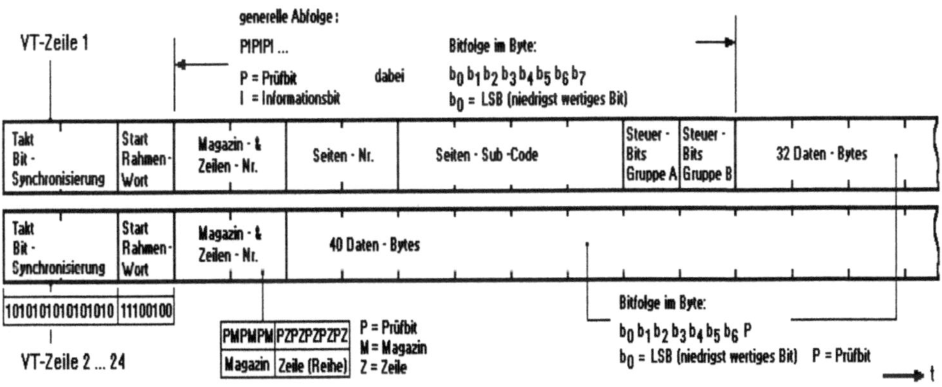

Bild 7.6 Rahmenaufbau der Videotext-Zeilen

Die Bytes 4 und 5 des Videotext-Rahmens beinhalten die Magazin- und Videotextzeilen-Nummer, wobei 3 Bit für Magazin- und 5 Bit für Zeilen-Nummer (Reihen-Adresse) zugeordnet sind.

Magazine sind Themenbereiche wie Sport, Aktuelles. Sie stellen hier einen wichtigen Ordnungsbegriff dar. So können einer Magazin-Nummer viele Seiten ($\leq$ 100) zugeordnet sein. Dies ist z.B. bei der Speicherung von Bildschirmseiten im Videotext-Decoder wichtig. Man kann dadurch inhaltlich zusammenhängende Seiten vorsorglich abspeichern, da deren Aufruf am ehesten zu erwarten ist (Kapitel 7.2.4). Es können bis zu 8 Magazine (3 Bit binär) gebildet werden.

Mit der Zeilen-Nummer lassen sich 32 Videotextzeilen (5 Bit binär) adressieren. Benötigt werden 24 Zeilennummern. Die überzähligen Nummern beabsichtigt man, für weitere Steuerzeichen (ab Level 2, Kapitel 7.2.2) zu verwenden.

Magazin- und Zeilen-Nummer sind sehr wichtig. Eine fehlerhafte Übertragung würde zu Gruppenfehlern führen (z.B. eine Videotextzeile insgesamt falsch). Aus diesem Grunde sind sie besonders gesichert (Hamming-Code). Es ist jedem Informationsbit ein Prüfbit vorangestellt. In Summa werden somit insgesamt 16 Bits benötigt. Tritt ein einzelner Bit-Fehler auf, so kann er aufgrund dieser Codierung erkannt und sogar korrigiert werden.

Eine Besonderheit stellt die erste Videotextzeile (Kopfreihe) dar. Hier werden zusätzlich noch weitere 8 Bytes für generelle Daten wie die Seiten-Nummer verwendet. Dazu gehört auch der Seiten-Subcode, mit dem z.B. Mehrfachseiten gekennzeichnet werden. Die Anzahl der darstellbaren Zeichen (Daten) reduziert sich hier auf 32 Zeichen. Darüberhinaus werden auch noch Zeichenpositionen für generelle Informationen wie Datum/Uhrzeit benutzt.

7.2.4 Wartezeiten und Zugriffsstrategien

Mit jedem Halbbild (HB) werden im einfachsten Fall nur zwei Videotextzeilen (Standard) übertragen. Somit wird pro Videotextseite (24 Zeilen) bei 50 HB/s die folgende Zeit benötigt:

- 0,24 s/Seite (50 HB/s CCIR G,B 2 Videotextzeilen/Halbbild)

Bei einem 250-Seiten-Zyklus sind das bereits 60 s. Dies ist natürlich für den Zuschauer eine inakzeptabel lange Wartezeit. Besonders unangenehm wäre es, so lange auf die Übersichtsseite warten zu müssen. Zur Reduzierung der Wartezeit nutzt man daher möglichst weitere Leerzeilen (Option Video-Text in Bild 7.1, Zeilen 11-15 und 323-328). Darüberhinaus werden diverse Verfahren zur Verringerung der Zugriffszeiten angewandt:

(1) Die Übersichtsseite wird mehrfach in den Sendezyklus aufgenommen. Sie wird in einem Durchlauf aller Seiten wiederholt untergebracht (z.B. alle 20 Seiten). Diese Technik kann natürlich auch für andere Seiten angewandt werden. Allerdings muß sie auf wenige Seiten beschränkt bleiben.

(2) Einige Videotextseiten werden im Videotext-Decoder des Fernsehempfängers nach Wahl des Benutzers gespeichert. Die Seiten-Nummern werden manuell eingegeben. Der Decoder speichert die Seiten (z.B. 8 Seiten) und aktualisiert ständig deren Inhalt im Speicher.

(3) Eine sendeseitig geführte Vororganisation der Seiten nach Themenkreisen wird vorgenommen. Der Decoder speichert prophylaktisch mehrere inhaltlich zusammengehörige Seiten (z.B. Folgeseiten, Magazine).

    Es sind zwei Verfahren verbreitet: TOP (*Table of Pages*, Deutschland) und FLOF (*Full Level One Feature*, Großbritannien u.a.).

    Bei TOP wird das gesamte Videotext-Angebot hierarchisch in Blöcke (Nachrichten, Sport u.a.) aufgeteilt, die wiederum in Gruppen unterteilt sind (z.B. für den Block Sport: Fußball, Ski u.a.). Die Ordnungskriterien werden in gesonderten Seiten übertragen (*Tables of Pages*). Es sind zusätzliche Videotextseiten, die vom Benutzer nicht sichtbar gemacht werden können. Sie beinhalten ausschließlich Daten für den Videotext-Decoder.

Die zusätzlichen Seiten enthalten vier TOP-Tabellen mit folgendem Inhalt:

* Liste (Basic-TOP) aller zyklisch gesendeten Seitennummern (Normal-, Block-, Gruppen,- Untertitelseiten u.a.)
* Liste (Page-Linking-Table) mit Seitennummern weiterer TOP-Tabellen (zusätzliche TOP-Tabellen, Zusatzinformationen)
* Liste (Multipage-Table) mit Nummern aller im Zyklus mehrfach übertragenen Seiten und deren Seitenanzahl
* Liste (Additional-Information-Table) mit Seitennummern und den dazugehörigen Zusatzinformationen (z.B. als Text)

Bei FLOF werden in der „Geisterzeile“ 27 (von 32 adressierbaren Zeilen werden nur 24 dargestellt) die Seitennummern von vier thematisch verbundenen Seiten übertragen. Der Decoder speichert danach prophylaktisch die inhaltlich verbundenen Seiten. Jede dieser Seiten kann wieder eine „Geisterzeile“ mit weiteren Nummern beinhalten. Man kann dadurch ein themenrelevante Baumstruktur übermitteln, nach der der Decoder Seiten prophylaktisch sofort abrufbar speichert.

(4) Die Speicherung sehr vieler Videotextseiten im Decoder wird realisiert.

Diese Technik erfordert einen großen Datenspeicher. Bei mehr als 1 KB/Seite und 200 zu speichernden Seiten ist eine Speicherkapazität von mehr als 200 KB erforderlich. Dies kann heute preiswert realisiert werden. Zusätzlich können Benutzergewohnheiten ausgewertet werden und die sendeseitig gekennzeichneten Seitenvernetzungen innerhalb der 8 Magazine für eine Speicherbelegung ausgewertet werden [7.15]. Dadurch sind im praktischen Gebrauch bis zu 8 x 100 Videotextzeilen möglich.

7.2.5 Bildschirmtext und Videotext

Zwischen Bildschirmtext (BTX) und Videotext gibt es Berührungspunkte. Die Daten von BTX können auch auf dem Bildschirm des Fernsehempfängers dargestellt werden. Ebenso kann die Fernsteuerung des Fernsehgerätes als einfache Tastatureingabe für BTX ausgebildet sein. Die Aufbereitung der Daten im Fernsehempfänger unterscheidet sich nur wenig. Aus diesem Grunde wurden kombinierte Decoder entwickelt.

Zwischen Videotext und BTX bestehen aber auch gravierende Unterschiede:

- BTX ist ein Dialogsystem. Die Daten werden nicht zyklisch angeboten. Der Benutzer steuert die Suche. Er kann Daten aus umfangreichen Datenbanken abrufen (z.B. Fahrplanauskunft) oder aber Daten absenden (z.B. Bestellungen aufgeben).
- Die BTX-Information wird nicht mit dem Fernsehsignal gesendet. Die Übertragung erfolgt im Fernsprechwählnetz (künftig ISDN).
  Es werden Modems mit 1200/75 bit/s, 1200/1200 bit/s oder 2400/2400 bit/s verwandt. Die erste Bitrate betrifft dabei die Datenübertragung zum Teilnehmer, die zweite vom Teilnehmer zum BTX-Knoten (BTX-Vermittlungs-Stelle).

7.2.6 Videotext-Decoder

Bild 7.7 zeigt das Blockbild eines Videotext-Decoders mit BTX-Erweiterung.

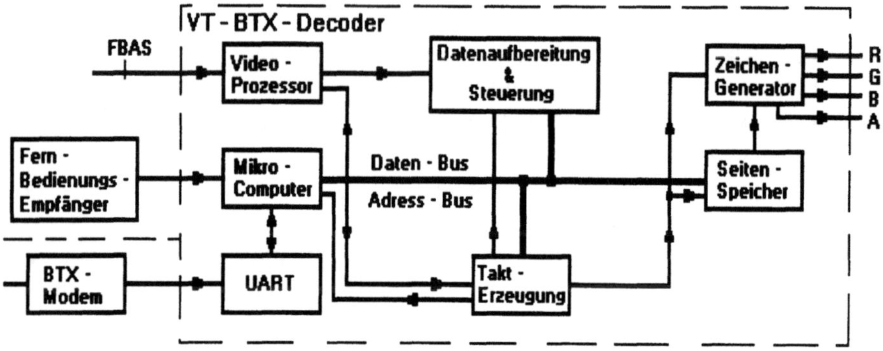

Bild 7.7 Blockbild Videotext-Decoder mit BTX-Erweiterung

Das FBAS-Signal gelangt zum Videoprozessor. Er löst die Videotext-Daten heraus und gibt sie zum Block Datenaufbereitung und Steuerung weiter. Zwischen dem Videotexttakt (6,9375 MHz) und der Zeilenfrequenz (15,625 kHz) wird eine phasenstarre Verkopplung sichergestellt. Sie ist nicht zuletzt wegen der Videotextdarstellungen auf Fernsehbildhintergrund zweckmäßig.

Der Zeichengenerator generiert die einzelnen Farbpunkte (Rasterpunkte) der Zeichen. Er muß hier neben den Videotextzeichen zusätzlich die BTX-Zeichen bilden können (zusätzlicher Zeichenspeicher). Für die Generierung der Rasterpunkte erhält er von der Taktsteuerung Zeilen- und Halbbildsignale sowie den Rastertakt (Punkttakt). Die Daten des jeweils darzustellenden Zeichen werden aus dem Seitenspeicher geliefert.

Für den BTX-Anschluß ist zusätzlich eine UART-Einheit (***U**niversal **A**synchronous **R**eceiver/**T**ransmitter*) erforderlich. Sie übernimmt im wesentlichen die Umwandlung der seriellen Daten in parallele und umgekehrt. Meist ist sie Bestandteil des Mikrocomputers.

Es gibt komplette, integrierte Decoderbausteine. Sie erhalten in Fernsehempfängern mit digitaler Aufbereitung die Videotext-Information bereits in digitaler Form.

7.3 Prüfzeilensignale

Nach dem vom CCIR festgelegten Prüfzeilenverfahren werden in den Zeilen 17, 18, 330, 331 Signale zur Messung und Überwachung der FBAS-Übertragung (Übertragungsstrecken, Fernsehempfänger) gesendet.

Die Zeit aller Prüfzeilen (CCIR G,B NTSC/PAL) wird hier üblicherweise in 32 Schritte zu 2µs (T_H = 64µs) eingeteilt.

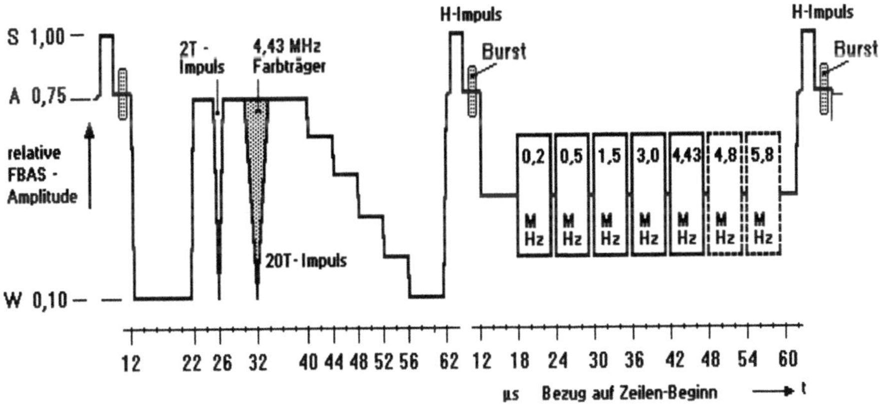

Bild 7.8 Prüfzeilensignal der Zeilen 17 und 18

Das Prüfzeilensignal der Zeile 17 beginnt mit einem Weißimpuls. Der gesendete Weißwert dient als Bezugswert aller Prüfzeilen. Aus seinem Verlauf kann auf die Konstanz der Y-Verstärkung geschlossen werden. So kann man eine unerwünschte Dachschräge (Amplitude nicht konstant) messen. Überschwinger lassen auf Laufzeitfehler schließen (z.B. Gruppenlaufzeitfehler).

Der folgende 2T-Impuls besitzt $\sin^2$-Form. Dessen Halbwertsbreitendauer beträgt nur 200 ns. Die Signalform entspricht der eines einzelnen Bildpunktes. Er wird nur bei einer Bandbreite von minimal 5 MHz voll ausgebildet sein. Auch hier sind Laufzeitfehler an Überschwingern zu erkennen.

Der 20*T*-Impuls enthält den Farbträger (4,43 MHz CCIR B,G). Die $\sin^2$-förmige Hüllkurve besitzt Frequenzen bis 0,5 MHz. Damit kann die Bandbreite des Farbartkanals bis 0,5 MHz kontrolliert werden.

Die folgende Grautreppe besteht aus fünf gleichgroßen Stufen. Sind sie nicht gleich, liegen statische Nichtlinearitäten der Y-Verstärkung vor.

In Zeile 18 werden einem Grauwert (50% Weiß) sinusförmige Signale unterschiedlicher Frequenz überlagert. Damit läßt sich der Amplitudengang im Y-Kanal (0,2 – 4,43 MHz, Studio bis 5,8 MHz) messen.

Die Prüfzeile 330 (Bild 7.9) entspricht der Zeile 17. Es wird jedoch das Farbträgersignal (4,43 MHz CCIR B,G) mit definierter Amplitude und Phase der Grautreppe überlagert. Mit ihrer Hilfe können differentielle Phasen- und Amplitudenfehler (Farbton- und Farbsättigungsfehler) bestimmt werden. Diese Fehler treten ja in Abhängigkeit von der Aussteuerung durch das Y-Signal auf.

In der Zeile 331 wird einem Grauwert (50% Weiß) das Farbträgersignal mit großer Amplitude überlagert. Es können Nichtlinearitäten im Bereich der Farbträgerfrequenz aufgespürt werden. Sie äußern sich in einer Verschiebung der mittleren Spannung (Grauwertverschiebung) durch das Farbträgersignal.

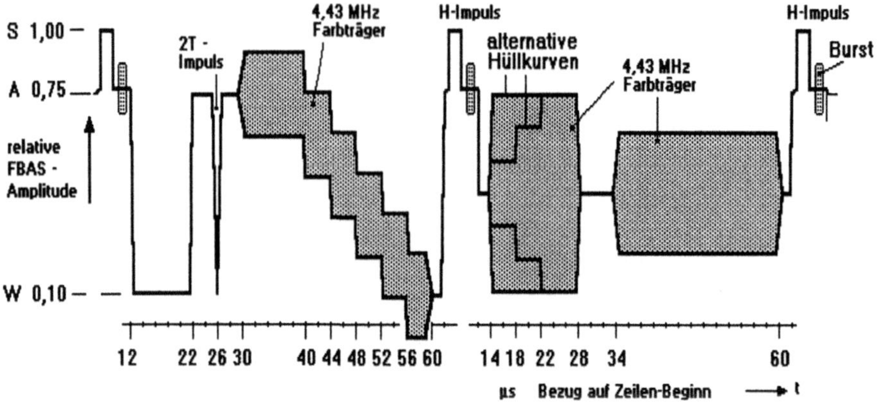

Bild 7.9 Prüfzeilensignal der Zeilen 330 und 331

Die Messungen und Kontrollmöglichkeiten mittels Prüfzeilen sind in der Tabelle 7.2 zusammengefaßt. Außer den Prüfzeilen-Messungen können in den leeren Zeilen 22, 335 Rauschmessungen vorgenommen werden.

Selbstverständlich können Fernsehempfänger auch ohne Zuhilfenahme der Prüfzeilensignale unter Benutzung der Testbildsendungen überprüft und eingestellt werden. Allerdings sind die Messungen und die Justage eingeengt und weniger exakt.

Zeile	Luminanz-Kanal (Y)	Chrominanz-Kanal (F)
17	• Bezugspegel Weiß • Konstanz der Verstärkung • Einschwingverhalten • Bandbreite 5 MHz • Linearität statisch	• Bandbreite 0,5 MHz
18	• Amplitudengang 0,2 - 4,43 (4,8) MHz Studio: bis 5,8 MHz	
330	s. Zeile 17	• differentielle Phasenfehler (Farbton) • differentielle Amplitudenfehler (Farbsättigung)
331	• Nichtlinearitäten im Bereich der Farbträgerfrequenz von 4,43 MHz	

Tabelle 7.2 Messungen und Kontrolle mittels Prüfzeilen (CCIR G,B PAL)

7.4 Video-Programm-System (VPS)

7.4.1 Übertragungsverfahren

In der Fernsehzeile 16 (CCIR 625 Z/B) werden u.a. die VPS-Daten übertragen. Mit ihrer Hilfe kann ein VPS-Decoder in einem Videorecorder automatisch die Aufnahme einer Sendung steuern. Dabei spielt es keine Rolle, ob die Sendung auch tatsächlich zur angekündigten Zeit beginnt. Der Recorder wird in jedem Fall nur die gewünschte Sendung aufzeichnen.

Die Datenzeile 16 besteht aus 15 Worten zu je 8 Bit (Bytes):

- 15 Bytes/Zeile,
- 120 Bit/Zeile.

Die Daten werden in *Bi-Phase*-Codierung übertragen. Den beiden Zuständen (0/1) sind binäre Codeelemente zugeordnet, die sich durch ihre Flanken unterscheiden.

Die Bitrate ist nach Gl. (7.3) festgelegt.

- $f_{BitVPS} = 2{,}5$ MBit/s (7.3)

Gl. (7.3) ergibt mit 120 Bit/Zeile ein Datenpaket von 48 µs Dauer. In Bild 7.10 sind das Datenpaket und die Bi-Phase-Codierung dargestellt.

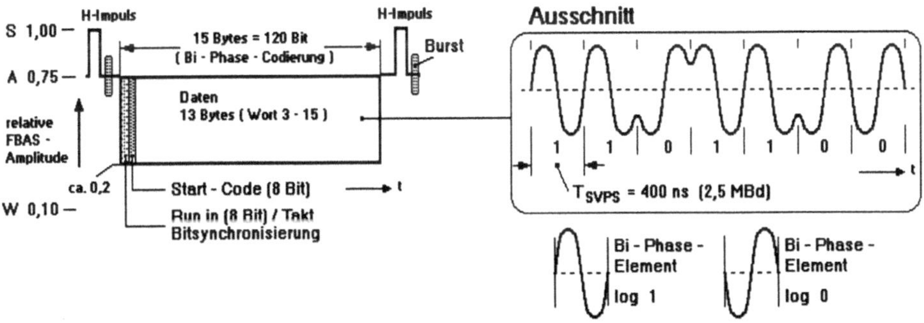

Bild 7.10 Datenpaket Zeile 16 (CCIR B,G) und Bi-Phase-Codierung

Die Taktinformation befindet sich in jedem Binärelement (Flanke). Allerdings kann die Taktphase nicht eindeutig aus dem Datenstrom gewonnen werden. Diese Eindeutigkeit ist lediglich durch die Bitsynchronisierung (Run in) gewährleistet. Bei den kurzen Datenpaketen von 120 Bit ist dies kein Nachteil.

7.4.2 VPS-Daten

Bild 7.11 gibt den Überblick über den Datenrahmen der Zeile 16, in dem auch die VPS-Daten untergebracht sind.

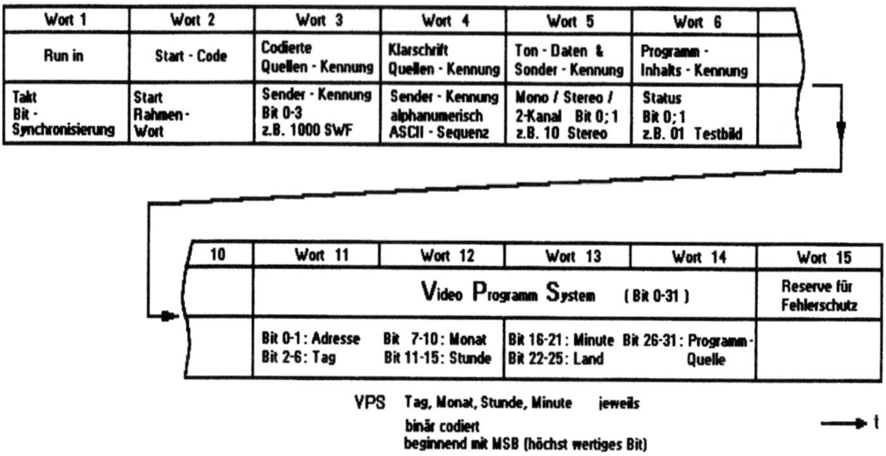

Bild 7.11 Rahmenaufbau der Datenzeile 16 mit VPS

Die Datenübertragung beginnt (wie bei den Videotextzeilen) mit der Bit-Synchronisierung (Run in). Danach kommt das Rahmen-Wort (Start-Code) zur Rahmen-Synchronisation.

Es folgen Daten über die Quelle (Sender). In Wort 4 wird eine Zeichensequenz von 8 ASCII-Zeichen gesendet. Der Anfang dieser Sequenz wird durch ein Bit (MSB = 1) besonders gekennzeichnet. Die 8 Zeichen können im Empfänger als Abkürzung des Senders (Quelle) angezeigt werden.

Die Tondaten (Wort 5) geben Auskunft über Stereo-, Mono- oder Zwei-Ton. Die weiteren Bits können z.B. zur Kennzeichnung von Sprache/Musik, jugendfrei udgl. benutzt werden.

In Wort 6 stehen Daten zum Programm wie Testbild/Programm u.a.

Die Worte 7-10 enthalten betriebsbezogene Daten (Beitrags-Nr. u.a.), Angaben zur Signalverteilung (Ziele, Leitwege) sowie Meldedaten und Befehle. All diese Daten sind für den Zuschauer und die Technik des Fernsehers nicht relevant, sie dienen dem betrieblichen Ablauf der Fernsehverteilung.

Die VPS-Daten umfassen lediglich 4 Bytes (32 Bits).

Tag, Monat, Stunde, Minute sind die angekündigten Datums- und Uhrzeitangaben (Solldaten). Die tatsächliche Sendezeit kann davon abweichen. Der Videorecorder schaltet ein, wenn die vom Benutzer eingegeben Werte mit den VPS-Werten übereinstimmen.

Eine Sendung behält stets alle ihr einmal zugeordneten Werte (Label). Insbesondere ändern sich auch nicht die Datums- und Uhrzeitwerte, wenn die Sendung verspätet ausgestrahlt wird. Der Videorecorder erwartet ja die einmal eingegebenen Daten.

Für die Länderkennung (VPS Bit 22-25) stehen nur 4 Bit zur Verfügung (z.B. Deutschland: 13).

Eine besondere Bedeutung kommt den drei Sondermodi zu:

(1) System-Status
Er wird benutzt, wenn eine Sendung ohne VPS-Label ausgestrahlt wird. Der Recorder muß dann im Schaltuhr-Betrieb laufen. Codierung: Tag = 0; Monat = 15; Stunde = 31; Minute = 63

(2) Leer-Status
Er wird bei Testbildern, Füllprogrammen zwischen zwei Beiträgen gesendet. Codierung: Tag = 0 ; Monat = 15 ; Stunde = 30 ; Minute = 63

(3) Unterbrechungs-Status
Von ihm wird bei Unterbrechungen (z.B. Störung) Gebrauch gemacht. Der Recorder wartet dann auf die Fortsetzung. Codierung: Tag = 0; Monat = 15; Stunde = 29; Minute = 63

In der nachfolgenden Tabelle 7.3 sind alle Bedeutungen der 15 Bytes der Zeile 16 (Bild 7.11) als Übersicht aufgelistet.

Byte-Nummer	Bedeutung
1	Run in (Bittakt-Synchronisierung) Bi-Phase-Einlauffolge
2	Startcode (Rahmen-Synchronisation) spezielle Bi-Phase-Folge
3	Quellenkennung numerisch Sender-Kennung 4 Bit, z.B. 0011 für NDR
4	Quellenkennung Klarschrift (alphanumerisch) Sender-Kennung mit Sequenz von 8 ASCII-Zeichen
5	Tondaten 2 Bit: Mono, Stereo, Zwei-Kanal
6	Inhaltskennung programmbezogen 2 Bit: Programm, Testbild
7	ASCII-Klarschrift betriebsbezogen z.B. Beitrags-Nr., Beitragsdauer
8,9	Leitweglenkung Ziele, Signalverteilung
10	Meldungen, Befehle zu 8,9
11,12,13,14	VPS-Daten (Beitrags-Label) Einzelheiten s. Bild 7.11
15	Reserve für Fehlerschutz

Tabelle 7.3 Bedeutung der Bytes in der Datenzeile 16

7.5 Aufgaben und Lösungen

Im Anschluß an die folgenden Aufgaben finden Sie die zugehörigen Lösungen.

A 7.1 Bei Videotext werde die Rahmen-Synchronisierung (Start) einer Zeile gestört übertragen. Der Decoder erkennt das Startwort nicht richtig. Er besitze auch keine Möglichkeit der Fehlererkennung und Fehlerkorrektur.

Wie wirkt sich die fehlerhafte Rahmen-Synchronisierung auf die darzustellende Videotextseite aus? Wählen Sie aus:

- die ganze Seite wird fehlerhaft dargestellt
- alle Zeichen der gestörten Zeile sind falsch
- nur ein Zeichen der gestörten Zeile ist fehlerhaft
- die Störung bleibt ohne Wirkung

A 7.2 Die Fernsehübertragung sei mangelhaft („Geisterbilder"). Dadurch kommt es bei Videotext zu Bitfehlern. Der Takt (Bitsynchronisierung) und die Rahmen-Synchronisierung (Start) werden vom Decoder jedoch korrekt regeneriert.

Welche Auswirkungen auf die Videotextseite zeigen sich?

A 7.3 Berechnen Sie die Wartezeiten für Videotext (50 HB/s; 24 VT-Zeilen á 40 Zeichen; 2 VT-Zeilen/HB). Es werden 500 Seiten (plus Übersichtsseite) zyklisch angeboten. Die Übersichtsseite wird jeweils nach 20 Seiten eingeschoben (1; 22; 43; ...).

Berechnen Sie die maximale Wartezeit für eine Seite und für die Übersichtsseite. Unterstellen Sie dabei, daß der Decoder die gewünschten Seiten nicht abgespeichert hat (kein Seitenspeicher oder ungeeigneter Speicheralgorithmus).

A 7.4 Das Prüfzeilensignal der Zeilen 17 und 18 (vgl. Bild 7.8) habe nach dem Video-Demodulator eines Fernsehempfängers (s. Bild 6.33) das nachfolgend in Bild 7.12 skizzierte Aussehen.

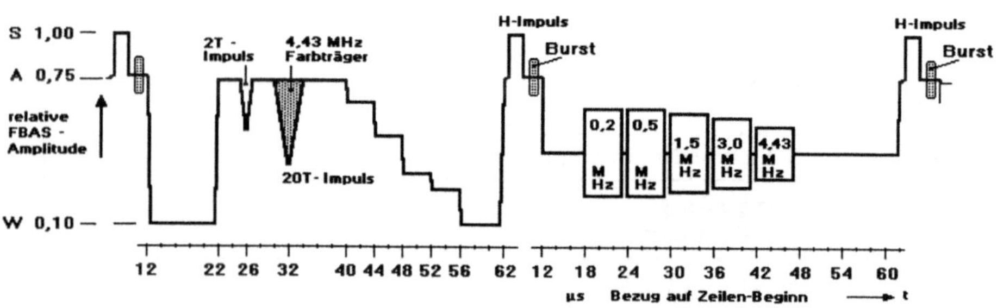

Bild 7.12 Prüfzeilensignale der Zeilen 17 und 18 am Video-Demodulator eines Fernsehempfängers

Auf welche Fehler kann man aus den Signalverläufen der Prüfzeilen schließen?

A 7.5 Die Daten von VPS (Video-Programm-System) werden in *Bi-Phase*-Codierung übertragen (s. Bild 7.10). Der regenerierte Bittakt des Decoders sei fehlerbehaftet: Er ist um eine halbe Periodendauer (200 ns) versetzt.

Wie würde eine binäre Folge ...1111111111... (10 x log1) decodiert? Geben Sie die decodierte Binärfolge an (Anfang bzw. Ende nicht betrachten).

A 7.6 Geben Sie eine Möglichkeit an, Werbung innerhalb einer VPS-Sendung gesondert zu kennzeichnen.

L 7.1 Der Decoder ordnet die Bits falsch zu. Dadurch sind alle Zeichen der gestörten Zeile falsch.

L 7.2 Einzelne Zeichen sind falsch. Erkennt der Decoder Zeichenfehler (durch Paritätsprüfung), so kann er diese Zeichen besonders kenntlich machen (Sonderzeichen o.a.), oder er übernimmt diese Zeichen ggf. aus der vorangegangenen Übertragung dieser Seite (alte Zeichen werden nicht durch fehlerhafte Zeichen ersetzt).

L 7.3 Übertragungsdauer einer Seite: 24 Zeilen/Seite/(2 Zeilen/HB) =
12 HB/50 HB/s = 0,24 s/Seite
Anzahl der Seiten je Zyklus: (1+20)·500/20 = 525 Seiten

Im ungünstigsten Falle hat gerade die Übertragung der Seite begonnen, die ausgewählt wird. Bis zum vollständigen Aufbau der Seite muß dann die Dauer der Übertragung des ganzen Zyklus plus die Übertragungsdauer der gewünschten Seite abgewartet werden.

Für die maximale Wartezeit sind daher 526 Seiten (525+1) zu berücksichtigen.

Maximale Wartezeit : 526 Seiten·0,24 s/Seite = ca. 126 s
Maximale Wartezeit für die Übersichtsseite: 21 Seiten·0,24 s/Seite = ca. 5 s

L 7.4 Der 2*T*-Impuls der Zeile 17 ist nicht voll ausgebildet: Die Bandbreite des ZF-Verstärkers (Tuner und ZF-Verstärker) und/oder die des Video-Demodulators ist zu gering. Die Graustufen (Zeile 17) besitzen ungleiche Stufenhöhen: Es liegen Nichtlinearitäten vor.

Der Abfall der Amplitude ab 1,5 MHz (Zeile 18) läßt auf zu geringe Bandbreite schließen. Dies ist auch für 4,43 MHz am nicht voll ausgebildeten 20T-Impuls (Zeile 18) erkennbar.

L 7.5 Die Binärfolge (10 x log1) wird etwa als sinusförmiger Burst mit 10 Perioden übertragen. Der Decoder interpretiert bei dem Taktversatz eine Folge von log0 (...000000000...).

L 7.6 Tag, Monat, Stunde und Minute werden binär mit 5, 4, 5 und 6 Bit gekennzeichnet. Alle überzähligen Zeichen können für Sondermodi (incl. der bereits festgelegten) verwendet werden:

- Tag : 0
- Monat : 0, 13-15
- Stunde: 24-31
- Minute: 60-63

Für die Kennzeichnung von Werbung könnte man z.B. verwenden:
Tag = 0 ; Monat = 13 ; Stunde = 25 ; Minute = 61 .

8 Kabel-Fernsehen

8.1 Örtliche Kabel-Verteilnetze

Kabelfernsehen ist ein Fernseh- und Rundfunk-Verteildienst, bei dem die Sendungen über Kabel zum Fernseher gelangen. Die nachfolgenden Ausführungen beziehen sich auf den Bereich der Deutschen Bundespost Telekom (DBP Telekom). Kabelfernsehen wird hier auch als kabelgebundene **B**reitband-**K**ommunikation (BK) für Fernsehen und Rundfunk bezeichnet. Im örtlichen Bereich bis zum Hausanschluß (Übergabepunkt genannt) spricht man vom örtlichen BK-Verteilnetz (Netzebene 3 des nationalen BK-Netzes). Vom Übergabepunkt aus werden die Fernsehsignale in privaten Hausverteilanlagen bis zu den Fernsehgeräten weitergeleitet (Netzebene 4).

8.1.1 Netzstrukturen und Netzausdehnungen

Kennzeichnend für Kabelfernsehen (BK Netzebene 3) ist die gleichzeitige Übertragung vieler breitbandiger Fernsehkanäle über ein Kabel (z.B. 30 Kanäle á 7 MHz oder 8 MHz). Dadurch kommt man insgesamt zu sehr großen Bandbreiten (ca. 300-500 MHz). Für derartig breitbandige Übertragungen kommen nur hochwertige Koaxialkabel oder Glasfaserkabel in Betracht.

Die jetzigen BK-Netze sind mit Koaxialkabeln realisiert. Auf den Kabeln werden analoge, amplitudenmodulierte Fernsehsignale (AM) übertragen. Die Verteilnetze (BK Netzebene 3, Ortsbereich) besitzen **Baumtopologie** mit vier Ebenen:

- A-Ebene aktiv (Verstärker, Abzweiger)
- B-Ebene aktiv (Verstärker, Abzweiger)
- C-Ebene passiv (Verteiler , Abzweiger)
- D-Ebene passiv (Verteiler , Abzweiger)

In Bild 8.1 ist die Netzstruktur skizziert.

Die Verteilung beginnt an der Kopfstation (BK-Verstärkerstelle) mit der Speisung der A-Leitungen. In ihrem Verlauf sind weniger als 20 Verstärker bei einem Abstand von ca. $\leq$ 400 m (Kabel abhängig) zulässig. Die Länge einer A-Leitung ist somit auf ca. 8 km (typ. 6 km) begrenzt. Geht man von mehreren, jeweils in entgegengesetzter Richtung verlaufenden A-Leitungen aus, kommt man zu dem typischen Durchmesser eines einzelnen Versorgungsgebietes von nur 12 km.

Der Grund für die Begrenzung liegt letztlich in der recht hohen Kabeldämpfung. Sie führt zu geringen Verstärkerabständen. Die Anzahl der hintereinander geschalteten Verstärker muß andererseits klein gehalten werden, da mit jedem Verstärker das Rauschen und die Verzerrungen des analogen Signals zunehmen. Bei der Vielzahl der Kanäle spielen außerdem die Nichtlinearitäten der Verstärker eine große Rolle. Es treten insbesondere Kreuzmodulationseffekte auf: Dies bedeutet Modulationsübernahmen von fremden Modulations-Signalen auf den Träger des gerade empfangenen Kanals. Sie müssen sehr klein gehalten werden und begrenzen ebenfalls die Anzahl der maximal kaskadierbaren Verstärker.

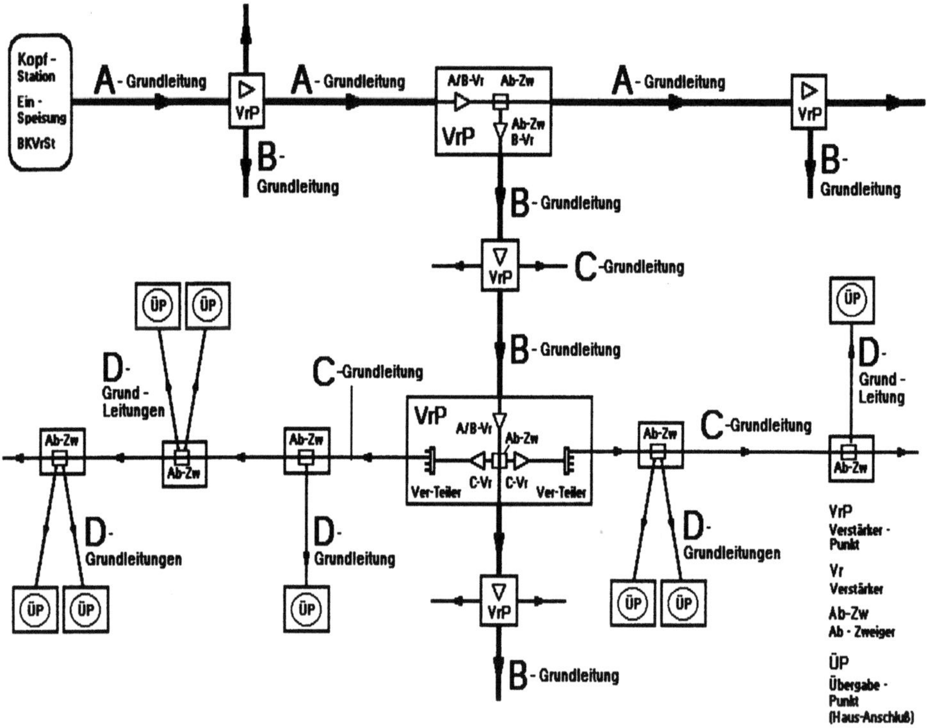

Bild 8.1 Netzstruktur des örtlichen Kabel-Verteilnetzes

Von den A-Leitungen zweigen über A/B-Verstärker die B-Leitungen ab. Auch im Verlauf der B-Leitungen dürfen nur einige Verstärker hintereinander geschaltet werden ($\leq$ 20 kaskadierbare A/B-Verstärker insgesamt). Die maximale Länge der B-Leitungen ist geringer als die der A-Leitungen (ca. 4 km).

C-Verstärker im B-Leitungsverlauf verteilen die Signale zu C-Leitungen (ca. $\leq$ 280 m Gesamtlänge). In ihrem Verlauf liegen passive Signalabzweiger zu den D-Leitungen (ca. $\leq$ 50 m). Sie stellen die Hauseinführungsleitungen dar. Sie enden am Übergabepunkt (Hausanschluß). Von hier aus wird die private Kabelanlage (Hausverteilanlage, Kabel bis zum Fernseher) gespeist.

In Anbetracht der relativ geringen Ausdehnung eines einzelnen Versorgungsgebietes müssen die BK-Teilnehmer innerhalb eines größeren Ortes bzw. innerhalb eines Telefon-Ortsnetzes durch mehrere BK-Verstärkerstellen versorgt werden. Man benötigt dann eine übergeordnete BK-Verstärkerstelle, die neben ihrem eigenen Gebiet über Richtfunk oder Glasfaser die weiteren BK-Verstärkerstellen (Kopfstationen) speist.

An die Stromversorgung der A-, B- und C-Verstärker werden besondere Anforderungen gestellt. Die Verstärker werden meist im Außenbereich untergebracht. Üblicherweise werden solche Fernmeldeeinrichtungen zentral über die Signalleitungen mit Gleichstrom gespeist. Dies ist hier nicht möglich, sowohl wegen des relativ hohen Leistungsverbrauchs (niederohmig wegen 300/440 MHz, großer Pegel) wie wegen der insgesamt hohen Anzahl an Verstärkern. Man speist daher dezentral an vielen Verstärkerpunkten ein. Die Speisespannung (65V/50 Hz) wird auf das Koaxialkabel gegeben. Auf diese Weise können auch Verstärkerpunkte ohne eigene Stromversorgung versorgt werden. Außerdem gewährleistet dies Sicherheit bei Ausfall einer Einspeisung. In dem Fall entnimmt der Verstärkerpunkt mit ausgefallener Stromversorgung über das Koaxialkabel seine gesamte Versorgungsleistung.

8.1.2 Frequenzplan 300-MHz-System

Die heutigen Standard-Kabelfernsehsysteme sind bis zu Frequenzen von 300 MHz ausgelegt. Sie werden allerdings nach und nach auf 440 MHz ausgeweitet. Bild 8.2 zeigt die Aufteilung der Kanäle und Frequenzen in einem 300-MHz-System. Dieser Frequenzplan ist bereits gegenüber dem ursprünglichen Standard erweitert, man spricht deshalb vom erweiterten Frequenzplan.

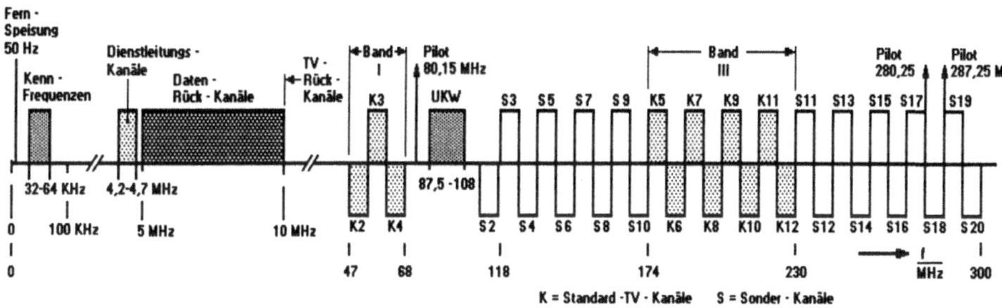

Bild 8.2 Frequenzplan des 300-MHz-Kabel-Fernseh-Systems

Die Kanäle sind in Bild 8.2 sowohl ober- wie unterhalb der Frequenzachse dargestellt. Dies wird üblicherweise wegen der Übersichtlichkeit so gemacht.

Die VHF-Fernsehkanäle K2 bis K4 (Band I) und K5 bis K12 (Band III) werden in ihrer Orginalfrequenzlage auf dem Kabel übertragen.

Zusätzlich sind sogenannte Sonderkanäle vorgesehen (S2-S20). Davon sind 16 Kanäle für Fernsehen (S4-S19), 2 Kanäle für digitalen Rundfunk (S2-S3) und 1 Kanal für Daten (S20) reserviert. Die lückenlose Anordnung der Fernsehkanäle bis hin zu 300 MHz macht in den Fernsehempfängern Tuner mit sehr guter Nachbarkanaldämpfung erforderlich (kabeltaugliche Tuner). Der Frequenzrasterwert beträgt wie bei VHF 7 MHz.

Die UKW-Rundfunkprogramme werden auf ihren Originalfrequenzen (87,5-108 MHz) gesendet. Hörfunk von Lang-, Mittel- und Kurzwelle wird in BK-Anlagen nicht verteilt. Er muß im privaten Netz (Netzebene 4) über eine Weiche hinzugefügt werden.

Der Frequenzbereich der Lücke oberhalb 10 MHz steht für Fernseh-Rückkanäle zur Verfügung. Gedacht wurde dabei an Ferneinspeisungen (z.B. aus einem Kindergarten), die in Rückrichtung bis zur BK-Verstärkerstelle übertragen und von dort aus wieder im BK-Netz verteilt werden.

Bei 80,15 MHz und 287,25 (280,25) MHz werden sogenannte Pilotsignale gesendet. Das sind unmodulierte sinusförmige Signale mit festgelegter Amplitude. Sie werden zur Überwachung und Regelung der Verstärker herangezogen. Mit der tiefen Pilotfrequenz wird jeweils die frequenzunabhängige Verstärkung geregelt, mit der oberen die frequenzabhängige Verstärkung (sogenannte Schräglage).

Bei Ausfall eines Pilotsignals (Defekt auf der Strecke) wird in Rückrichtung ein Kennfrequenzsignal (32-64 kHz) gesendet. Aus ihm geht der Ort des Ausfalls hervor. In der BK-Verstärkerstelle wird der Ausfall festgehalten und Alarm ausgelöst.

Die Dienstleitungskanäle (4,2-4,7 MHz) stehen für interne betriebliche Zwecke zur Verfügung (z.B. Service).

Für Rückkanal-Daten wurde der Bereich 5-10 MHz reserviert. Der BK-Teilnehmer kann hier interaktiv mit der BK-Verstärkerstelle verkehren. So kann er gebührenpflichtige Fernsehprogramme anfordern (Pay-TV). Er benötigt dazu fernsteuerbare Teilnehmer-Konverter. Sie können gebührenpflichtige, allgemein nicht zugängliche Fernsehprogrammsignale in „normale“ umsetzen. Die Steuerung der Teilnehmer-Konverter geschieht dabei von der BK-Verstärkerstelle aus (71-72 MHz).

Der Frequenzbereich unterhalb 32 kHz kann nur schlecht genutzt werden. Einmal sind da die Störungen durch die vergleichsweise riesigen 50-Hz-Signale mit ihren vielen Oberschwingungen. Zum anderen schirmt das Koaxialkabel gegen magnetische Außeneinflüsse bei diesen tiefen Frequenzen noch nicht ab.

8.1.3 Frequenzplan 440-MHz-System

Die 440-MHz-Systeme sind lediglich eine Erweiterung der 300-MHz-Systeme bis zu 440 MHz (sog. Hyperband 300-440 MHz). Die Infrastruktur wird dabei beibehalten. Insbesondere werden unverändert übernommen: Verstärkerfeldlängen der A/B-Verstärker, Aufbau des passiven C/D-Netzes, die Anzahl der maximal kaskadierbaren Verstärker. Auch die Stromversorgungsleistung der Verstärker darf nicht größer werden.

Nun liegt aber die Dämpfung der Kabel bei 440 MHz um ca. 3 dB je Verstärkerfeld höher als bei 330 MHz [8.08]. Außerdem sollen zusätzlich etwa 15 Fernsehkanäle untergebracht werden. Kleine Nichtlinearitäten der Verstärker spielen deshalb eine noch größere Rolle als beim 300-MHz-System. Es treten dadurch nicht nur Kreuzmodulationseffekte auf. Infolge des festen Frequenzrasters der Bildträgerfrequenzen kommt es zu wesentlichen Störungen in den Bereichen um die Trägerfrequenzen. Es handelt sich um Signale mit den Differenzfrequenzen der Bildträger, die sich mit Signalen der Bildträgerfrequenzen mischen. Die Frequenzen der entstehenden Störsignale liegen schließlich wieder bei den Trägerfrequenzen. Wegen des festen Trägerfrequenzrasters addieren sich viele kleine Störsignale auf. Die Größe der Störungen wächst mit der Anzahl der Kanäle.

Letztlich müssen wesentlich verbesserte Verstärker eingesetzt werden. Dabei muß auch dem erhöhten Verstärkungsbedarf im oberen Frequenzbereich Rechnung getragen werden. Außerdem wird bereits an den Verstärkerausgängen eine Anhebung der hohen Frequenzanteile vorgenommen (*Preemphasis*). Die Verstärker besitzen auch wesentlich kleinere Klirrfaktoren. Zusätzlich werden die Trägerfrequenzen so im Raster verschoben und untereinander verkoppelt, daß sich die entstehenden Störfrequenzlinien nicht aufaddieren können.

Die zusätzlichen Kanäle im erweiterten Sonder-Kanalbereich (ESB) (Hyperband 300-450 MHz) besitzen einen Rasterabstand von 8 MHz. Im Frequenzbereich bis 300 MHz wird das Raster von 7 MHz beibehalten. In Bild 8.3 ist der Frequenzplan dargestellt.

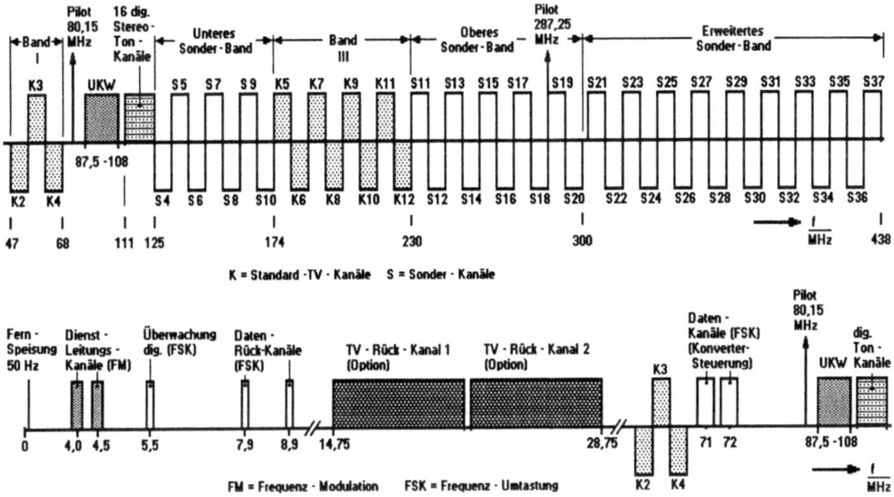

Bild 8.3 Frequenzplan des 440-MHz-Kabel-Fernseh-Systems Standardbelegung des erweiterten Sonder-Kanalbereichs

Mit Blick auf die Übertragung von Satelliten-Programmen gibt es Pläne mit guten Realisierungschancen, den Frequenzbereich oberhalb 300 MHz mit Programmen der MAC-Übertragungsverfahren zu füllen (*MAC = Multiplexed Analogue Components* (Kap.9.3)). Bei MAC ist aber der Bedarf an Kanalbandbreite höher als bei NTSC, PAL und SECAM. Es ist daher ein 12-MHz-Raster vorgesehen [8.04] (s. Tabelle 8.1).

Bild-Träger in MHz	Kanal	Fernsehverfahren	Raster in MHz
231,25	S 11	NTSC, PAL, SECAM	7
238,25	S 12	NTSC, PAL, SECAM	7
245,25	S 13	NTSC, PAL, SECAM	7
252,25	S 14	NTSC, PAL, SECAM	7
259,25	S 15	NTSC, PAL, SECAM	7
266,25	S 16	NTSC, PAL, SECAM	7
273,25	S 17	NTSC, PAL, SECAM	7
280,25	S 18	NTSC, PAL, SECAM	7
287,25	S 19	NTSC, PAL, SECAM	7
294,25	S 20	NTSC, PAL, SECAM	7
303,25	S 21	MAC	12
315,25	S 22	MAC	12
327,25	S 23	MAC	12
339,25	S 24	MAC	12
351,25	S 25	MAC	12
363,25	S 26	MAC	12
375,25	S 27	MAC	12
387,25	S 28	MAC	12
399,25	S 29	MAC	12
411,25	S 30	MAC	12
423,25	S 31	MAC	12
435,25	S 32	MAC	12

Tabelle 8.1 Belegung des oberen und erweiterten Sonder-Kanalbereichs mit MAC-Kanälen

8.1.4 Netzelemente

Das wichtigste Netzelement ist das Koaxialkabel. Die Wellenimpedanz besitzt einheitlich den Wert nach Gl. (8.1).

75 Ohm, Impedanz des Koaxialkabels in Kabel-Fernseh-Systemen (8.1)

Die typischen Dämpfungswerte werden nachfolgend angegeben. In der A- und B-Ebene werden danach sehr dämpfungsarme Kabel eingesetzt.

ca. 3,3 dB/100m (300 MHz) A/B-Ebene
ca. 5-9 dB/100m (300 MHz) C/D-Ebene

Die Verstärker sind in BK-Verstärkerpunkten untergebracht. Die Funktionen gehen aus dem Blockbild Bild 8.4 hervor.

Das Eingangssignal gelangt über eine Fernspeiseweiche (zur Durchschaltung der Speisespannung) zum A/B-Zwischenverstärker. Er besitzt eingangsseitig einen Frequenzgangentzerrer zur Vorentzerrung der Leitungsdämpfung. Ein weiterer, steuerbarer Entzerrer folgt nach einem Verstärker. Er wird über die Auswertung der Pilotsignale (80,15 MHz und 287,25 MHz) geregelt. Die beiden Pilotsignale werden dabei für die Regelung im unteren und im oberen Frequenzbereich benutzt. Der steuerbare Entzerrer ermöglicht demnach eine frequenzabhängige Dämpfungseinstellung. An den Verstärkerausgängen stehen dadurch frequenzunabhängige, konstante Kanalpegel (insgesamt ca. 14 dB Verstärkung) an.

Die frequenzebenen Signale werden zum nächsten A-Leitungsabschnitt und zu den Abzweigverstärkern (B- und C-Verstärker) gegeben. Sie passieren dann jeweils vor dem Eintritt in die Leitung eine Fernspeiseweiche. Die Fernspeisung wird über die Fernspeiseeinheit zusammengeführt. Dort wird auch der Kennfrequenzgenerator (32-64 kHz, Netzüberwachung) angeschlossen.

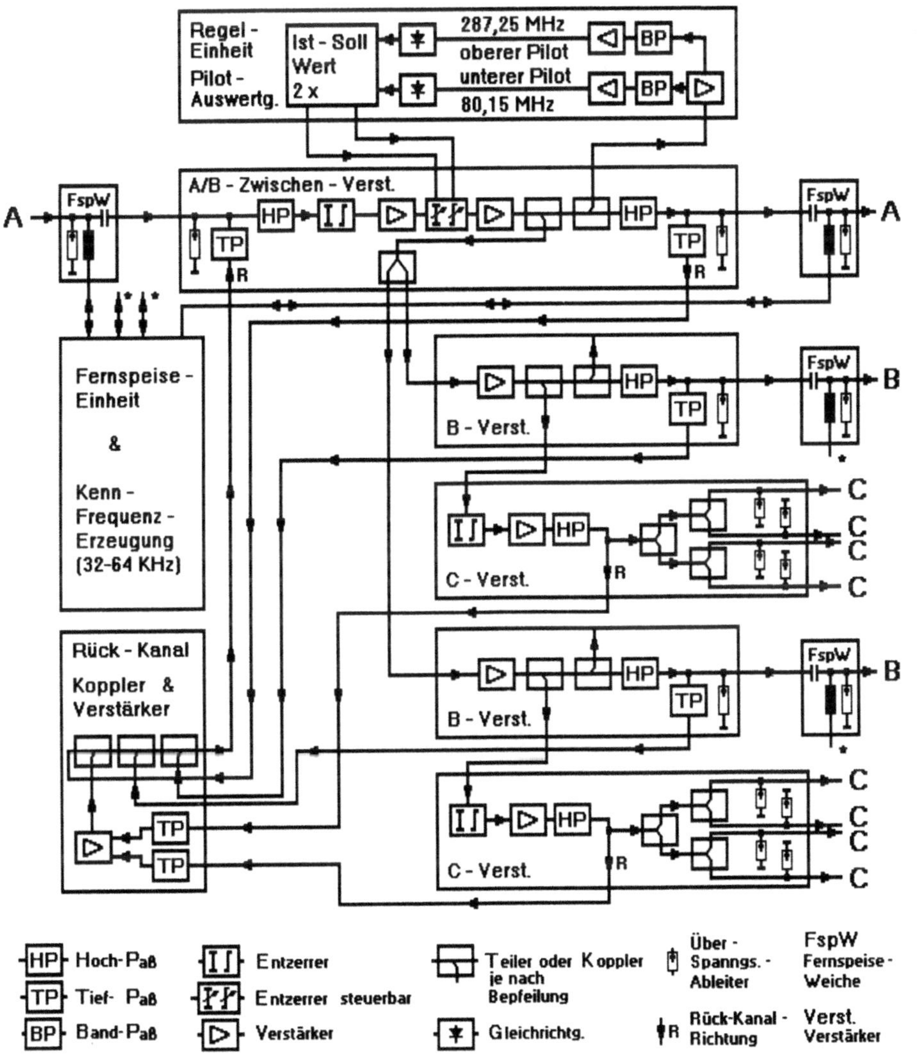

Bild 8.4 Blockbild eines BK-Verstärkerpunktes; A-Ebene mit B- und C-Abgängen

Eine Besonderheit stellt die Rückkanalführung im BK-Verstärkerpunkt dar. Die Signale werden an den A- und den B-Ausgängen (Rückkanal-Eingänge) mit Hilfe von Tiefpässen ausgekoppelt. Sie gelangen dann über den passiven Rückkanal-Koppler zum Eingangsbereich des A/B-Zwischenverstärkers. In ihm koppelt sie ein interner Tiefpaß auf den Verstärkereingang (Ausgang für Rückkanal). Die Rückkanalsignale der C-Ebenen werden durch einen Rückkanalverstärker mit vorgeschalteten Tiefpaßfiltern geleitet und ebenfalls dem Rückkanalkoppler zugeführt.

In den C- und D-Ebenen des Netzes gibt es passive Verteiler und Abzweiger. So werden C-Verteiler verwendet, bei denen eine C-Leitung auf zwei C-Leitungen aufgeteilt wird. Bei Abzweigern gehen vom C-Durchgang bis zu vier D-Leitungen ab. Bei letzterem gibt es diverse Ausführungen mit verschiedenen Durchgangs- und Abzweigdämpfungen (z.B. 4fach Abzweig mit 1,5 dB Durchgangs- und 20 dB Abzweigdämpfung). Die D-Leitung endet am Übergabepunkt (s. Bild 8.5).

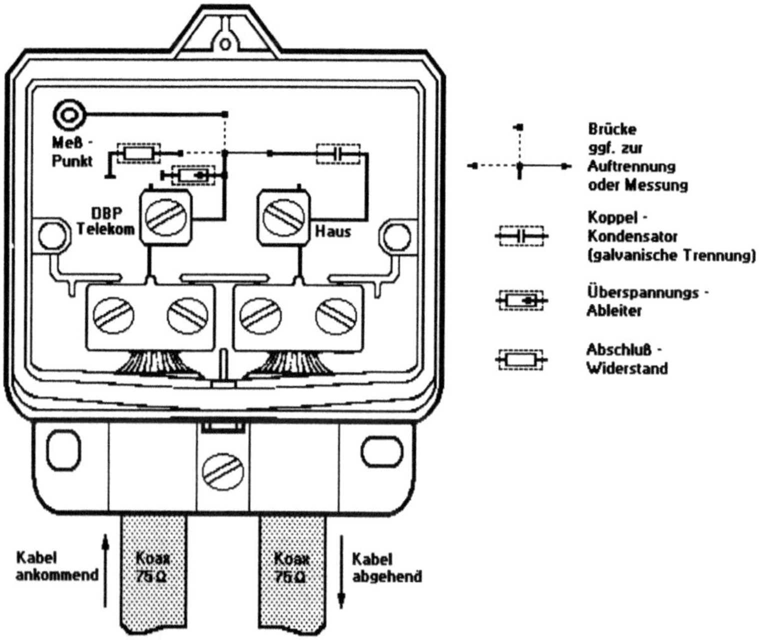

Bild 8.5 Übergabepunkt

Hier wird das Signal in das private Kabel des Hauses (Netzebene 4) eingespeist (68-82 dBµV, 47-300 MHz). Ein Überspannungsableiter schützt weitgehend vor Überspannungen (z.B. Blitzschlag).

8.2 BK-Verteilnetze mit Glasfaser-Kabeln

8.2.1 Stand der Glasfasertechnik

Eine LWL-Faser (**Licht-Wellen-Leiter**) besteht aus einem Faserkern, der von einem Fasermantel umhüllt ist. Der optische Brechungsindex des Mantels ist kleiner als der des Kerns. Licht, das unter sehr flachem Winkel auf die Grenzschicht Kern-Faser trifft, wird an ihr reflektiert. Im Verlauf des LWL erfolgen diese Reflexionen immer wieder. Das Licht wird so in einem LWL geführt. Wellentheorethisch sind LWLs optische Hohlleiter.

Es gibt im Kern eines LWLs viele, unterschiedlich lange Ausbreitungswege. Dies führt zu Laufzeitunterschieden (Laufzeitdispersion). Kurze optische Impulse werden deshalb im Verlauf einer Faser länger. Mit kleinerem Kerndurchmesser nehmen allerdings die Laufzeitunterschiede und damit auch die Impulsverbreiterung ab.

Der Faserdurchmesser der sogenannten **Monomode**-Fasern kommt in die Größenordnung der Lichtwellenlänge (z.B. 9 µm bei 1,3 µm (Vakuum-) Wellenlänge). Hier gibt es praktisch nur noch einen Ausbreitungsweg (Mode). Kurze optische Impulse werden dadurch nur minimal verlängert. Es sind dann extrem hohe Schrittgeschwindigkeiten (GBd) möglich. Aus diesem Grund kommen Monomode-LWLs für die breitbandigen Fernsehsignale als Übertragungsmedium in Betracht.

Es gibt heute LWLs aus Glas (hochreines Quarzglas) und Kunststoff. Wegen der gewünschten geringen Dämpfung bei der Verteilung von Fernsehsignalen können hier nur Glasfasern eingesetzt werden. Man kann bei ihnen kilometrische Dämpfungen von 0,2 dB/km (1,3 µm Wellenlänge) realisieren. Bei 1,5-1,6 µm liegt die Dämpfung sogar noch unter diesem Wert.

Für nachrichtentechnische Zwecke werden LDs (***Laser Diodes***) oder spezielle LEDs (***Light Emitting Diodes***) als Sender und PDs (***Photo Diodes***) bzw APDs (***Avalanche Photo Diodes***) als Empfänger eingesetzt. Diese Elemente besitzen jedoch Nichtlinearitäten der Übertragungsfunktion. Sie eignen sich daher nur schlecht für die direkte Übertragung analoger Signale. Die LWL-Technik wird deshalb hauptsächlich für die digitale, binäre Übertragungstechnik eingesetzt. Dabei wird bisher das Licht nur ein- und ausgeschaltet. Trotz dieses einfachen Tastungsverfahrens ist die LWL-Übertragung eine äußerst leistungsfähige Technik.

In BK-Netzen müssen schnelle LDs und APDs eingesetzt werden. Die LDs liefern die größten Sendeleistungen, die APDs benötigen die kleinsten Empfangssignale. Die Dynamik (Differenz der Pegel von LD und APD) ist jedoch nicht sehr groß. Die Dynamik wird bei Hochleistungs-Datenübertragungen (GBit/s) begrenzt durch die in die Faser einkoppelbare Leistung der LD und das Rauschen der APD (grober Dynamik-Richtwert: max. 30-40 dB).

Die analogen Fernsehsignale müssen digital als PCM-Signal (***Puls-Code-Modulation***) übertragen werden.

Denkbar wäre allerdings auch PPM (***Puls-Phasen-Modulation***). Hier steckt die analoge Information jeweils in der zeitlichen Verschiebung der einzelnen Impulse gegenüber den Sollzeitpunkten. Die Impulse besitzen eine konstante Amplitude. Die mittlere Sendeleistung der LD ist deshalb konstant. Dadurch bleibt auch die Erwärmung der LD gleich, was für den stabilen Betrieb eines leistungsfähigen LWL-Systems von sehr großer Wichtigkeit ist. Mit Rücksicht auf die allgemeinen Vorteile der Digitaltechnik und die damit erzielbaren hohen Bitraten kommt die PPM aber doch nicht für BK-Netze infrage.

Die gegenwärtig verbreitete LWL-Technik für den Fernbereich basiert auf Monomode-Fasern, 1,3 µm Wellenlänge und der Datenrate von 140 Mbit/s (PCM-Hierarchie 4). Neue Strecken werden standardmäßig für eine Datenrate von 560 MBit/s (PCM-Hierarchie 5) gebaut. Dabei sind ohne Regeneratoren Distanzen bis zu 50 km überbrückbar. (Bei 140 MBit/s auf Koaxialkabeln müßte man etwa mit Verstärkerfeldlängen von 1,5 km rechnen). Erste LWL-Strecken mit 2,5 GBit/s wurden in Betrieb genommen [8.24], [8.27], [8.28]. Im Labor hat man schon Systeme mit 10 GBit/s aufgebaut. Dabei entspricht bereits die Übertragungs-Kapazität von 2,5 GBit/s der Kapazität von ca. 30.000 digitalen Telefonkanälen. Dies wird mit der einfachen Tastung erreicht!

Eine Faser kann man nun gleichzeitig mit mehreren Frequenzen (Wellenlängen) betreiben. Diese Technik des Wellenlängen-Multiplexing bringt eine weitere Steigerung der Übertragungs-Kapazitäten um Faktoren. Allerdings steigt der Aufwand bei den Regeneratoren nicht unerheblich. Hier müssen nämlich die Signale nach Wellenlängen getrennt elektrisch aufbereitet werden.

In neuester Zeit ist aber bei der sogenannten kohärenten LWL-Technik der Durchbruch gelungen: Die ersten optischen Verstärker für Versuchszwecke sind verfügbar [8.21], [8.22], [8.23], [8.29]. Damit brauchen optische Signale nicht elektrisch regeneriert zu werden. Es ist nunmehr möglich, viele optische Signale mit unterschiedlichen Trägerfrequenzen über eine Faser zu geben, sie zu verstärken (z.B. 25 dB) und sie im Empfänger auf elektrische Zwischenfrequenzen herunter zu mischen. Damit verbessert sich auch die Empfindlichkeit optischer Empfänger drastisch. Wesentlich schwächere Signale als bei der jetzigen einfachen Fotodiodentechnik können empfangen werden (größere Dynamik).

Auch die Techniken der Stabilisierung der Laserfrequenzen (Wellenlängen) und des stabilen Mischens sind in jüngster Zeit wesentlich fortgeschritten (s. z.B. [8.14]). Der optische Überlagerungsempfang mit vielen dicht beieinanderliegenden optischen Trägerfrequenzen wird dadurch möglich. Dabei ist die Technik des Überlagerungsempfangs längstens bekannt (in jedem Rundfunkgerät), neu ist nur(!) die Realisierung des Überlagerungsempfangs für optische Signale.

Mit der kohärenten optischen Technik CMC (**C**oherent **M**ulti-**C**hannel) lassen sich unvorstellbare Bandbreiten nutzen, da auch die optischen Verstärker immens breitbandig sind (theoretisch: 4500 GHz [8.26], 3200 GHz [8.29]). Zur Zeit ist man allerdings selbst in Versuchssystemen noch sehr weit von diesen Bandbreiten entfernt. Der minimale Frequenzabstand der Laserdioden kann heute erst bis auf ca. 3 GHz heruntergedrückt werden [8.21]. Dadurch entstehen ungenutzte Frequenzlücken. Trotzdem erreicht man riesige Kanalkapazitäten. Schon jetzt sind mehrere 100 Trägerfrequenzen realistisch denkbar. Wie beeindruckend diese neue Technik ist, geht aus [8.26] hervor: Im Versuch wurde ein Datensignal mit ca. 2,5 GBit/s über ca. 2200 km mit 25 optischen Verstärkern (Feldlänge ca. 80 km) übertragen.

Bei einem BK-Verteilsystem werden passive Verteiler benötigt. Solche Bauelemente sind auch bei der LWL-Technik – unter dem Namen Sternkoppler oder Splitter – bekannt. Die optische Leistung wird aufgeteilt (Aufteilungsdämpfung). Es sind Splitter mit 2 bis 64

Ausgängen auf dem Markt. Leider muß man neben der Aufteilungsdämpfung eine zusätzliche, größere Grunddämpfung in Kauf nehmen. Hier sind aber in den letzten Jahren beachtlich Fortschritte erzielt worden (z.B. 6 dB Aufteilungsdämpfung (4 Ausgänge), 1,0 dB Grunddämpfung).

8.2.2 Realisierung von Glasfaser-BK-Verteilnetzen

Bei der Digitalisierung von Farbfernsehsignalen im Studio arbeitet man heute mit der Auflösung nach Gl. (8.2).

$$\text{Auflösung} = 8 \text{ Bit/Wert} \qquad (8.2)$$

Das Farbfernsehsignal wird in sogenannte Komponenten (Y, U, V) aufgeteilt. Die Abtastraten dürfen natürlich das Abtasttheorem nicht verletzen (Y(5 MHz): > 10 MHz, U und V(1,3 MHz): > 2,6 MHz)). Es wurden Abtastfrequenzen eingeführt, die feste Teilerverhältnisse mit der Farbträgerfrequenz besitzen (NTSC und PAL). Für die Farbträgerfrequenz von 4,43 MHz (CCIR B,G PAL) ergaben sich die Abtastfrequenzen der Gl. (8.3).

$$f_{TY} = 13{,}50 \text{ MHz} \qquad (8.3a)$$
$$f_{TV} = 6{,}75 \text{ MHz} \qquad (8.3b)$$
$$f_{TU} = 6{,}75 \text{ MHz} \qquad (8.3c)$$

mit

f_{TY}, f_{TV}, f_{TU} = Abtastfrequenzen Y-, U-, V- Komponente (Studiowerte, Farbträger 4,43 MHz).

Multipliziert man die Werte der Gl. (8.3) mit dem der Gl. (8.2), so ergibt das die summarische Datenrate nach Gl. (8.4).

$$f_{BitYUV} = 216 \text{ Mbit/s} \qquad (8.4)$$

, Bitrate digitales Fernsehen (Studiowert, Farbträger 4,43 MHz).

Nun braucht man während des H- und V-Rücklaufs keine Digitalisierung des Bildsignals. Die Datenrate kann daher etwas reduziert werden. Außerdem sind geringe Qualitätseinbußen bei der horizontalen Auflösung tolerabel, zumal dies ja auch bei den Standardverfahren der Farbfernsehübertragung der Fall ist. Man kommt daher mit der nachfolgend angegebenen, standardisierten PCM-Datenrate aus:

140 MBit/s je Fernseh-Kanal in Standard-Qualität (z.B. PAL).

Nach heute verfügbarer Technik mit 2,5 GBit/s könnte je Faser eine Kapazität von insgesamt ca. 18 Kanälen realisiert werden. Zieht man Daten- und Betriebsdaten-Kapazitäten ab, könnte man immer noch in der herkömmlicher LWL-Technik ca. 15 Fernseh-Kanäle je Faser in Standard-Qualität (z.B. PAL) übertragen.

Für die MAC-Signale mit der in Tabelle 8.1 angegebenen größeren Kanalbandbreite wäre weniger als die doppelte Datenrate erforderlich (ca. 240 MBit/s). Wahrscheinlich ist es aber nicht zweckmäßig, einen so kleinen Schritt in Richtung Qualitätsverbesserung zu machen.

Nehmen wir deshalb für die grobe Abschätzung an, daß zu den Fernsehprogrammen in Standardqualität in Zukunft auch einige Programme mit der vierfachen Bitrate (hochauflösendes Fernsehen) übertragen werden sollen. Das führt zu den nachfolgenden Werten:

560 MBit/s je Fernseh-Kanal in hochauflösender Qualität,
ca. 4 Fernseh-Kanäle je Faser hochauflösendes Fernsehen.

Diese Kanalzahl ist natürlich zu klein. Die Kapazität des BK-Netzes kann aber leicht durch Einsatz mehrerer Fasern den Erfordernissen entsprechend erhöht werden. Dämpfungen und Laufzeitunterschiede auf den Glasfasern spielen bei den hier in BK-Netzen relevanten Entfernungen eine untergeordnete Rolle.

Ein individueller Breitbandanschluß in einem Sternnetz wie beim Telefon könnte deshalb vollkommen passiv (ohne Regeneratoren) eingerichtet werden. Man brauchte dann wesentlich weniger Fernsehkanäle als in einem allgemeinen BK-Verteilnetz gleichzeitig zu übertragen. Statt dessen würde eine Breitband-Durchschaltung (BB-Vermittlung, [8.19]) in der Zentrale (Kopfstation) benötigt. Die hohe Übertragungskapazität von 2,5 GBit/s würde dann nicht gebraucht. Der BK-Anschluß könnte leicht duplexfähig (beide Richtungen) gemacht werden. Allerdings kostet der Aufbau eines Sternnetzes wesentlich mehr als der eines Baumnetzes. Ansätze zu solchen Netzen sind dennoch vorhanden (s. BIGFON = **B**reitbandiges **I**ntegriertes **G**lasfaser-**F**ernmelde-**O**rtsnetz [8.15], [8.17], [8.25]).

Gehen wir nun von einem BK-Netz ähnlich dem BK-Koaxialnetz (Baumstruktur) aus. Hier spielt die Aufteilung des Signals auf sehr viele Teilnehmer eine wichtige Rolle. Es tritt insgesamt eine große Aufteildämpfung auf. Mit den in Kap.8.1 genannten Eckwerten für Dynamik und die Splitter kommt man für eine rein passive Glasfaserverteilung rechnerisch etwa zu maximal 1000 Teilnehmern. Dies ist jedoch unrealistisch, da der Berechnung Bestwerte zugrunde liegen und diverse Zuschläge (Verbindungsverluste, Faserdämpfung, Systemreserven) unberücksichtigt geblieben sind. Man benötigt also im Glasfasernetz Regeneratoren. Allerdings liegt die benötigte Anzahl wesentlich unter der heute notwendigen Anzahl an Koaxialkabel-Verstärkern. Die Versorgung und der Betrieb würde deshalb erheblich einfacher. Dazu kämen die generellen Vorteile der digitalen Übertragungstechnik. Die Glasfasernetze könnten auch erheblich größere Ausdehnungen als die Koaxialkabel-Netze annehmen.

Der Übergabepunkt muß bei einem digitalen optischen BK-Netz allerdings wesentlich erweiterte Funktionen übernehmen. Man hat wohl noch lange Zeit von Fernsehgeräten mit analogem Signaleingang und von Koaxialkabeln im Haus auszugehen. Der Über-gabepunkt muß daher insbesondere die Umsetzung in analoge hochfrequente Signale bewerkstelligen. Der Übergabepunkt wird zu einem elektronischen Konverter.

Zusammenfassend läßt sich feststellen, daß die Realisierung von BK-Glasfasernetzen mit heutiger Technik ohne Einschränkungen möglich und vorteilhaft ist.

Mit den künftig einsetzbaren optischen Verstärkern wird die optische Nachrichtenübertragung gegenüber der Koaxialkabel-Übertragung noch mehr Vorteile besitzen. Man kann dann ein durchgehend optisches BK-Netz mit großer Betriebssicherheit und sehr großer Kanalkapazität realisieren.

Die Verwendung der LWL-Technik in BK-Verteilsystemen wurde bereits 1981 vorgeschlagen [8.30]. Allerdings sollte danach nur das A/B-Netz optisch-digital arbeiten. Das passive C/D-Netz sollte in herkömmlicher passiver Koaxialtechnik gebaut werden. Die elektronischen Konverter sind bei diesem Vorschlag an sogenannten C-Punkten im Netz angeordnet. Ihre Anzahl wäre jedoch verglichen mit den Verstärkerzahlen der jetzigen Koaxialkabel-Netze gering ($\leq$ 160).

Die DBP Telekom nimmt unter dem Namen OPAL (**OP**tische **A**nschluß-**L**eitung) Pilotprojekte in Betrieb. Hierbei handelt es sich nicht um reine BK-Verteilnetze. Es werden interaktive Dienste wie Telefon gemeinsam mit Fernseh und Hörfunk-Verteilung angeboten.

8.3 Aufgaben und Lösungen

Im Anschluß an die folgenden Aufgaben finden Sie die zugehörigen Lösungen.

A 8.1 In einem Kabel-Fernsehverteilnetz werden die Pilotsignale bei 80,15 MHz (unterer Pilot) und 287,25 MHz (oberer Pilot) benutzt. In einem A/B-Zwischenverstärker mit Pilotauswertung (s. Bild 8.4) werde der obere Pilot vor seiner Auswertung fehlerhafterweise zu gering verstärkt. Welche Auswirkungen ergeben sich für die Ausgangsspannung des Verstärkers?

A 8.2 Die Pilotsignale eines Kabel-Fernsehverteilnetzes werden in den Verstärkern überwacht. Bei Ausfall der Pilote werden Kennfrequenzsignale gesendet, die die Lokalisation des Ausfalls ermöglichen. Beschreiben Sie den Weg der Kennfrequenzsignale im Netz.

L 8.1 Bei der Pilot-Auswertung des A/B-Zwischenverstärkers wird ein Ist-Soll-Wert-Vergleich der Pilotamplitude durchgeführt (s. Bild 8.4). Ein zu kleiner oberer Pilot bewirkt eine zu starke Anhebung der Signale des oberen Frequenzbereichs (steuerbarer Entzerrer wird falsch eingestellt).

L 8.2 Die Kennfrequenzsignale (32-64 kHz) werden in den Verstärkern erzeugt und über die Fernspeiseweiche (Tiefpaß) auf das Kabel am Verstärkereingang gegeben. Wegen ihrer tiefen Frequenzen ist die Kabeldämpfung so gering, daß sie ohne Verstärkung im Netz weitergeleitet werden können. An den Verstärkern müssen sie jedoch insbesondere in Rückrichtung durchgeschaltet werden. Die Aus- und Eingänge der Verstärker sind daher für tiefe Frequenzen (ohne Verstärkung) auch in Rückrichtung durchlässig (s. Bild 8.4, Fernspeise-Einheit und Kennfrequenz-Erzeugung). Die Kennfrequenzsignale können somit in Rückrichtung über die Verstärker (auch die ausgefallenen) zur Kopfstation gelangen.

9 Satelliten-Fernsehen für Direktempfang

9.1 Direktstrahlende Satelliten

Seit dem Jahre 1957 (Sputnik UdSSR) gibt es künstliche Satelliten der Erde. Sie kreisen auf Kreis- oder Ellipsenbahnen um die Erde (s. Bild 9.1).

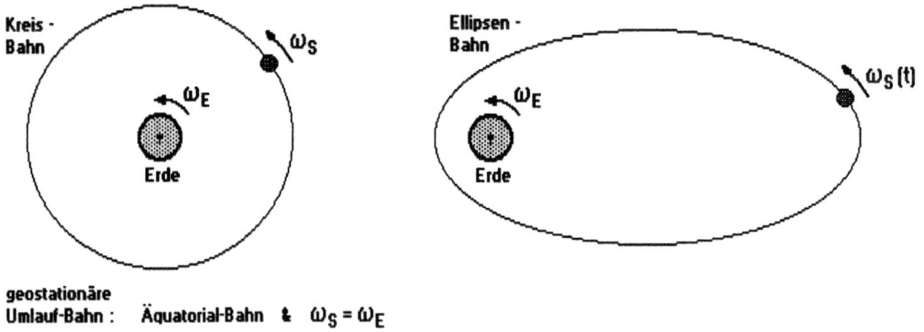

Bild 9.1 Kreis- und Ellipsen-Umlaufbahnen von Satelliten

Verläuft die Satellitenbahn über dem Äquator, spricht man von äquatorialer Umlaufbahn. Die Satellitenbahnebene kann natürlich gegenüber der äquatorialen Bahnebene gekippt sein. Der Kippwinkel wird als Inklinations-Winkel bezeichnet. Bei 90° Inklination verläuft die Satellitenbahn über die Pole (polare Umlaufbahn).

Ein Satellit wird von der Erde angezogen (Massenanziehung). Andererseits treten durch seinen Umlauf Fliehkräfte auf. Beide Kräfte müssen gleich sein, andernfalls würde sich der Satellit nicht auf seiner Bahn halten können. Für eine kreisförmige Umlaufbahn kann man leicht die Umlaufgeschwindigkeit als Funktion der Bahnhöhe ausrechnen. Je weiter der Satellit von der Erde entfernt ist, umso kleiner ist die Anziehungskraft und somit auch seine Umlaufgeschwindigkeit. Seine Umlaufzeit nimmt demnach mit seiner Erdentfernung ab. Bei einem Abstand zum Erdmittelpunkt von ca. 42.100 km (Höhe ca. 35.700 km) dauert ein Umlauf gerade einen Tag. Der Satellit kann sich dann synchron zur Erde drehen. Befindet er sich auf einer Äquatorialbahn, steht er stets an der gleichen Stelle über der Erdoberfläche (scheinbar stillstehend). Man spricht von **geostationären** Satelliten.

Die direktstrahlenden Satelliten oder DBS (***D****irect* ***B****roadcasting* ***S****atellites*) befinden sich alle auf einer geostationären Bahn. Sie versorgen die privaten Teilnehmer direkt über deren fest ausgerichtete Antennenspiegel. Die Position der Satelliten muß daher stets die gleiche sein. Der Satellit wird deshalb auf seiner Position gehalten (stabilisiert). Er verfügt daher über ein System zur Bahn- und Lageregelung (Sensoren, Antriebe, Schubdüsen).

Die direktstrahlenden Satelliten sind auf der geostationären Bahn wie Perlen auf einer Schnur angeordnet. Ihre Position wird durch die Angabe der Längengrade eindeutig beschrieben (Greenwich England 0°). Die Orbit Positionen (Längengrade) werden international abgestimmt (**WARC**: *World Administrative Conference*). Für Deutschland befinden sich wichtige Satelliten auf den Orbitpositionen 19° West (TV-SAT) und 19,2° Ost (ASTRA, Luxemburg) (s. Bild 9.2).

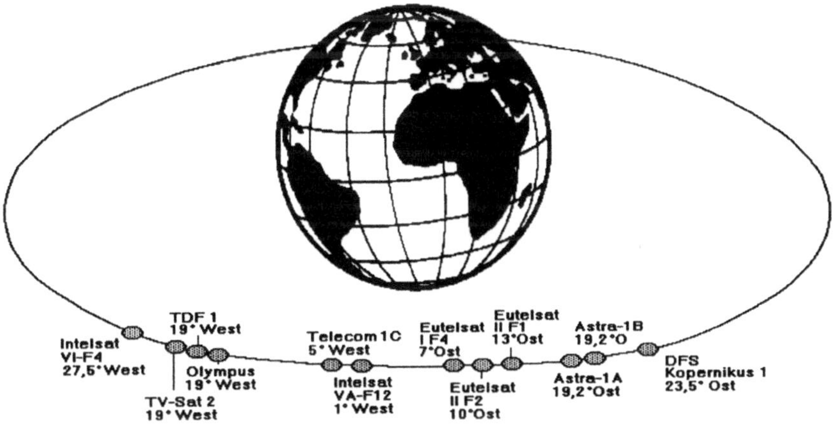

Bild 9.2 Orbitpositionen wichtiger europäischer Satelliten

Für jeden Ort wird nun der Satellit unter einem bestimmten Elevationswinkel (Höhenwinkel) und einem Azimutwinkel (horizontaler Winkel) „gesehen". Für 19° West sind dies in Deutschland 29-42° Azimut und 23-29° Elevation [9.05]. Die Empfangsantenne (Spiegel) muß aber genau auf den Satelliten ausgerichtet sein. Zu diesem Zweck wird sie am Aufstellungsort horizontal gedreht (Azimut) und der Elevation entsprechend nach oben gekippt (ausgerichtet).

Für die Bestimmung von Azimut und Elevation gibt es fertige Diagramme. Dazu wird lediglich der Längen- und Breitengrad des Standortes benötigt. Man kann dann den Antennenspiegel grob ausrichten. Die Feinausrichtung muß jedoch anschließend mit Hilfe der empfangenen Signale durchgeführt werden.

Der gesamte Frequenzbereich 1 bis 15 GHz ist für Satelliten-Verbindungen besonders geeignet. Mit höherer Frequenz steigt die atmosphärische Dämpfung, während das kosmische Rauschen abnimmt. Im genannten Bereich befinden wir uns bezüglich Dämpfung und Rauschen in einer Talsohle. Tiefere Frequenzen kommen ohnehin wegen der großen benötigten Bandbreiten nicht in Betracht. Bei wesentlich höheren Frequenzen steigt wiederum der technische Aufwand ganz erheblich an.

Direktstrahlende Satelliten (DBS) sollen nach internationaler Übereinkunft auf der Abwärtsstrecke (Satellit > Erde) die nachfolgend angegebenen Frequenzen des 12-GHz-Mikrowellenbereichs benutzen:

11,7 - 12,5 GHz DBS-Frequenz-Bereich

Abweichend davon werden aber Fernsehprogramme auch mit anderen Frequenzen ausgestrahlt (Literatur [9.08], [9.09], [9.10], [9.11], [9.12], [9.13]). Insgesamt benutzt man die nachfolgend aufgeführten Frequenz-Bereiche:

4/11/12/12,5/20 GHz	Frequenz-Bereiche, in denen Fernsehprogramme für Direktempfang ausgestrahlt werden

So strahlen die populären Satelliten ASTRA (Luxemburg) im 11-GHz-Bereich, die Satelliten Kopernikus und Eutelsat im 11- und 12,5-GHz-Bereich.

Im 12-GHz-Bereich (11,7-12,5 GHz) sind 40 Fernsehkanäle vorgesehen. Bandbreite und Kanalabstand betragen:

27 MHz	DBS-Kanalbandbreite
19,18 MHz	DBS-Kanalabstand

Die Frequenzbereiche der Kanäle überlappen sich. Sie müssen deshalb anderweitig entkoppelt werden. Dazu bedient man sich der Polarisation. Darunter versteht man die Richtung des elektrischen Feldvektors des elektromagnetischen Signals. Das Sendesignal kann horizontal oder vertikal polarisiert werden. Es kann aber auch seine Polarisation in Ausbreitungsrichtung schraubenförmig drehen (zirkulare Polarisation). Bei Drehung im Uhrzeigersinn spricht man von rechtsdrehender Polarisation (RHCP = ***R**ight **H**and **C**ircular **P**olarisation*), bei entgegengesetzter Drehung von linksdrehender (LHCP = ***L**eft **H**and **C**ircular **P**olarisation*).

Im 12-GHz-Bereich benutzt man links- und rechtsdrehende Zirkular-Polarisation. Sie wechselt von Kanal zu Kanal. Im Eingangsteil einer Satellitenempfangsanlage sorgt ein Polarisator für die Trennung der unterschiedlich polarisierten Signale bzw. für die Unterdrückung der Nachbarkanäle mit entgegengesetzter Polarisation.

Im 11-GHz-Bereich (ASTRA) ist der Kanalabstand mit 14,75 MHz noch geringer als im 12-GHz-Bereich. Auch hier werden benachbarte Kanäle mit unterschiedlichen Polarisationen (vertikal/horizontal) ausgestrahlt.

Im Gegensatz zu terrestrischen Fernsehübertragungen wird beim europäischen Satellitenfernsehen für die Bild-Ton-Signale Frequenzmodulation verwendet. Man geht dabei von den Standard-Übertragungsverfahren PAL und SECAM oder von Breitband-Verfahren MAC (***M**ultiplexed **A**nalogue **C**omponents*, Kapitel 9.3) aus:

Frequenzmodulation für

MAC wie D2-MAC	(TV-SAT) oder
PAL bzw. SECAM	(ASTRA, Kopernikus, Eutelsat)

Im Vergleich der drei Übertragungsnormen D2-MAC/PAL/SECAM schneidet D2-MAC am besten, SECAM am schlechtesten ab [9.05]. Der Ton wird bei MAC digital, bei PAL und SECAM mit Unterträger (typ. 6,65 MHz) in Frequenz-Modulation übertragen.

In Tabelle 9.1 sind die Frequenzen (Bildträger) der 40 Kanäle des 12-GHz-Bereiches aufgelistet.

Kanal	Bildträger in GHz	Polarisation LHCP/RHCP*	Kanal	Bildträger in GHz	Polarisation LHCP/RHCP*
1	11,72748	RHCP	21	12,11108	RHCP
2	11,74666	LHCP	22	12,13026	LHCP
3	11,76584	RHCP	23	12,14944	RHCP
4	11,78502	LHCP	24	12,16862	LHCP
5	11,80420	RHCP	25	12,18780	RHCP
6	11,82338	LHCP	26	12,20698	LHCP
7	11,84256	RHCP	27	12,22616	RHCP
8	11,86174	LHCP	28	12,24534	LHCP
9	11,88092	RHCP	29	12,26452	RHCP
10	11,90010	LHCP	30	12,28370	LHCP
11	11,91928	RHCP	31	12,30288	RHCP
12	11,93846	LHCP	32	12,32206	LHCP
13	11,95764	RHCP	33	12,34124	RHCP
14	11,97682	LHCP	34	12,36042	LHCP
15	11,99600	RHCP	35	12,37960	RHCP
16	12,01518	LHCP	36	12,39878	LHCP
17	12,03436	RHCP	37	12,41796	RHCP
18	12,05354	LHCP	38	12,43714	LHCP
19	12,07272	RHCP	39	12,45632	RHCP
20	12,09190	LHCP	40	12,47550	LHCP

*LHCP/RHCP = links-/rechtsdrehende Zirkularpolarisation
(***Left/Right Hand Circular Polarisation***)

Tabelle 9.1 Frequenzen und Polarisation im 12-GHz-Bereich

Kanal	Bildträger in GHz	Polarisation H/V*	Kanal	Bildträger in GHz	Polarisation H/V*
1	11,21425	H	9	11,33225	H
2	11,22900	V	10	11,34700	V
3	11,24375	H	11	11,36175	H
4	11,25850	V	12	11,37650	V
5	11,27325	H	13	11,39125	H
6	11,28800	V	14	11,40600	V
7	11,30275	H	15	11,42075	H
8	11,31750	V	16	11,43550	V
17	11,46425	H	25	11,58225	H
18	11,47900	V	26	11,59700	V
19	11,49375	H	27	11,61175	H
20	11,50850	V	28	11,62650	V
21	11,52325	H	29	11,64125	H
22	11,53800	V	30	11,65600	V
23	11,55275	H	31	11,67075	H
24	11,56750	V	32	11,68550	V

*H/V = horizontale/vertikale Polarisation

ASTRA-Satelliten (19,2° Ost):

	1A:	Kanal 1 - 16	Bereich:	11,200-11,450 GHz
	1B:	17 - 32		11,450-11,700 GHz
geplant	1C:	33 - 48		10,950-11,200 GHz

Tabelle 9.2 Frequenzen und Polarisation des 11-GHz-Bereiches (ASTRA)

Für Deutschland (TV-SAT 19° West) sind die Kanäle 2, 6, 10, 14, 18 (alle LHCP) zugewiesen. Die Tabelle 9.2 gibt die Frequenzen der Kanäle des 11-GHz-Bereiches (ASTRA) wieder.

Neben dem ASTRA strahlen im 11-GHz-Bereich auch andere Satelliten deutschsprachige Programme aus. Einige von ihnen senden gleichzeitig im 12,5-GHz-Bereich:

- Kopernikus 1 (23,5° Ost) 11-/12,5- GHz-Bereich
- Kopernikus 2 (28,5° Ost) 11-/12,5- GHz-Bereich
- Eutelsat II (13,0° Ost) 11-/12,5- GHz-Bereich

Fernsehsatelliten müssen im All aus Solarzellen versorgt werden. Ihre Sendeleistung kann daher im Vergleich zu terrestrischen Sendern nur klein sein. Es wird zwischen ***High-Power***-Satelliten, ***Medium-Power***-Satelliten und ***Low-Power***-Satelliten unterschieden (HPS: TV-SAT 230 W; MPS: ASTRA 45 W). Natürlich spielt neben der Leistung der Senderöhre der Antennengewinn eine entscheidende Rolle. Man kennzeichnet deshalb die Leistungsfähigkeit eines Fernsehsatelliten durch den sogenannten EIRP-Wert (***E****quivalent* ***I****sotropic* ***R****adiated* ***P****ower*). Darunter ist die Pegelsumme von abgegebener Sendeleistung und Antennengewinn zu verstehen. Dies gilt als Maß für die effektiv abgestrahlte Leistung (TV-SAT EIRP: 65,5 dBW, ASTRA EIRP: 53,0 dBW, jeweils im Zentrum der Ausleuchtzone).

Man erreicht damit an der Empfangsantenne Leistungsflußdichten in der Größenordnung von:

-100 dBW/m^2	Leistungsflußdichten an einer Satelliten-Empfangsantenne (z.B. TV-SAT, Zentrum Versorgungsgebiet)

Solche Fernsehsignale lassen sich mit Antennendurchmessern von weniger als einem Meter mit gutem Signal-Geräuschabstand empfangen. Man benötigt dazu rauscharme Eingangsverstärker.

So kann der TV-SAT mit einer 60-cm-Antenne empfangen werden. Für ASTRA (-12,5 dB) müßte sie bei gleichem Signal-Geräuschabstand allerdings schon einen Durchmesser von 2,5 m aufweisen [9.05]. Tatsächlich sind für ASTRA 85-cm-Antennen vorgesehen. In Verbindung mit rauscharmen Eingangsverstärkern werden häufig auch 55-cm-Antennen eingesetzt. Bei ungünstigen meteorologischen Bedingungen wird dann die Bildqualität allerdings merkbar schlechter.

9.2 Parabolantenne und Frequenzkonverter (LNC)

Die Mikrowellensignale werden mit ausrichtbaren flächigen Antennen empfangen. Die Antennenabmessungen sind groß im Vergleich zur Wellenlänge (3 cm Wellenlänge bei 10 GHz). Man erzielt daher sehr gute Richtwirkungen und hohe Antennengewinne (typ. 35-40 dB).

Die Antennen sind Parabolantennen (Spiegel). Neuerdings kommen auch kleine Flachantennen auf den Markt [9.14], sie liegen jedoch im unteren Leistungsbereich. Die Parabolantennen sind mit einem optischen Parabolspiegel vergleichbar. Es handelt sich um Reflektoren, die die HF-Strahlung auf einen Punkt (Brennpunkt) bündeln. Im Brennpunkt wird daher das Empfangssignal ausgekoppelt. Bild 9.3 zeigt die grundsätzlichen Bauformen einer Parabolantenne.

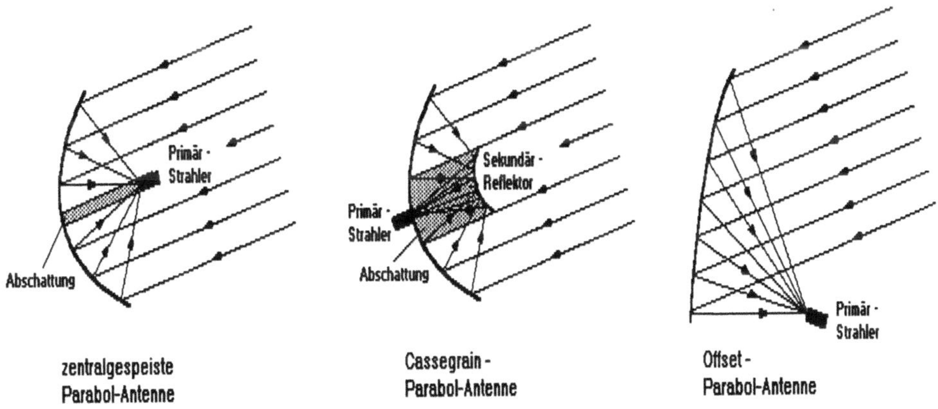

Bild 9.3 Grundlegende Bauformen von Parabolantennen

Die **zentralgespeiste Parabolantenne** besteht aus einem rotationssymmetrischen Reflektor. In dessen Brennpunkt befindet sich der sogenannte Primärstrahler (*Feeder*). Man nennt ihn so, obwohl jede Antenne prinzipiell empfangen und senden kann. Hier dient der Primärstrahler natürlich nur der Auskopplung des Empfangssignals. Er schat-tet leider einen kleinen Teil der Reflektorfläche ab. Dies reduziert den Gewinn der Antenne.

Die **Cassegrain-Antenne** bietet eine andere Möglichkeit der Signalankopplung. Bei ihr wird ein weiterer Reflektor vor der Antenne angebracht, der wiederum vom Primärstrahler angestrahlt wird. Auf diese Weise ist es möglich, den Primärstrahler zentral hinter dem Parabol anzubringen. Trotz der größeren Abschattung besitzt die Cassegrain-Antenne bei großen Abmessungen ausgezeichnete Daten. Sie hat sich daher bei Anwendungen mit großen Antennen durchgesetzt. Bei den hier infragekommenden kleinen Fernsehantennen wird die Abschattung jedoch zu einem schwerwiegenden Nachteil.

Die **Offset-Parabol-Antenne** beseitigt das Abschattungsproblem. Der Primärstrahler liegt unterhalb des Reflektors. Es handelt sich beim Offset-Reflektor gleichsam um den oberen Ausschnitt aus einem großen Parabol-Reflektor. Der Offset-Reflektor ist natürlich nicht mehr rotationssymmetrisch. Ganz nebenbei stellt der Offset-Parabol eine günstige Lösung bezüglich Schnee und Eis dar. Es kann sich kaum Schnee und Eis am unteren Rand ansammeln.

Der Primärstrahler ist meist als ein sogenannter Hornstrahler ausgebildet. Es handelt sich um eine trichterförmige Aufweitung eines rechteckförmigen oder runden Hohlleiters. Die Mikrowellen können nämlich nur über Hohlleiter dämpfungsarm weitergeleitet werden. Neben diesen typischen Primärstrahlern gibt es spezielle Ausbildungen wie das sogenannte Rillenhorn (plane Austrittsplatte mit konzentrischen Rillen).

In jedem Falle wird das Signal nur wenige cm weiter bis zur Frequenzumsetzung (*Low Noise Converter*) geleitet. Dabei passiert es einen Polarisator (s. Bild 9.4).

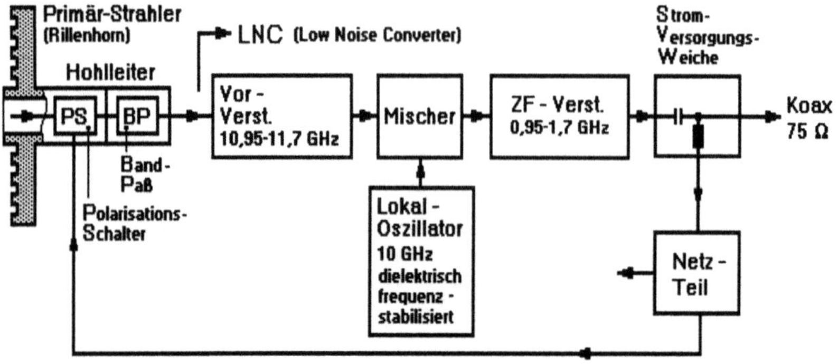

Bild 9.4 Blockbild Primärstrahler – Konverter (LNC) für 10,95-11,7 GHz

Der Polarisator selektiert die gewünschte Polarisation (typ. ca. > 30dB Polarisationsdämpfung). Es handelt sich dabei um ein mechanisch verstellbares Gebilde innerhalb des Hohlleiters. Für lineare Polarisation ist beispielsweise ein kleiner drehbarer Blechwinkel eingebaut. Er wird verdreht, wenn eine andere Polarisation gewünscht wird. Es gibt auch elektromagnetische Polarisatoren ohne mechanisch bewegliche Teile. Alternativ zum Polarisator kann eine Polarisationsweiche verwendet werden. Sie leitet die unterschiedlich polarisierten Signale zu zwei separaten Ausgängen. Es werden dann allerdings zwei Konverter (LNCs) benötigt. Damit können gleichzeitig Programme beider Polarisationen empfangen werden.

Nach dem Polarisator folgt evtl. ein Hohlleiterfilter und danach der Frequenzkonverter (*Low Noise Converter*).

Der LNC setzt das Mikrowellensignal in den Zwischen-Frequenzbereich um. Dies ist schon an der Antenne notwendig, da die Mikrowellensignale praktisch nur in teuren Hohlleitern geführt werden können. Auf Koaxialkabeln erfahren sie extrem hohe Dämpfungen. Die Mikrowellensignale müssen deshalb für die Übertragung zum Satellitenempfänger in einen tieferen Frequenzbereich (ca. 0,9-1,7 GHz, auch ca. 0,9-2,0 GHz) umgesetzt werden. Nur so können sie über dämpfungsarme Koaxialkabel weitergeleitet werden. Die Koaxialkabel besitzen allerdings in dem Frequenzbereich immer noch recht hohe Dämpfungen (z.B. ca. 28 dB/100 m).

Im Einzelnen (Bild 9.4) wird das Mikrowellen-Eingangssignal im LNC breitbandig und sehr rauscharm verstärkt und einem Mischer zugeführt. Der Mischer (Frequenzumsetzer) erhält neben dem Satellitensignal ein Oszillatorsignal. Es ist sehr frequenzstabil und kommt von einem rauscharmen Mikrowellen-Oszillator (LO=**L**okal-**O**szillator). Die Ausgangssignale des Mischers liegen gegenüber den Eingangssignalen schließlich bei wesentlich tieferen ZF-Frequenzen. So ergibt sich für den Konverter in Bild 9.4:

- 10,95-11,7 GHz Eingangssignal
- 10 GHz Oszillatorsignal
- 950-1700 MHz ZF-Signal

Satelliten-Konverter (LNCs) sollen wegen der geringen Empfangsleistung (kleine Antennen) möglichst rauscharm sein. Sie müssen in einem großen Temperaturbereich (direkte Sonneneinstrahlung/Wintertemperaturen) frequenzstabil arbeiten. Aufgrund der großen Dämpfung des nachfolgenden Koaxialkabels ist eine hohe Verstärkung erforderlich. Man erreicht heute in all den genannten Punkten respektable Werte. So sind LNCs mit folgenden Daten verfügbar:

- 50 dB — Verstärkung
- < 2 dB — Rauschmaß
- 1(3) MHz — Frequenzstabilität des 10-GHz-Oszillators bei 22° C (-20° C bis +60° C)

Der Konverter (LNC) befindet sich mit dem Polarisator direkt an der Antenne. Er muß dort über das abgehende Koaxialkabel mit Strom versorgt werden (z.B. 12 V). Außerdem müssen ggf. die Schaltbefehle für den Polarisations-Schalter übertragen werden.

9.3 MAC-Übertragung

Die Standard-Farbfernsehverfahren NTSC, PAL und SECAM übertragen die Farbinformation im Frequenzbereich der Luminanz. Dadurch sind gegenseitige Beeinflussungen zwischen Farbe und Helligkeit vorhanden (*Cross-Luminanz, Cross-Colour*). In der Praxis wird deshalb im Empfänger eine geringere Luminanzbandbreite realisiert (ca. 3-3,5 MHz statt 5 MHz CCIR B,G). Die horizontale Auflösung ist aber selbst beim Nominalwert ohnehin nicht groß.

Bei der Satellitenübertragung stehen größere Kanalbandbreiten als bei der terrestrischen Übertragung zur Verfügung. Mit dem breitbandigen MAC (*Multiplexed Analogue Components*) wird nun ein Verfahren ohne *Cross-Luminanz* und *Cross-Colour* eingeführt. Größere Luminanz-Bandbreiten sind möglich.

Allerdings werden viele Fernsehprogramme auch noch in PAL gesendet (ASTRA, Kopernikus).

9.3.1 MAC-Prinzip

Bei MAC werden die Komponenten des Fernsehsignals zeitlich nacheinander über-tragen (Zeitmultiplex). Eine normale Fernsehzeile beginnt mit einer digitalen Bitfolge. Sie beinhaltet Bits zur Zeilensynchronisation sowie für die digitale Tonübertragung. Nach einem Übergangssignal (Referenzsignal = Klemmung) folgen dann die Chrominanz- und die Luminanz-Information als analoge Signale (s. Bild 9.5).

Die Hauptbestandteile der MAC-Zeile sind die analogen Signale von Chrominanz (C_B/C_R) und Luminanz (Y). Es handelt sich um ein Zeitmultiplex-Signal mit analogen Komponenten (***Multiplexed Analogue Components***).

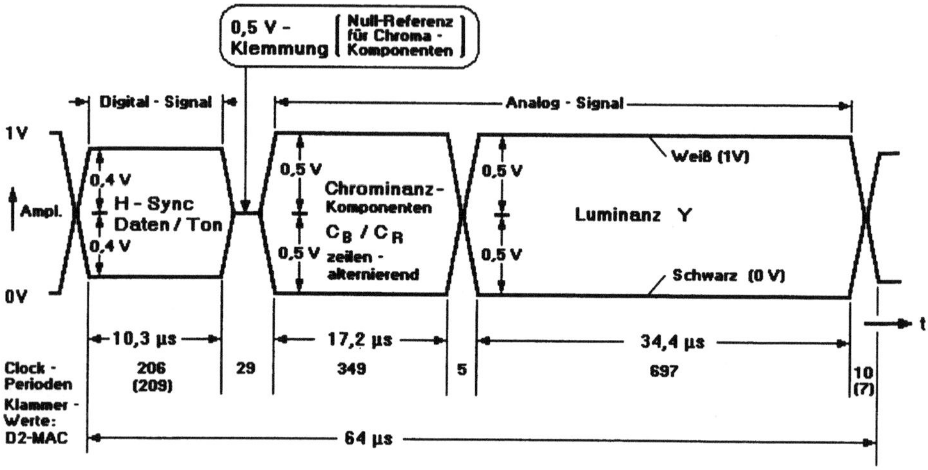

Bild 9.5 Prinzipielle Multiplex-Struktur einer MAC-Zeile (64µs)

Die Chrominanzinformation wird von Zeile zu Zeile abwechselnd als C_B- und C_R-Komponente gesendet. C_B und C_R sind Blau- bzw. Rot-Differenz-Signale, die nach Gl. (9.1) gebildet werden.

$$u_{CR} = 0{,}93 \cdot (u_R - u_Y) \qquad (9.1a)$$
$$u_{CB} = 0{,}73 \cdot (u_B - u_Y) \qquad (9.1b)$$

mit

u_{CR}, u_{CB} = MAC-Chrominanz-Komponenten
u_R , u_B , u_Y = gammakorrigierte Signale Rot, Blau, Luminanz nach Gl. (6.3)

Die Zeitmultiplex-Übertragung bedeutet hier Kompression der Signale. Von den 64 µs einer Zeile sind etwa 52 µs sichtbar. Das Luminanz-Signal der 52 µs wird um den Faktor 3:2 auf ca. 34 µs komprimiert. Beim Chrominanz-Signal wird mit 3:1 auf ca. 17 µs reduziert. Außerdem wird nur jeweils eine Chrominanz-Komponente gesendet. Die andere wird im Empfänger – eine Zeile vorher gespeichert – aus dem Speicher entnommen.

Die Kompressionen erfolgen digital. Die digitale Studionorm (64 µs) geht nach Gl. (8.3) von f_{TY} = 13,50 MHz und f_{TU}, f_{TV} = 6,75 MHz aus. Man teilt daher eine MAC-Zeile in Abtastpunkte ein, deren Abstand der Periodendauer der Summenfrequenz (13,50+6,75 MHz = 20,25 MHz) entspricht (49,38 ns). Es wurden die folgenden Werte festgelegt [9.17]:

f_{TYUV} = 20,25 MHz, MAC-Abtastfrequenz (9.2)
Y : 697 Abtastwerte x 49,38 ns > 34,4 µs
C_R, C_B : 349 Abtastwerte x 49,38 ns > 17,2 µs

Die Signalbandbreite der Luminanz (Y) vor der Abtastung wird begrenzt auf:

- 5,6 MHz Bandbreite (Y) vor der Abtastung und Kompression

Damit steht mehr Bandbreite als bei den Standardverfahren NTSC, PAL und SECAM zur Verfügung. Die MAC-Kompression führt dann allerdings zu einer recht großen Basis-Bandbreite von (5,6 MHz x 3:2)

- 8,4 MHz Bandbreite (Y), MAC-Basisbandbreite

Das ist die Basisbandbreite, die auch für die anderen Signalkomponenten bei MAC zur Verfügung gehalten wird.

Einige Zeilen weisen nicht die Struktur nach Bild 9.5 auf. So ist die Zeile 625 eine reine Datenzeile und dient insbesondere der digitalen Bildsynchronisation. Der gesamte Bildzeitrahmen ist in Bild 9.6 skizziert.

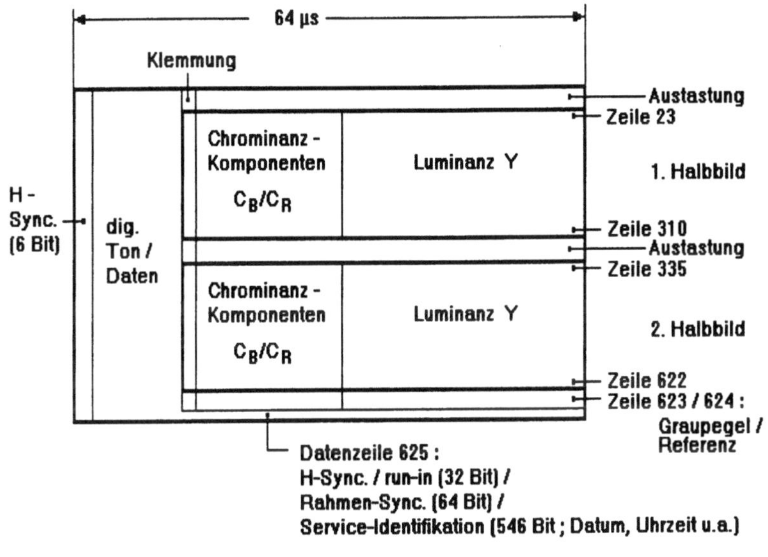

Bild 9.6 MAC-Vollbildformat (625 Zeilen und 64 µs/Zeile)

Die Videosignale von Halbbild 1 werden in den Zeilen 23-310, die von Halbbild 2 in den Zeilen 335-622 übertragen.

Das Synchronwort für die Zeilensynchronisation (H-Sync.) wird von Zeile zu Zeile bis zu Zeile 622 invertiert. Damit kann die V-Synchronisation sowohl durch das Ausbleiben der Invertierung in Zeile 623 wie auch durch das 64-Bit-Rahmensynchronwort der Zeile 625 generiert werden. Letzteres wird übrigens ebenfalls von Bild zu Bild invertiert übertragen (Kennzeichnung von gerad- und ungeradzahligen Bildern).

Die Tonübertragung erfolgt digital in sogenannten Paketen. Man spricht deshalb von den Übertragungsverfahren C-, D- oder D2-MAC/Paket. Grundsätzlich wird von 15 kHz NF-Bandbreite ausgegangen. Man digitalisiert linear mit 14 Bit. Bei D2-MAC/Paket werden z.B. 82 Datenpakete zu je 751 Bit während der Zeilen 1-623 übertragen. Im Paketkopf (Header) ist am Anfang eine Adresse untergebracht (10 Bit), die das Paket kennzeichnet und die Art der Codierung angibt. Dadurch ist das System sehr flexibel. Man kann somit

Anzahl und Qualitätstyp (Kommentar- oder Compact-Disk-Qualität) der Tonkanäle für den empfängerseitigen Decoder übertragen. Auch spezielle Fehlerschutzcodes (Bit-Interleaving, Nicam-Code, Hamming-Code) können angewandt und die zugehörige Steuerinformation für den Decoder übermittelt werden.

9.3.2 C-MAC/D-MAC/D2-MAC

Das C-MAC-Verfahren wurde für die breitbandige Satellitenübertragung konzipiert. Es geht von 27 MHz Bandbreite aus, die Übertragung erfolgt mit zwei unterschiedlichen Modulationen:

- 27 MHz Bandbreite (C-MAC)
- FM Frequenzmodulation für die analogen Signalkomponenten (Y, C_B, C_R)
- PSK Phasenumtastung (***Phase Shift Keying***) für die digitalen Signal-Komponenten

Die Frequenzmodulation schöpft den gesamten Bandbreitenbereich aus (+/-13,5 MHz max. Frequenzhub).

Bei der PSK handelt es sich um eine 2-4-DPSK (2/4 stufige Differenz-PSK). Die logischen Zustände führen zu Phasenänderungen. So werden bei 4-DPSK jeweils zwei Bits zusammengefaßt (Dibits). Jedem Dibit entspricht eine Phasenänderung. So wird die folgende Zuordnung benutzt:

Dibit	00 > Phasen-Differenz	-135°
	01 >	- 45°
	10 >	+135°
	11 >	+ 45°

Bei DPSK braucht man keine gesonderte Referenzphase zu übertragen, da es nur auf die Phasendifferenz zum vorherigen Schritt ankommt. Hier werden 14 MHz Bandbreite für die PSK ausgenutzt. Je Standardzeile stehen 206 Bit zur Verfügung. Es sind damit bis zu 8 hochwertige Mono-Tonkanäle bzw. 4 Stereo-Tonkanäle übertragbar.

Für die Übertragung in Kabel-Fernsehverteilnetzen (BK) kann C-MAC wegen der großen Bandbreite nicht benutzt werden. Man entwickelte D-MAC und D2-MAC.

D- und D2-MAC sollen im Kabel mit Restseitenband-Amplituden-Modulation (AM) arbeiten. Es sind Bandbreiten von 10,5 MHz (D-MAC) und 7-8 MHz (D2-MAC) möglich. D2-MAC kann somit in herkömmlichen BK-Netzen verteilt werden.

Insbesondere das Digital-Signal von C-MAC besitzt jedoch eine zu große Bandbreite. Aus diesem Grunde wurde für die D-MAC-Familie eine sogenannte Duobinär-Codierung vorgesehen. Es handelt sich um ein Signal mit drei Amplitudenstufen. Den Amplitudenstufen (z.B.: 0,9 V/0,5 V/0,2 V) ordnet man die Signalzustände +1/0/-1 zu. Bei Vorliegen einer log0 wird der Zustand 0 gesendet. Liegt dagegen log1 vor, wird (abhängig von dem vorhergehenden logischen Zustand) +1 oder -1 gesendet. Der Vorteil der Duobinär-Codierung ist deren geringer Bandbreitenbedarf. Bei D-MAC kommt man deshalb für die digitalen Signale mit nur 10,125 MHz aus. Es stehen auch hier 206 Bit/Zeile zur Verfügung (8 Mono-Tonkanäle).

Die Restseitenband-AM wird für das ganze Komponentensignal (Analogsignal und Duobinärsignal) angewandt.

Auf der Satellitenstrecke wird D-MAC jedoch breitbandig mit Frequenzmodulation übertragen (27 MHz Bandbreite).

Zusammenfassend werden die wichtigsten D-MAC-Daten angegeben:

AM Amplituden-Restseitenband-Modulation für Analog- und Digitalsignal im Kabel (BK-Netz)

FM Frequenzmodulation für Analog- und Digitalsignal auf der Satellitenstrecke

Duobinär-Codierung (ternäre Amplituden: +1/0/-1) der digitalen Signalkomponente

D2-MAC ist nun wiederum ein Derivat von D-MAC. Die Bandbreite wird derart verringert, daß es einer Halbierung der 20,25-MHz-Abtastfrequenz (Gl.9.2) auf 10,125 MHz gleichkommt. In BK-Netzen mit der Restseitenband-Amplituden-Modulation sinkt die effektive Luminanzbandbreite dann allerdings auf etwa nur 3,3 MHz. Die digitale Komponente kann ebenfalls nur noch die Hälfte der Bits aufweisen (genau: 105 Bit/Zeile). Die Anzahl der übertragbaren hochwertigen Mono-Tonkanäle reduziert sich dadurch auf 4 Kanäle.

Inzwischen wird insbesondere D2-MAC auf Satellitenstrecken mit den größeren Kanal-Bandbreiten vermehrt eingesetzt (z.B. TV-SAT). Man benutzt dann auch für die D2-MAC-Signale Frequenzmodulation.

9.4 Satellitenempfänger und Gemeinschaftsanlagen

Der Konverter (LNC) liefert Signale im GHz-Bereich. Die Modulation und das MAC-Verfahren können von Fernsehempfängern und Videorecordern normalerweise nicht verarbeitet werden. Aus diesem Grunde benötigt man für Einzelempfang einen Satellitenempfänger, in Gemeinschaftsanlagen müssen Umsetzer installiert werden.

Bei Einzelempfangsanlagen steht der Satellitenempfänger in der Nähe des Fernsehempfängers. Der Benutzer ruft am Satellitenempfänger die gewünschten Satellitenprogramme auf. Bild 9.7 zeigt die Gesamtschaltung einer Einzelempfangsanlage.

Kommen die Signale der beiden Polarisationen vom Konverter (LNC) über **ein** Koaxialkabel, muß vom Satellitenempfänger aus der Polarisator umgeschaltet werden. Besitzt die Antenneneinheit eine Polarisationsweiche und zwei LNCs, werden **zwei** Koaxialkabel zum Satellitenempfänger geführt (wie in Bild 9.7).

Die terrestrischen Signale können direkt am Videorecorder und Fernsehempfänger oder aber über den Satellitenempfänger hinzugefügt werden. Im Satellitenempfänger wird das Eingangssignal umgesetzt, verstärkt und demoduliert. Es entsteht das qualitativ hochwertige **RGB**-Signal (drei separate **Video**signale für **R**ot, **G**rün und **B**lau). Es wird über die AV-Buchsen (AV = Audio-Video) dem Fernsehempfänger und Videorecorder zugeleitet.

Neben dem RGB-Signal liefert der Satellitenempfänger zusätzlich ein moduliertes Hochfrequenzsignal (AM/PAL, z.B. UHF-Kanal 36). Es kann über den Videorecorder geschleift zur Antennenbuchse des Fernsehers geleitet werden. Diese Anschlußmethode wird häufig mangels RGB-Anschlüssen gewählt. Sie führt aber wegen der weiteren Modulation gegenüber dem RGB-Anschluß zu schlechterer Bildqualität. Die Vorteile eines hochwertigen Satelliten-Übertragungsverfahren gehen dann weitgehend verloren.

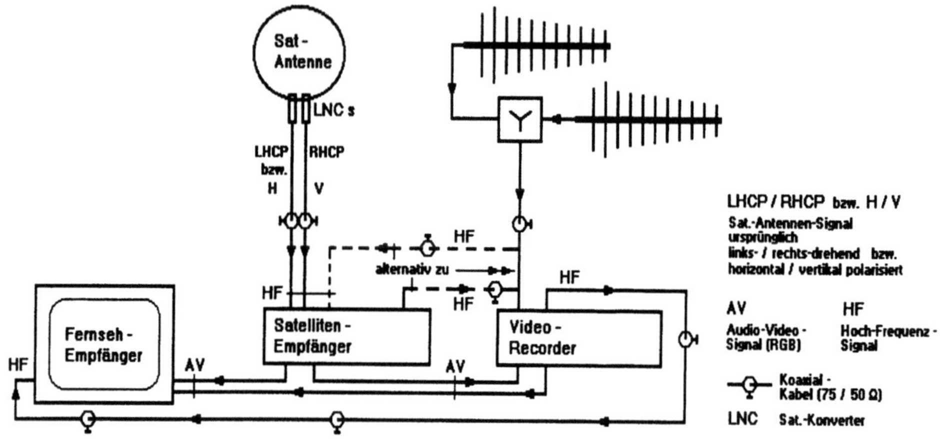

Bild 9.7 Zwei-Kabel-Einzelempfangsanlage mit Satellitenempfänger

Unabhängig von der Anschlußmethode kann der Satellitenempfänger normalerweise nur einen Kanal umsetzen. Dadurch kann nur der eingestellte Kanal gesehen und aufgezeichnet werden.

Benutzt man den AV-Ausgang des Satellitenempfängers (wie in Bild 9.7), kann man die Leitungsführung der terrestrischen Antennenanlage belassen und lediglich das AV-Signal des Satellitenempfängers dem Fernsehgerät und dem Videorecorder zusätzlich zuführen.

Besondere Aufmerksamkeit erfordert die Einstellung des Ton-Kanals bei einem PAL-Satellitenempfänger (ASTRA, Kopernikus, Eutelsat). Die Frequenz des Tonträgers im Basisband ist nämlich nicht einheitlich. Dieser sogenannte Unterträger liegt meistens (aber eben nicht immer) bei 6,65 MHz. Manche Programme werden mit mehreren Tonkanälen (mehrsprachig) ausgestrahlt. Man muß daher am Satellitenempfänger den Tonträgerabstand einstellen. Auch die Anhebung der hohen Tonfrequenzen (Preemphasis) wird mit unterschiedlicher Zeitkonstante vorgenommen: 50 µs oder 75 µs. Im Empfänger muß sie passend eingestellt werden. Es gibt jedoch Satellitenempfänger mit fest eingestellter Kompromiß-Deemphasis (62,5 µs).

Neben dem Mono-Tonträger bei 6,65 MHz werden bei Stereo üblicherweise zusätzliche Signale bei 7,2/7,02 MHz gesendet (Tonsignale rechts/links) und dabei eine dynamische Preemphasis vorgenommen (Wegener-Verfahren). Das Ergebnis ist eine sehr gute Wiedergabequalität bei gehörrichtiger Rauschunterdrückung.

Insgesamt muß ein Satellitenempfänger folgende Aufgaben erfüllen:

- Umwandlung des Konverter-Signals in ein RGB-Signal (AV) und in ein HF-Signal (AM/PAL),

- Steuerung des Polarisators, entfällt bei Polarisationsweiche mit 2 Koaxialkabel-Abgängen,
- Aufbereitung des Tonsignals dazu gehören:
  MAC-Ton-Decodierung oder
  Selektion des Tonträgers mit zugehörigen Parametern,
- Stromversorgung des Konverters,
- Positionssteuerung der Antenne, ggf.
- Steuerung von Umschaltrelais für mehrere Satelliten-Antennen, ggf.
- Einschleifung der terrestrischen Antennensignale,
- Speicherung aller Einstelldaten unter den Stations-Nummern.

Bei Gemeinschaftanlagen sollen alle Programme gleichzeitig verfügbar sein. Die Satellitenantenne muß mit einer Polarisationsweiche und zwei Konvertern (LNCs) ausgestattet sein. Die beiden Koaxialkabel werden über Einschleuse-Verstärker durch Antennendosen geführt (s. Bild 9.8).

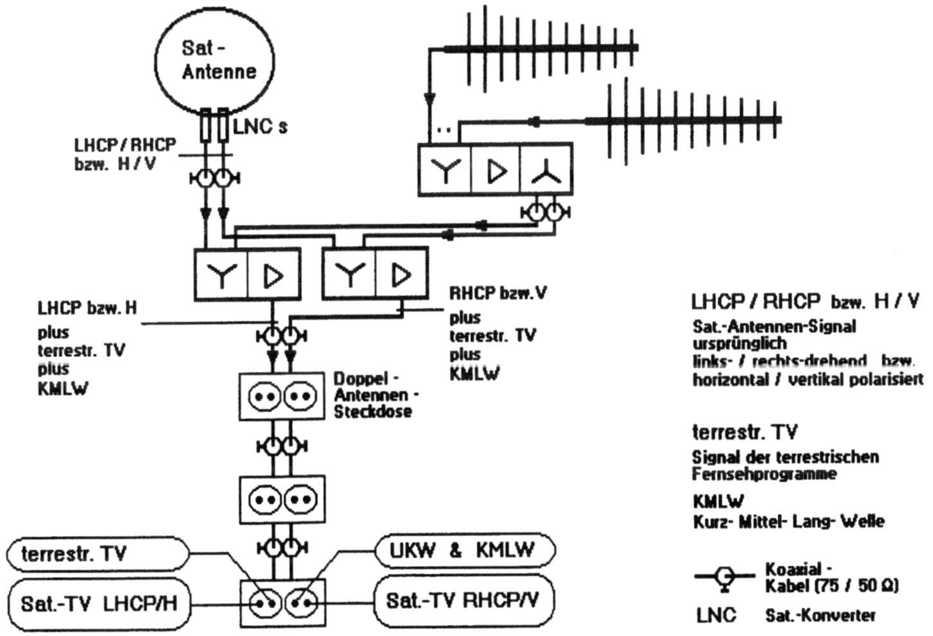

Bild 9.8 Zwei-Kabel-Gemeinschafts-Empfangsanlage mit einer Satellitenantenne

In der dargestellten Zwei-Kabel-Anlage von Bild 9.8 werden die Satellitenprogramme unterschiedlicher Polarisation in getrennten Kabeln (Strängen) geführt. Jedem Strang müssen die terrestrischen Signale zugesetzt werden. Dies wird an den Einschleuse-Verstärkern realisiert. Der Benutzer findet zwei TV-Antennenstecker vor. Er muß den

Satellitenempfänger über zwei Koaxialkabel anschließen. Ein drittes benötigt er für die terrestrischen Fernsehprogramme. Die Lösung hat insbesondere für bestehende Anlagen gravierende Nachteile. Die vorhandenen Kabel und die Antennen-Steckdosen müssen ersetzt werden.

Es gibt auch Ein-Kabel-Lösungen. Die Signale der infragekommenden Satellitenkanäle werden einzeln umgesetzt. Es sind spezielle dämpfungsarme Kabel bis 1,7 GHz (bzw. 2 GHz) erforderlich, denn die Satelliten-Programme werden oberhalb des terrestrischen Empfangsbereiches (ca. 860 MHz) übertragen. Die einfachste Art der Frequenzumsetzung kann man in den Konvertern (LNCs) durch unterschiedliche Oszillatorfrequenzen (ca. 10 GHz) für die beiden Polarisationen erreichen. Dadurch entstehen zwei breitbandige, nebeneinanderliegende Zwischen-Frequenzbereiche (z.B. 950-1200 MHz und 1200-1450 MHz). In jedem Bereich kommen nur die Kanäle einer Polarisation vor. Die im Empfangs-Frequenzbereich benachbarten Kanäle unterscheiden sich bezüglich ihrer Polarisation und erscheinen somit in unterschiedlichen Zwischen-Frequenzbereichen. Zwischen den einzelnen Kanälen eines Bereiches entstehen dabei Frequenzlücken, so daß die Kanäle gut selektiert werden können.

In professionellen großen Gemeinschaftsanlagen beschreitet man den Weg der hochwertigen kanalweisen Demodulation mit anschließender Modulation (Remodulation). Dies ist bei hoher Qualität recht aufwendig (s. Bild 9.9).

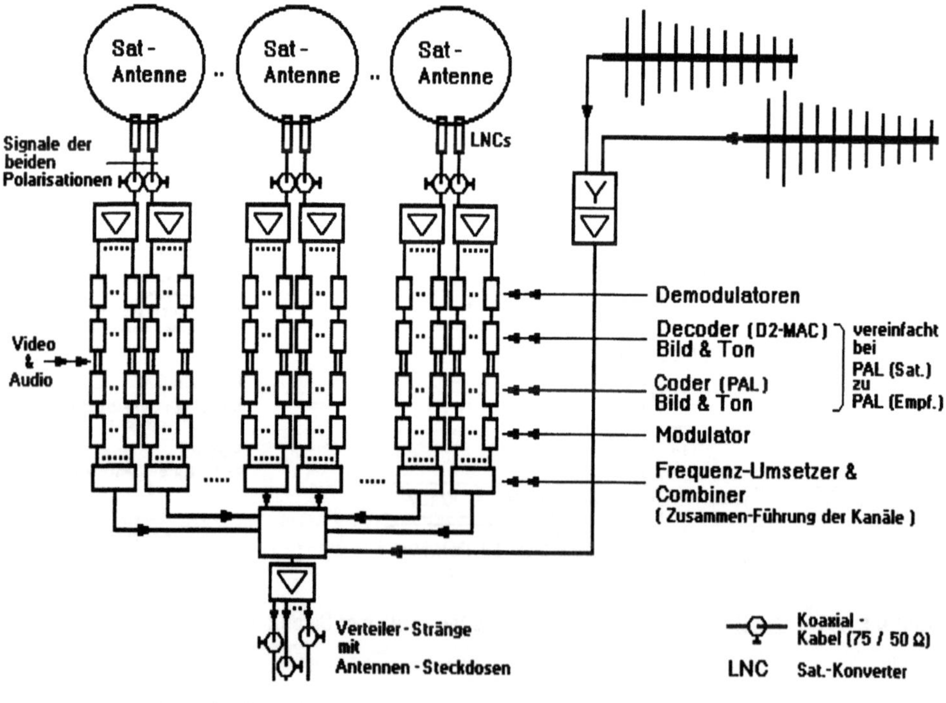

Bild 9.9 Gemeinschafts-Empfangsanlage mit Remodulation der einzelnen Kanäle

Sollen in Gemeinschaftanlagen neben den üblichen terrestrischen Fernseh- und Rundfunkprogrammen mehrere Satelliten-Systeme (TV-SAT, Kopernikus, ASTRA, Eutelsat u.a.) mit jeweils vielen Kanälen für Fernsehen und Digitalrundfunk empfangen werden können, wächst der Aufwand nicht nur unvertretbar, das Problem der knappen Kabelbandbreite wird wegen der insgesamt sehr hohen Kanalzahl damit letztlich nicht gelöst.

Mir scheint dann die bedarfsweise Durchschaltung (HF-Vermittlung) zu den Teilnehmern sinnvoller. Allerdings benötigt man dazu ein sternförmiges Netz oder mindestens ein vielfach gegliedertes Netz (viele Kabel-Stränge).

Die Satelliten-Signale werden bei diesem Konzept je Polarisation in große, etwas überlappende Frequenzblöcke aufgeteilt (z.B. 100 MHz). Die Überlappung wird zugelassen, um den Filteraufwand bei der zentralen Aufbereitung zu reduzieren. Die Blöcke der Satelliten-Fernseh-Signale und die der terrestrischen werden bedarfsweise in den UHF-Bereich umgesetzt. Nach diesem Konzept wird eine bedarfsgesteuerte Durchschaltung (Vermittlung) großer Frequenzblöcke ins Auge gefaßt. Die terrestrischen und Satelliten-Tonprogramme sollen ständig auf den Kabeln präsent sein (keine Vermittlung). Die Auswahl der Frequenzblöcke erfolgt aufgrund der teilnehmerseitig angeforderten Fernsehprogramme. Auf diese Weise kann die Anzahl der gleichzeitig auf einem Kabel befindlichen Frequenzblöcke recht klein gehalten werden (z.B. $\leq$ 6 Frequenzblöcke). Die Kabel brauchen nur für den UHF-Bereich ausgelegt zu sein. Die Signale können deshalb verstärkungslos über größere Längen im Haus übertragen werden.

Das Programmangebot kann bei einem solchen Konzept wesentlich wachsen, ohne daß dadurch die Kabel zum Engpaß werden. Schließlich hängt die benötigte Bandbreite nicht von der Anzahl der angebotenen, sondern von der Anzahl gleichzeitig angeforderter Programme ab.

Für kleine Gemeinschaftsanlagen (z.B. $\leq$ 8 Teilnehmer) sind Anlagen mit bedarfsweiser Durchschaltung verfügbar. Die Vermittlung besteht jedoch aus einfachen Umschaltern (sogenannte Multischalter). Sie können z.B. zwischen zwei Signalen aus unterschiedlicher Polarisation teilnehmergesteuert umschalten. Man benötigt ein sternförmiges Netz (Individualanschlüsse). Ein gegliedertes Netz mit vielen Kabelsträngen (für jeweils einige Teilnehmer) und mehreren Antennen kann damit aber nicht realisiert werden (Frequenzumsetzer und intelligente Vermittlungs-Steuerung fehlen).

9.5 Verschlüsselung von Fernsehsignalen

Unter dem Begriff Pay-TV werden verschlüsselte Programme angeboten. Sie können gegen Bezahlung abonniert werden. Die Bildsignale werden verwürfelt (Scrambler), invertiert u.a. Die Tonsignale werden meist digital bearbeitet und digital übertragen. Die Synchronisationssignale werden so verändert, daß ein normaler Empfänger nicht mehr synchronisiert. Der Nutzer benötigt einen DeScrambler, für den er Gebühren zahlen muß. Neben den Bild- und Ton-Signalen werden Daten übertragen, die insbesondere auch zur Steuerung des DeScramblers benutzt werden.

Nachfolgend sind einige Verschlüsselungs-Methoden aufgeführt:

- FBAS-Invertierung halbbildweise;
- FBAS-Invertierung zeilenweise;
- Bild-Signal-Invertierung am Anfang und Ende des sichtbaren Teils der Zeile;
- Überlagerung eines Sinussignals auf das FBAS-Signal;
- Zeilen-Individuelle Verzögerung des Videosignals:
  Kurzzeitige Zwischenspeicherung im Empfänger, Zeilen-Synchronisation anhand des PAL-Bursts oder Steuerung des DeScramblers mit digitalen Daten;
- Vertauschen der Zeilen (falsche Reihenfolge):
  Zwischenspeicherung von Zeilensignalen im Empfänger, Steuerung des DeScramblers mit digitalen Daten;
- Zeilen-Segmentierung mit Verwürflung:
  Zerstückelung des Bildsignals in Zeit-Abschnitte, deren zeitliche Folgen vertauscht werden;
  Kurzzeitige Zwischenspeicherung im Empfänger, Steuerung des DeScramblers mit digitalen Daten;
- Zeit-Invertierung in der Zeile,
  Zwischenspeicherung des Zeilensignals im Empfänger;
- PCM-Ton (Sound-In-Sync) vor und nach jedem PAL-Burst;
- Verschiebung des Synchronimpulspegels in den Schwarz-Weiß-Bereich;
- Stark reduzierte Synchron-Impulse oder keine H-Impulse (statt dessen PCM-Ton).

Neben der Steuerung des DeScramblers mit digitalen Daten können Teilnehmer individuell adressiert und deren gültige Lizenznummer abgeprüft werden.

9.6 Aufgaben und Lösungen

Im Anschluß an die folgenden Aufgaben finden Sie die zugehörigen Lösungen.

A 9.1 Im 12-GHz-Bereich senden die DBS (*Direct Broadcasting Satellites*) mit 27 MHz Kanal-Bandbreite und einem Kanalabstand von 19,18 MHz.

Mit welchem(n) Mittel(n) trennt man benachbarte (überlappende) Kanäle?

A 9.2 Skizzieren Sie das Blockbild eines Konverters (LNC) für den gleichzeitigen Empfang benachbarter Satellitenkanäle. Stellen Sie alle wichtigen Funktionsblöcke beginnend mit dem Hohlleiter des Primärstrahlers (ohne Stromversorgung) dar.

A 9.3 Bei MAC (Multiplexed Analogue Components) stehen von einer 64-µs-Zeile (52µs sichtbar) etwa 34 µs für das Luminanzsignal (Y) und 17 µs für das Chrominanzsignal (C_R/C_B) zur Verfügung (vgl. Bild 9.5). Die Basisbandbreite des Y-Signals soll 8 MHz betragen.

Berechnen Sie die MAC-Basisbandbreite. Mit welcher Basisbandbreite könnte das Chrominanzsignal übertragen werden?

A 9.4 In einer MAC-Zeile (***Multiplexed Analogue Components***) werden zwei Chrominanz-Signalkomponenten (C_R oder C_B) zeilenalternierend übertragen (s. Bild 9.5). Die MAC-Basisbandbreite beträgt 8,4 MHz (64-µs-Zeile, davon 52 µs sichtbar).

Abweichend von der gängigen MAC-Struktur sollen die beiden Chrominanz-Komponenten innerhalb der MAC-Zeile im Zeitmultiplex (nicht zeilenalternierend) übertragen werden. Die MAC-Zeit für das Chrominanzsignal von 17,2 µs werde genutzt. Je Komponente stehen dann nur ca. 8,5 µs zur Verfügung.

Wie groß ist die Basisbandbreite des Chrominanzsignals?

A 9.5 Ausgehend von 64 µs Zeilendauer (52 µs sichtbar) stehen in einer MAC-Zeile ca. 51 µs für die analogen Komponenten zur Verfügung (s. Bild 9.5). Luminanz (Y) und Chrominanz (C_R/C_B) sollen mit 10,0 MHz und 2,0 MHz Basisbandbreite übertragen werden. Die MAC-Basisbandbreite soll von Luminanz (Y) und Chrominanz (C_R/C_B) jeweils voll ausgeschöpft werden.

Wie groß muß die MAC-Basisbandbreite sein und wie muß die MAC-Zeit von 51 µs zwischen Chrominanz (C_R/C_B) und Luminanz (Y) aufgeteilt werden?

L 9.1 Benachbarte Kanäle unterscheiden sich in ihrer Polarisation. Man wechselt von Kanal zu Kanal zwischen rechts- und linksdrehender Zirkularpolarisation (RHCP und LHCP).

L 9.2

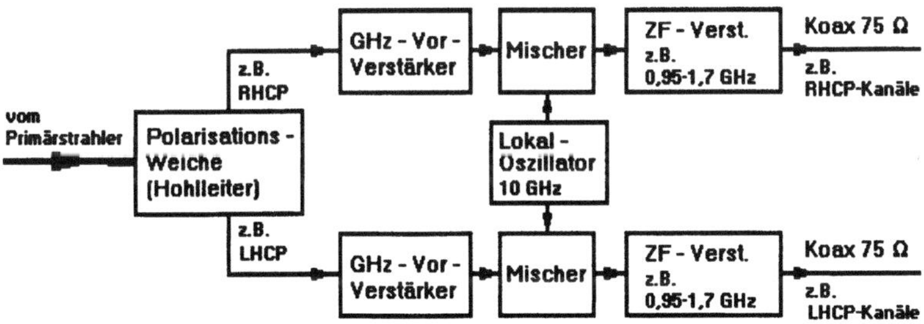

Bild 9.10 LNC für gleichzeitigen Empfang benachbarter Kanäle

Bei gleichzeitigem Empfang benachbarter Kanäle müssen die Signale beider Polarisationen per Weiche (kein Polarisations-Umschalter) separiert und getrennt in den ZF-Bereich umgesetzt werden. Der LNC besitzt daher auch zwei abgehende Koaxialkabel.

L 9.3 Kompressionsfaktor Y-Signal: 52 µs/34 µs = ca. 1,53
MAC-Basisbandbreite (Y): 8 MHz·1,53 = ca. 12,2 MHz

Für das Chrominanzsignal (C_R/C_B zeilenalternierend) könnte die berechnete MAC-Basisbandbreite ausgeschöpft werden:

Kompressionsfaktor C-Signal:	52 µs/17 µs	=	ca. 3,06
Chrominanz-Basisbandbreite:	12,2 MHz/3,06	=	ca. 4,0 MHz

L 9.4

Kompressionsfaktor C-Signal:	52 µs/8,5 µs	=	ca. 6,12
Chrominanz-Basisbandbreite:	8,4 MHz/6,12	=	ca. 1,4 MHz
(Zeilenalternierend (C_R/C_B):	ca. 2,8 MHz)		

L 9.5 Die volle Nutzung der MAC-Bandbreite bedeutet:

$$B_{MAC} = B_Y \cdot K_{PY} = B_C \cdot K_{PC}$$

mit

B_{MAC}	=	MAC-Basisbandbreite		
B_Y	=	Luminanz- Basisbandbreite	=	10,0 MHz
B_C	=	Chrominanz-Basisbandbreite	=	2,0 MHz
K_{PY}	=	Kompressionsfaktor Y-Signal		
K_{PC}	=	Kompressionsfaktor C-Signal		

Daraus erhält man den Quotienten der Kompressionsfaktoren.

$$\frac{K_{PC}}{K_{PY}} = 5{,}0$$

Die MAC-Zeit für die analogen Komponenten $T_{MACA} = 51$ µs setzt sich aus den MAC-Zeiten der Luminanz T_{MACY} und der Chrominanz T_{MACC} zusammen:

$$T_{MACA} = T_{MACY} + T_{MACC}$$

$$T_{MACA} = 51\,\mu s = \frac{52\,\mu s}{K_{PY}} + \frac{52\,\mu s}{K_{PC}}$$

Mit dieser Gleichung können unter Benutzung von $K_{PC}/K_{PY} = 5{,}0$ die Kompressionsfaktoren ermittelt werden:

$$T_{MACA} = 51\mu s = 52\mu s \cdot \left(\frac{1}{K_{PY}} + \frac{1}{5{,}0 \cdot K_{PY}} \right)$$

$$K_{PY} = \frac{52\mu s}{51\mu s} \cdot \frac{6{,}0}{5{,}0} = \text{ca. } 1{,}224$$

$$K_{PC} = 5{,}0 \cdot K_{PY} = \text{ca. } 6{,}118$$

Die weiteren Werte ergeben sich zu:

$$B_{MAC} = 10 \text{ MHz} \cdot 1{,}224 = 12{,}2 \text{ MHz}$$

$$T_{MACY} = \frac{52\mu s}{1{,}224} = \text{ca. } 42{,}5\ \mu s$$

$$T_{MACC} = \frac{52\mu s}{6{,}118} = \text{ca. } 8{,}5\ \mu s$$

10 Auf dem Wege zum hochauflösenden Fernsehen

10.1 Ausgangssituation

Die jetzigen Standardverfahren der Farbfernsehübertragung NTSC, PAL und SECAM nutzen für die Farbübertragung den Frequenzbereich des Luminanzsignals. Beschränken wir uns hier auf PAL, das wegen seiner vergleichsweise guten Qualität als Ausgangsstandard für Verbesserungen angesehen werden kann.

Bei PAL wird das kammförmige Chrominanzspektrum in das kammförmige Luminanzspektrum eingepaßt (Kammstruktur, s. Kapitel 6.1.2). Periodische Frequenzlücken (Minima) des Luminanzsignals füllt man mit dem Kammspektrum des Chrominanzsignals aus. Damit werden gegenseitige Störungen von Luminanz und Chrominanz klein gehalten. Sie sind aber prinzipiell vorhanden und können je nach Bildinhalt sogar erheblich stören.

Höherfrequente Luminanzsignale (ca. > 3,5 MHz) führen im Empfänger zu Übersprechen auf das Chrominanzsignal. Diesen Effekt bezeichnet man als ***Cross-Colour***. Er tritt besonders unangenehm in Erscheinung bei regelmäßigen Bildstrukturen mit hohem Kontrast, so kommt es dann zu farbigem Schillern feiner Strukturen.

Ebenso führen die Chrominanzsignale durch Übersprechen bei der Luminanz zu Störungen. Diesen Effekt nennt man ***Cross-Luminance***. Er tritt insbesondere an Farbkanten auf und äußert sich in feinen Helligkeitsmustern (Perlenschnureffekt). *Cross-Luminance* stört bei heutigen Fernsehern noch relativ selten. Mit zunehmender Bildgröße wird jedoch der relative Betrachterabstand fallen. So rechnet man heute mit der 4- bis 6fachen Bildhöhe als Betrachterabstand, für die künftig größeren Bildschirme bei hochauflösendem Fernsehen nimmt man aber nur noch das 3,3fache der Bildhöhe an [7.15]. *Cross-Luminance* wird dann wesentlich häufiger als unangenehm empfunden werden.

Bei PAL (CCIR B,G) gehen wir nominal von einer Luminanzbandbreite von 5 MHz aus (Gl. (6.7a)). Das Farbträgersignal wird jedoch im Luminanzkanal sende- und empfängerseitig mittels Bandsperrfilter (Farbträgerfalle, s. Bild 6.32) unterdrückt. Damit wird natürlich auch ein Teil des Luminanzfrequenz-Bereichs beeinträchtigt. Praktisch verzichtet man mehr oder weniger ganz auf die volle Luminanzbandbreite. Man vermeidet damit die Übersprecheffekte zu Lasten der Auflösung. Ungünstigenfalls stehen dann allerdings nur noch etwa 3,5 MHz (statt 5 MHz) zur Verfügung. Die horizontale Auflösung ist damit zu klein. Wünschenswert ist eine Auflösung, die einer Bandbreite von mehr als 5 MHz entspricht.

Bei der Filmwiedergabe gibt es Formatprobleme (Breitwand). Überhaupt wird das 4:3-Format für große Bildflächen als nicht günstig angesehen. Man strebt ein breiteres Bild an (16:9).

Bei großer Bildhelligkeit ist bei unserem jetzigen Fernsehen mit 50 Hz Halbbildfrequenz ein 50-Hz-Großflächenflimmern zu beobachten. Außerdem flackern horizontale Kanten mit 25 Hz.

Zusammenfassend werden an ein neues hochauflösendes Fernsehen folgende Anforderungen gestellt:

- Keine *Cross-Colour*-Effekte,
- Keine *Cross-Luminance*-Effekte,
- Wesentlich bessere Auflösung horizontal und auch vertikal,
- absolut flimmerfreies Bild,
- breiteres Seitenverhältnis möglichst umschaltbar,
- Kompatibilität mit bestehenden Standards insbesondere mit PAL.

Die letzte Forderung ist wohl mehr ein Wunsch. Die vorhandenen Fernsehempfänger sollen Sendungen im neuen Standard wenigstens in alter Qualität empfangen können (Abwärts-Kompatibilität). Die jetzigen Fernsehproduktionen müssen weiter genutzt werden können. Dabei sollte jedoch das Umformatieren technisch leicht und ohne weitere Qualitätseinbußen möglich sein.

Zur Zeit gibt es noch keine endgültigen Standards für **HDTV** (***High Definition TeleVision***). Einzig das Seitenverhältnis ist unumstritten:

- 16:9 (Breite : Höhe).

Die Halbbildfrequenz des flimmerfreien Bildes sollte bei etwa 100 Hz liegen.

Die horizontale Auflösung sollte erheblich verbessert werden. Nach heutiger Technik mit 64-µs-Zeilendauer muß daher die Luminanz-Bandbreite auf mindestens 5 MHz bis 10 MHz angehoben werden. Bei Verdopplung der Zeilenzahl würde das dann allerdings schon Werte von 10 MHz bis 20 MHz ergeben. Wenn dann noch 100 Halbbilder je Sekunde übertragen würden, stiege die erforderliche Bandbreite auf maximal ca. 40 MHz an. Dieser Wert erscheint uns heute allerdings unrealistisch hoch. Daher wird man wohl die Halbbildfrequenz lediglich bei der Wiedergabe und nicht bei der Übertragung erhöhen.

Die Kompatibilität zu bestehenden Standardsystemen wie PAL wird vermutlich am Ende der Entwicklungen aufgegeben werden müssen. Es existieren jetzt sowohl kompatible wie inkompatible Verfahren. Zu den inkompatiblen gehören die MAC-Übertragungsverfahren (Kapitel 9.3.2). Sie werden bereits eingesetzt (z.B. TV-SAT). Allerdings erfüllen sie in ihrer heutigen Form viele Forderungen noch nicht (Seitenverhältnis, Halbbildfrequenz u.a.). Sie sind aber recht flexibel, wenn man ihre digitalen Signale zur Übertragung von Systemparametern nutzt.

10.2 I-PAL

I-PAL (*Improved PAL*) ist ein Systemvorschlag für ein verbessertes PAL [10.01]. Man geht dabei weiterhin von den 625 Zeilen je Bild, den 50 Halbbildern pro Sekunde und dem Zeilensprungverfahren aus.

Es werden hier auch die drei PAL-Komponenten Luminanz (Y), Rot-Differenz (R-Y) und Blau-Differenz (B-Y) übertragen. Dabei wendet man für das Chrominanzsignal (wie bei PAL) Quadratur-Amplitudenmodulation (QAM) an.
Es gibt jedoch bei I-PAL folgende Modifikationen:

(1) Luminanz-Signal (Y),
wird aufgeteilt in zwei Frequenzbereiche:

0 - 3 MHz (Y_u)	unterer Frequenzbereich,
3 - 5 MHz (Y_o)	oberer Frequenzbereich.

(2) Zeilenfrequente Umschaltung der Y-Übertragung zwischen

$Y_n = Y_{un} + Y_{on}$	volle 5-MHz-Bandbreite bei geraden Zeilenzahlen,
$Y_{n+1} = Y_{un}$	reduzierte Bandbreite von 3 MHz bei ungeraden Zeilenzahlen.

mit

n = gerade Zeilenzahl

Y_n = übertragenes Luminanzsignal der Zeile n (gerade)

Y_{un} = unteres Luminanzsignal (0-3 MHz) der Zeile n

Y_{on} = oberes Luminanzsignal (3-5 MHz) der Zeile n

Y_{n+1} = übertragenes Luminanzsignal der Zeile n+1 (ungerade)

(3) Chrominanz-Signal (C), wird nur übertragen als:

C_{n+1} bei jeder ungeraden Zeilenzahl,

mit

C_{n+1} = Chrominanzsignal der Zeile n+1 (ungerade)

Bild 10.1 zeigt die FBAS-Spektren und die Substitutionen im Empfänger.

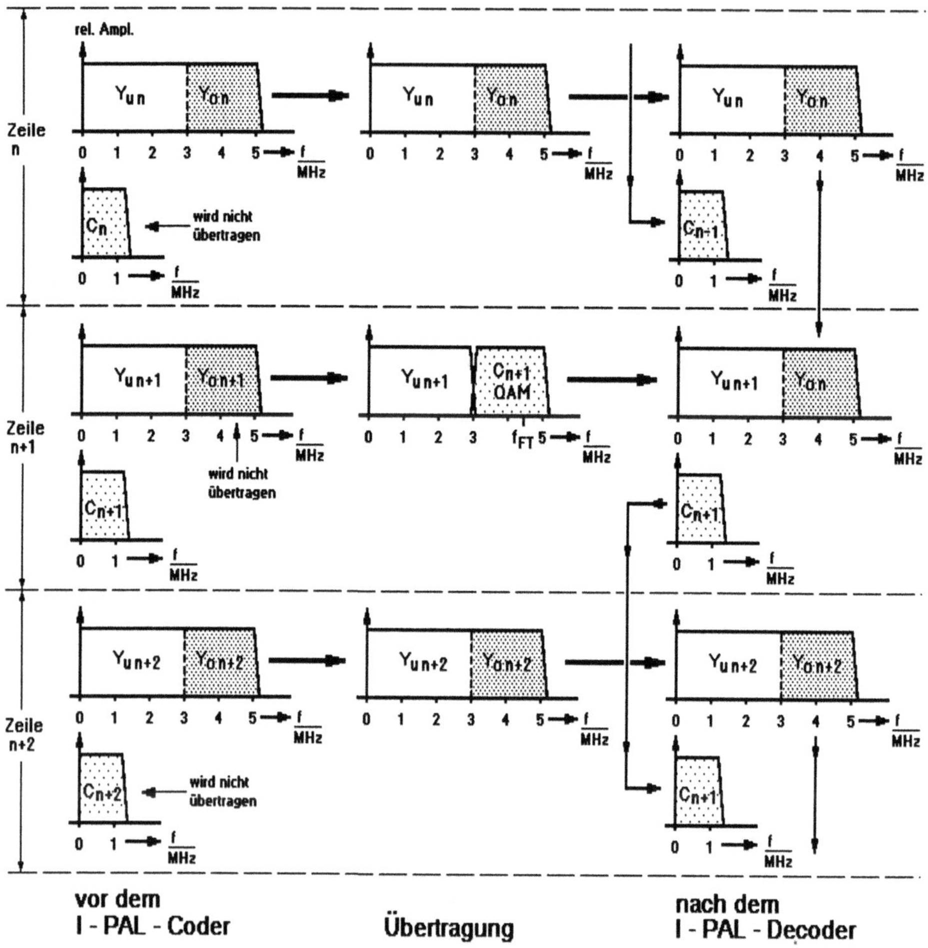

Bild 10.1 FBAS-Spektren bei I-PAL

Man erkennt: Chrominanz- und Luminanzsignal werden nicht mehr überlappend übertragen. Somit entfallen *Cross-Colour* und *Cross-Luminance*.

Die Luminanz-Bandbreite besitzt nunmehr den Wert von 5 MHz. Die horizontale Auflösung ist damit verbessert worden. Allerdings trifft das nur für jede zweite Zeile zu. Für die ungeraden Zeilenzahlen werden im Empfänger die höherfrequenten Anteile der geraden Zeilen benutzt. Dies bedeutet vertikal eine geringere Auflösung.

Auch das Chrominanzsignal wird nur in jeder zweiten Zeile übertragen. Die vertikale Farbauflösung ist damit gegenüber dem NTSC-Prinzip reduziert. Allerdings ist dies wegen der ohnehin geringeren Farbauflösung unserer Augen kein Nachteil.

Das Bild 10.2 und Bild 10.3 zeigen Blockbilder von Coder und Decoder.

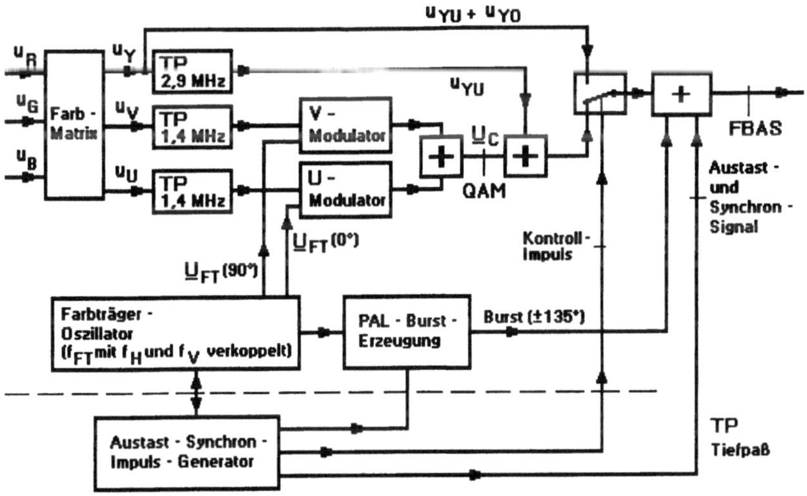

Bild 10.2 Prinzip-Blockbild des I-PAL-Coders

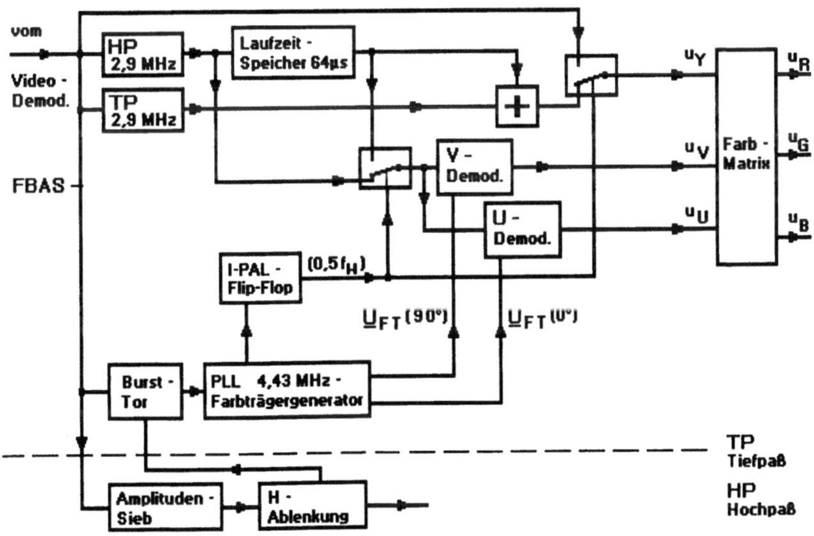

Bild 10.3 Prinzip-Blockbild des I-PAL-Decoders

Im Decoder ist (wie bei PAL) ein Laufzeitspeicher erforderlich. Er übernimmt abwechselnd die Speicherung des Chrominanz- und des höherfrequenten Luminanzsignals (Y_0).

Der Farbträger-Burst wird wie bei PAL gesendet. Er übernimmt hier die Umschaltung des Laufzeit-Speicherausganges im Chrominanz- und Luminanzpfad.

Eine Phasenfehlerkompensation ist bei I-PAL jedoch nicht vorgesehen. Dies wurde erst beim weiterentwickelten I-PAL-M wieder eingeführt.

Wichtig ist die Abwärts-Kompatibilität des I-PAL-M-Verfahrens: PAL-Empfänger können I-PAL-Sendungen verarbeiten. Die Wiedergabequalität ist dabei allerdings etwas geringer.

Neue I-PAL-Empfänger können natürlich auch normale PAL-Sendungen empfangen.

10.3 Q-PAL

Q-PAL (***Quality-PAL***) basiert auf den 625 Bildzeilen, den 50 Halbbildern pro Sekunde und dem Zeilensprungverfahren.

Durch ein exaktes Frequenzmultiplex erreicht man bei Q-PAL eine gute Trennung von Luminanz- und Chrominanzsignal. Es handelt sich dabei um ein dreidimensionales Frequenzmultiplex, bei dem auch eine dreidimensionale Filtertechnik eingesetzt wird.

Die Vorstellung eines dreidimensionalen Frequenzraumes wollen wir uns anhand des Luminanzsignals erarbeiten.

Wir kennen die Darstellung eines Signals als zeitlichen Verlauf und im Frequenzbereich als Frequenzspektrum. Wir kommen dabei vom Zeitbereich zum Frequenzbereich über das Fourierintegral. Der Zeitbereich besitzt bekannterweise die Dimension Sekunde: [t] = s. Im Frequenzbereich benutzen wir die Dimension Hertz: $[f_t]$ = Hz, Schwingungen/s. Dabei entspricht f_t unserem üblichen f, die zusätzliche Kennzeichnung soll hier lediglich an den zugehörigen Zeitbereich erinnern.

Das eben Erläuterte gilt natürlich auch für das Luminanzsignal eines einzigen Bildpunktes. Das Luminanzsignal dieses Punktes besitzt einen Verlauf über der Zeit $u(t)$ und ein zugehöriges komplexes Spektrum über der Frequenz $\underline{Us}(f_t)$. Den Betrag des Spektrums wollen wir fortan mit $Us(f_t)$ kennzeichnen.

Wir können nun aber auch für einen Zeitpunkt den Verlauf des Luminanzsignals in horizontaler Richtung s_h betrachten. Wir erhalten dann einen Verlauf über dem horizontalen Weg $u(s_h)$. Wenden wir jetzt das Fourierintegral an, so ergibt sich ein Frequenzspektrum $Us(f_h)$. Der s_h-Bereich besitzt die Dimension Meter: $[s_h]$ = m, der Frequenzbereich die Dimension Anzahl Schwingungen je Längeneinheit: $[f_h]$ = Schwingungen/m. Wir sprechen von der Ortsfrequenz f_h.

Statt in der s_h-Richtung stellen wir uns nun den Verlauf des Luminanzsignals in vertikaler Richtung vor. Es ergeben sich $u(s_v)$, $Us(f_v)$ mit s_v in m und f_v Schwingungen/m.

Wir können danach den Verlauf des Luminanzsignals dreidimensional in einem s_h-s_v-t-Raum darstellen. Das Luminanzsignal ist eine Funktion der Zeit sowie des horizontalen und vertikalen Weges (Bildpunktpositionen). Ebenso können wir das Luminanzsignal in einem f_h-f_v-f_t-Frequenzraum dreidimensional darstellen. Damit haben wir eine erste Vorstellung von dem hier genannten dreidimensionalen Frequenzraum für das Luminanzsignal (Y).

Die Vorstellungen lassen sich natürlich genausogut für die beiden Komponenten des Chrominanzsignals (U, V) entwickeln.

Die drei Komponenten (jede dreidimensional beschrieben) sind als Signalverlauf in Gl. (10.1) formalisiert.

$$u_{Y3D} = f(s_h, s_v, t), \tag{10.1a}$$

$$u_{V3D} = f(s_h, s_v, t), \tag{10.1b}$$

$$u_{U3D} = f(s_h, s_v, t), \tag{10.1c}$$

mit

u_{Y3D}, u_{V3D}, u_{U3D} = dreidimensionales Y-, V-, U-Signal,

abhängig von

s_h = horizontaler Weg,
s_v = vertikaler Weg,
t = Zeit.

Die Frequenzspektren ergeben sich durch Fouriertransformation der Gl. (10.1), wir erhalten Gl. (10.2).

$$Us_{Y3D} = f(f_h, f_v, f_t) \tag{10.2a}$$

$$Us_{V3D} = f(f_h, f_v, f_t) \tag{10.2b}$$

$$Us_{U3D} = f(f_h, f_v, f_t) \tag{10.2c}$$

mit

Us_{Y3D}, Us_{V3D}, Us_{U3D} = Beträge des dreidimensionalen Y-, V-, U-Frequenzspektrum

abhängig von

f_h = horizontale Ortsfrequenz,
f_v = vertikale Ortsfrequenz,
f_t = Frequenz (Zeitfrequenz).

Stellt man nun die Frequenzspektren der üblichen PAL-Signal-Komponenten (Y, U, V) **gemeinsam** räumlich dar, sieht man Überschneidungen zwischen Luminanz und Chrominanz. Sie sind verantwortlich für *Cross-Luminance* und *Cross-Colour*. Die störenden Effekte sind klar zuzuordnen.

Filtert man aber Luminanz und Chrominanz dreidimensional derart, daß diese Überschneidungen nicht mehr vorhanden sind, ist ein echtes dreidimensionales Frequenzmultiplex ohne Übersprechen möglich. Dies wird bei Q-PAL sendeseitig getan. Im Empfänger ist dann lediglich noch eine Nachfilterung nötig.

Das Ergebnis ist beeindruckend. *Cross-Colour* und *Cross-Luminance* sind praktisch nicht mehr vorhanden. Die Bandbreite (5 MHz) steht für die Luminanz praktisch voll zur Verfügung.

Die nachfolgenden Abbildungen Zeigen Q-PAL-Codierer und Q-PAL-Decodierer in ihrer Grundstruktur.

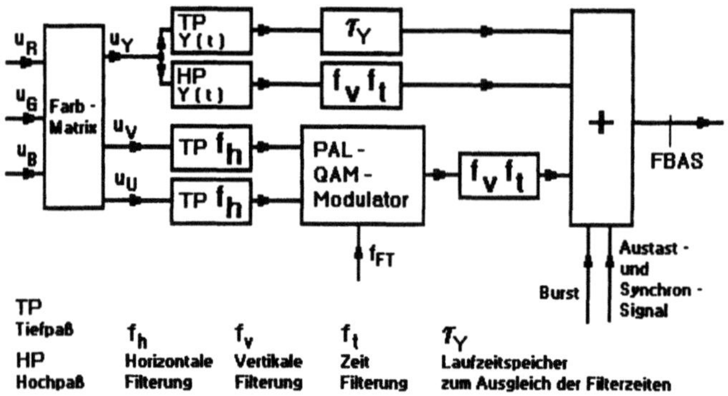

Bild 10.4 Prinzip-Blockbild Q-PAL-Coder

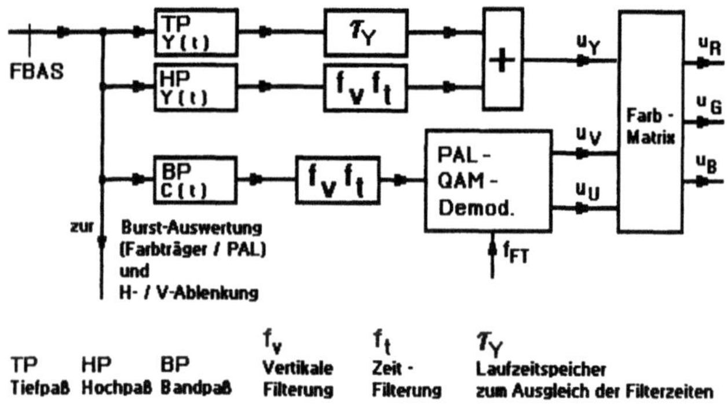

Bild 10.5 Prinzip-Blockbild Q-PAL-Decoder

Im Coder und Decoder wird die räumliche Filterung des Luminanzsignals auf den höherfrequenten Anteil beschränkt, da es nur hier Übersprechen zwischen Luminanz- und Chrominanzsignal geben kann. Das höherfrequente Luminanzsignal wird im Coder vertikal-zeitlich gefiltert (f_v, f_t). Im Decoder erfolgt die gleiche Operation.

Das Chrominanzsignal wird im Coder in üblicher Weise tiefpaßgefiltert. Auch die vertikal-zeitliche Filterung wird im Coder und Decoder angewandt. Mit diesen vertikal-zeitlichen Filterungen von Luminanz- und Chrominanzsignal werden die *Cross-Effekte* beseitigt. So eliminiert die Luminanzfilterung im Coder die niederfrequente (grobe) *Cross-Colour*. Die höherfrequente (feine) *Cross-Colour*-Komponente wird durch die Filterung im Decoder unterdrückt [10.03].

Bei diesen speziellen Filterungen steht die volle 5-MHz-Bandbreite für das Luminanzsignal zur Verfügung. Lediglich bei bewegten Objekten reduziert sich die vertikale Auflösung oberhalb von ca. 3,5 MHz infolge der vertikal-zeitlichen Filterungen [A.08]. Dies trifft auch auf das Chrominanzsignal zu. Für bewegte Objekte ist aber die verminderte

Bandbreite des Luminanz- und Chrominanzsignals wegen der geringen Auflösefähigkeit des menschlichen Auges unkritisch.

Solche Filter (dreidimensional: *h*, *v*, *t*) können nur noch digital realisiert werden (digitale Filter). Zu diesem Zweck digitalisiert man die Signale und legt sie in einem Speicher ab. Die eigentliche Filterung erfolgt mittels Software in Verbindung mit einem speziellen Signalprozessor, der für Echtzeitverarbeitung so breitbandiger Signale konzi-piert ist. Insbesondere wegen der vertikalen Komponente sind große Speicher erforderlich. Dies gilt im übrigen auch für die in Bild 10.4 und Bild 10.5 skizzierten Laufzeitspeicher. Es handelt sich dabei nicht um die vom Standard-PAL her bekannten Speicher, vielmehr sind es große Digitalspeicher für mehrere Bilder.

10.4 PAL-Plus

PAL-Plus ist eine Weiterentwicklung von Q-PAL. Sie betrifft insbesondere die Lösung des Problems beim Übergang vom 4:3-Format auf das 16:9-Format.

Für das zukünftige 16:9-Bildformat stellt sich die Frage nach der Darstellung solcher Bilder auf den 4:3-Bildschirmen. Bei PAL-Plus wird die sogenannte Letterbox-Darstellung angewandt. Darunter versteht man die Darstellung breiter (16:9) Bilder auf einem 4:3-Bildschirm mit schwarzen Streifen am unteren und oberen Bildschirm (Letterbox-Darstellung). Wir kennen dies übrigens schon von der gelegentlichen Wiedergabe von Breitwandfilmen im Fernsehen.

Von den 625 Zeilen je Bild sind nach Gl. (1.7a) nur ca. 575 Zeilen sichtbar. Man geht bei PAL-Plus von 576 sichtbaren Zeilen aus. Würde man eine 16:9-Vorlage einfach als 4:3-Format rechts und links bündig wiedergeben, verblieben vertikal nur noch 432 aktive Zeilen. Die beiden ungenutzten schwarzen Streifen im Bild belegten 144 Zeilen. Insgesamt wären 193 Zeilen (ca. 30%) ohne Videosignal.

Diese schlechte Ausnutzung kann man im Ausnahmefall für die vorhandenen Fernsehgeräte sicherlich hinnehmen. Bildvorlagen im 4:3-Format sollten aber die 4:3-Fernsehempfänger in gewohnt guter vertikaler Auflösung wiedergeben. Bildvorlagen im neuen 16:9-Format müssen von Fernsehempfängern mit 16:9-Format auch mit der bestmöglichen vertikalen Auflösung von 576 sichtbaren Zeilen wiedergegeben werden.

PAL-Plus löst die Aufgabe, indem es jede vierte sichtbare Zeile aus dem 16:9-Bild herausnimmt (576/4 = 144). Das so entstandene 16:9-Bild hat verminderte Auflösung. Auf einem 4:3-Empfänger wird es in Letterbox-Darstellung wiedergegeben. Die herausgenommenen Zeilen werden nun aber nicht einfach unterdrückt, sondern als zwei besondere Signale gesendet. Man spricht von vertikalen Helfersignalen, kurz Vertikal-Helfer (VH). Sie werden je zur Hälfte vor und nach den 432 sichtbaren Standardzeilen des PAL-Bildes übertragen. PAL-Plus sendet demnach:

(1) 432 sichtbare Standard-Zeilen je Bild,

(2) 144 vertikale Helfer-Zeilen (VH) je Bild in zwei Blöcken a 72 Zeilen

Alte 4:3-Fernsehempfänger nehmen diese Helfer-Signale nicht zur Kenntnis. Man erreicht dies dadurch, daß man die Helfer-Signale im Synchronpegelbereich sendet. Für den

Standardempfänger bedeuten derartige Signale Schwarz (sogenanntes „Ultra-Schwarz“, da es noch über dem Schwarzwert liegt).

Neue 16:9-Empfänger verarbeiten die Helfer-Signale und fügen die ausgeblendeten 144 Zeilen wieder richtig ein. Sie geben dann ein vertikal gut aufgelöstes Bild wieder.

Zur Steuerung der Wiedereingliederung werden Formatdaten (Austastlücke) mitübertragen. Bei Fehlen dieser Daten geht der PAL-Plus-Empfänger von einem 4:3-Format aus, das er dann entsprechend darstellt.

Die Aufteilung des 16:9-Bildes zwecks Übertragung und die Wiedergabe auf einem 16:9- und einem 4:3-Empfänger sind in Bild 10.6 dargestellt.

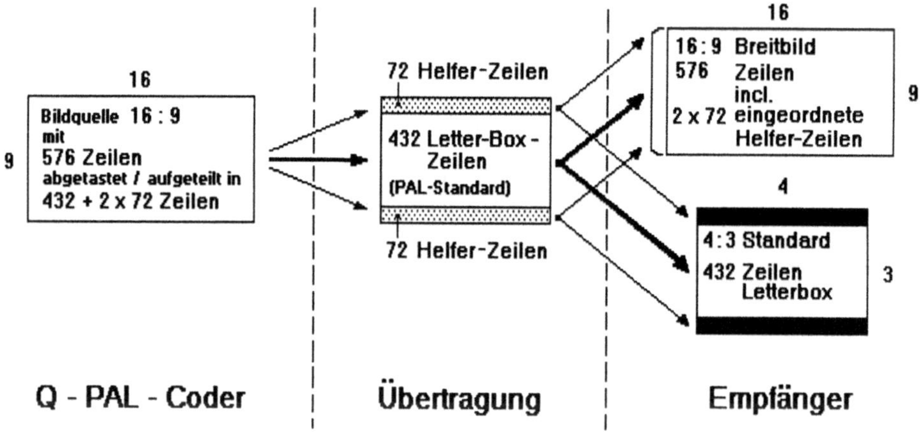

Bild 10.6 Aufteilung und Wiedergabe des PAL-Plus-Bildes

Zu einem verbesserten Fernsehbild gehört natürlich auch ein verbesserter Ton. Daher ist es schon selbstverständlich, daß zu PAL-Plus eine digitale Tonübertragung (evtl. mit Datenreduktion) in Aussicht steht. Aus Gründen der Kompatibilität muß dies zusätzlich zur jetzigen analogen frequenzmodulierten Tonübertragung geschehen.

10.5 HLO-PAL

HLO-PAL (**H**alf **L**ine **O**ffset-**PAL**) ist ein nichtkompatibles PAL-Verfahren aus Japan [7.15]. Es wird ein breitbandiges Luminanzsignal (Y) übertragen. Für das Chrominanzsignal benutzt man Quadratur-Amplituden-Modulation (QAM). Es besteht aus zwei Komponenten (C_W, C_N). Die Bandbreiten und die Farbträgerfrequenz besitzen die folgenden Werte:

- 19 MHz Luminanz (Y),
- 7 MHz Chrominanz C_W,

- 5,5 MHz Chrominanz C_N,
- 24,3 MHz Farbträgerfrequenz,
  720fache Zeilenfrequenz (33,78 KHz).

Man arbeitet mit Frequenzmultiplex. Im unteren Bereich befindet sich das Luminanzsignal, darüber das Chrominanzsignal. Insgesamt wird ein Basisband von 30 MHz belegt. Trotz dieser immensen Bandbreite gibt es dennoch teilweise Frequenzband-Überschneidungen zwischen Luminanz- und Chrominanz-signal (19 > (24,3-7,0) MHz). Zur Verringerung der daraus folgenden Cross-Effekte wird die breitbandige Komponente des Chrominanzsignals C_W zeilensequentiell umgepolt (PAL-Prinzip). Der Burst alterniert daher wie bei PAL.

Das Verfahren führt zu sehr guter Auflösung. Eine breite Einführung – auch einer europäischen Abwandlung – wird allerdings allgemein ausgeschlossen.

10.6 MUSE

MUSE (***MU**ltiple **S**ubsampling **E**ncoding*) ist ein nichtkompatibles, hochauflösendes Codierverfahren aus Japan.

Das Besondere an MUSE ist die Breitbandigkeit von ca. 20 MHz Luminanz bei einer Kanalbandbreite von nur 8,1 MHz. Es wird eine intelligente Bandbreiten-Reduktion vorgenommen. Im Ergebnis entspricht das Verfahren einer Unterabtastung des Bildes (*Subsampling Encoding*).

Man geht bei MUSE von einem **HDTV**-Signal (***H**igh **D**efinition **T**ele**V**ision*) mit einer Halbbildfrequenz von 60 Hz, Zeilensprungverfahren (Zwischenzeilen 2:1) und 1125 Zeilen aus. Es gibt ein breitbandiges Luminanzsignal und zwei Chrominanzsignale, die zeilensequentiell abwechselnd gesendet werden.

Die Basisbandbreiten ähneln denen des HLO-PAL (Kapitel 10.5). Das MUSE-Verfahren geht von den folgenden Basisdaten aus:

- 1125 Zeilen je Bild,
- 2:1 Zeilensprungverfahren,
- 60 Hz Halbbildfrequenz,
- 20 MHz Luminanz (Y),
- 8 MHz Chrominanz C_1, C_2 (zeilenalternierend $C_1/C_2/C_1/C_2$ ...).

Luminanz und Chrominanz ergeben bei einem zeilenalternierenden Chrominanzsignal zusammen ca. 28 MHz Basisbandbreite. Dazu kommen Synchronisation sowie Ton- und Steuerdaten. Man erreicht dann etwa 30 MHz Bandbreite. Sie muß nun auf die Kanalbandbreite von ca. 8 MHz reduziert werden.

Die Reduktion erfolgt mit Hilfe einer bewegungsadaptiven, digitalen Signalverarbeitung. Sie wird sowohl sende- wie empfangsseitig vorgenommen. Bild 10.7 und Bild 10.8 zeigen die groben Blockbilder von Coder und Decoder.

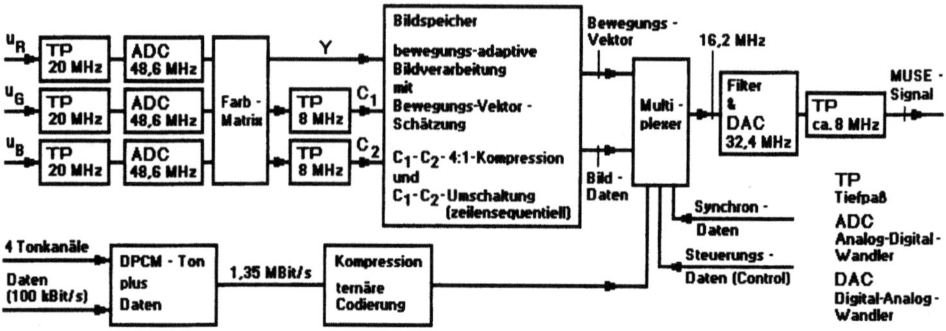

Bild 10.7 Prinzip-Blockbild des MUSE-Coders

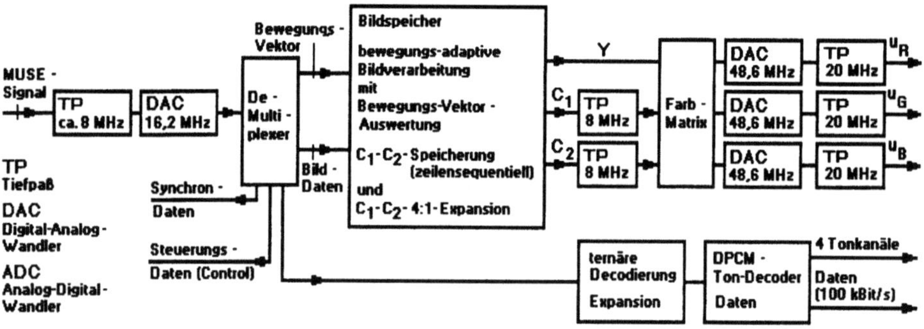

Bild 10.8 Prinzip-Blockbild des MUSE-Decoders

Obwohl die Signale im MUSE-Coder digital verarbeitet vorliegen, werden sie am Ausgang des Coders wieder in ein analoges Signal umgewandelt. Es kann dann einem Frequenzmodulator (Satelliten-TV) zugeführt werden.

Das analoge Signal besteht aus Signalkomponenten, die im Zeitmultiplex übertragen werden (MAC-Prinzip, vgl. Kapitel 9.3.1). Bild 10.9 zeigt das Format der Signalübertragung einer sichtbaren Zeile.

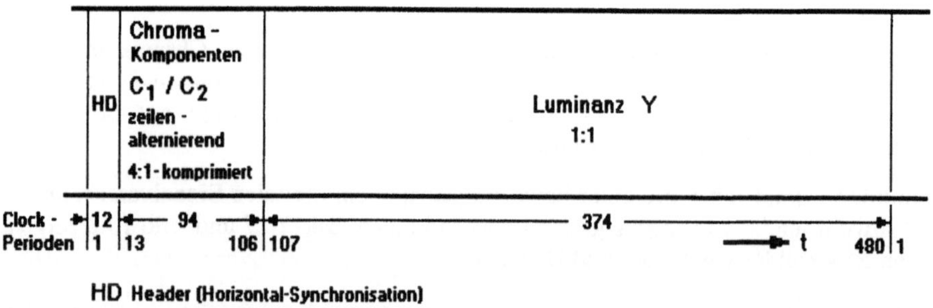

Bild 10.9 TCI-Format einer sichtbaren MUSE-Zeile

In jeder Zeile wird nach dem horizontalen Synchronsignal ein Chrominanzsignal und danach das Luminanzsignal gesendet. Die beiden Chrominanzsignale C_1, C_2 werden zeilensequentiell gesendet. Dabei erfolgt eine Kompression von 4:1. Das Luminanzsignal wird dagegen ohne weitere Kompression im Anschluß an das Chrominanzsignal gesendet. Das Verfahren dieser MAC-Übertragung wird als **TCI** (*Time Compressed Integration of Line Color Signals*) bezeichnet.

Einige Zeilen weichen in ihrem Aufbau von dem TCI-Format der Bild 10.9 ab (Ton- und Datensignale, Vertikalsynchonisation, Kontrollsignale). So werden der DPCM-Ton (***D**ifferenz **P**uls-**C**ode-**M**odulation*) und die Daten in gesonderten Zeilen des Vertikalaustastbereichs in komprimierter Form übertragen.

Die bewegungsadaptive Datenreduktion basiert auf der Unterabtastung des Bildes. Es werden je Abtastvorgang weniger Bildpunkte abgetastet, als aufgrund der geforderten Auflösung notwendig sind.

Gehen wir für die Erklärung des Abtastprinzips zunächst von einem ruhenden Bild aus: Wir benötigen zwar die hohe Auflösung, doch wir können das ganze Bild in vier Abtastdurchgängen nacheinander abtasten. Das Bild verändert sich ja zwischen den vier Durchgängen nicht.

Im ersten Durchgang tasten wir nur jeden zweiten Bildpunkt und nur jede zweite Zeile ab. Im zweiten Durchgang wiederholen wir den Vorgang, doch versetzen wir die Abtastpunkte um einen Bildpunkt und um eine Zeile. Im dritten Durchgang tasten wir die gleichen Zeilen wie im ersten Durchgang ab. Wir versetzen jedoch die Abtastpunkte derart, daß sie zwischen denen des ersten Durchganges liegen. Im vierten Durchgang versetzen wir wieder die Zeilen und Abtastpunkte, so daß sie zwischen denen des zweiten Durchganges liegen. Mit dem fünften Durchgang wiederholt sich der Vorgang, wir tasten dann wieder wie im ersten ab.

Speichert man die Werte der einzelnen Abtastdurchgänge in einem Vollbildspeicher, so hat man jeweils nach vier Durchgängen ein Bild mit der vollen Auflösung. Ein hochaufgelöstes Bild besteht somit aus vier unterabgetasteten Teilbildern. Man nennt diese Art der Bildabtastung Offset-Abtastung. Ihr Prinzip ist in Bild 10.10 dargestellt.

Die Abtastdurchgänge laufen nun synchron mit der Halbbildfolge ab. Man gewinnt daher nach vier Halbbildern ein hochaufgelöstes Vollbild. Dies ist natürlich nur fehlerfrei bei ruhenden Bildern, bei denen sich zwischen den Abtastdurchgängen der Bildinhalt nicht ändert.

Die Offset-Abtastung wendet man nun nicht direkt bei den Kamerasignalen an. Sie werden vielmehr hochauflösend abgetastet, digitalisiert und zwischengespeichert (48,6-MHz-Takt). Aus dem Speicher werden sie dann der Offset-Abtastung entsprechend entnommen. Die Unterabtastung mit vier Teilbildern reduziert den Abtasttakt von 48,6 MHz auf 12,15 MHz. Unter Berücksichtigung der TCI-Formates (Kompression 480/374, s. Bild 10.9 *Clock*-Perioden) ergibt sich ein Übertragungstakt von ca. 15,6 MHz (vgl. Bild 10.7, Multiplexer-Ausgang: 16,2-MHz-Takt). Eine analoge Luminanzübertragung mit diesem Takt erfordert theoretisch minimal 8,1 MHz Bandbreite (vgl. Bild 10.7, Coder-Ausgang: TP ca. 8 MHz).

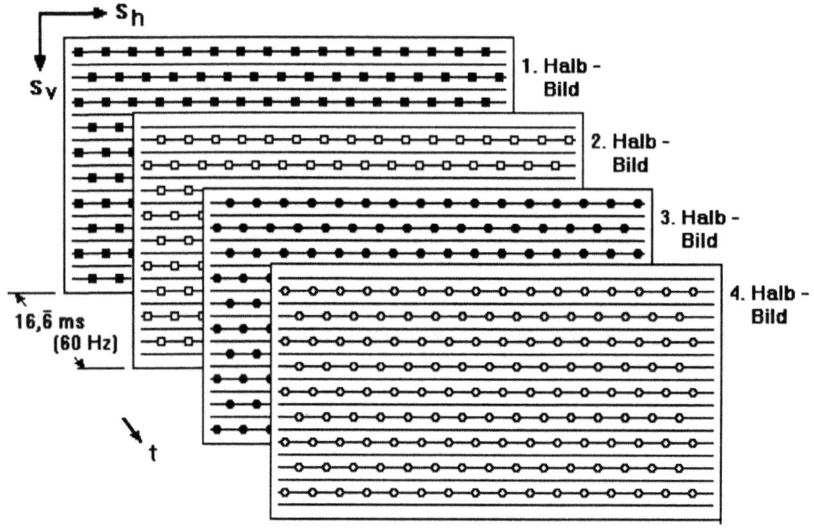

Bild 10.10 Prinzip der Offset-Abtastung bei MUSE

Nun haben wir es beim Fernsehen mit Bewegtbildern zu tun, mindestens in Teilbereichen des Bildes kann sich etwas bewegen. Aus diesem Grunde verfügt der MUSE-Coder über einen Bewegungsdetektor (digital). Er detektiert, ob sich die zu übertragenden Bildteile bewegen oder nicht. Bewegen sie sich, wird das aktuellste, unterabgetastete Signal direkt übertragen. Die Folge ist dann natürlich eine schlechtere Auflösung. Dies wird aber als tolerabel angesehen, da das Auge bewegte Bildteile ohnehin nicht scharf sehen kann.

Allerdings gilt dies nicht, wenn sich das gesamte Bild langsam bewegt. Daher wird zusätzlich ein sogenannter Bewegungsvektor ermittelt und übertragen. Empfangsseitig wird er dann in eine entsprechende Bildverschiebung umgesetzt.

Im Empfänger wird die übertragene Bildinformation in digitaler Form gespeichert. Das Bild steht dort mit hoher Auflösung zur Verfügung. Es wird ständig aus dem Bildspeicher gelesen und über D/A-Wandler breitbandig dem Bildwiedergabewandler zur Verfügung gestellt (vgl. Bild 10.8, Decoder-Ausgänge: TP 20 MHz).

10.7 HD-MAC

In Europa wurde und wird nach einer kompatiblen HDTV-Lösung gesucht (HDTV = ***H**igh **D**efinition **T**ele**V**ision*). Im Rahmen eines von der Europäischen Gemeinschaft (EG) geförderten EUREKA-Projektes (HDTV EU 95) wurde der Systemvorschlag HD-MAC vorgelegt, praktisch demonstriert und von der EG als europäische Übertragungsnorm festgelegt.

Bei MAC (***Multiplexed Analogue Components***) wird Zeitmultiplex mit analogen Signalkomponenten angewandt (MAC-Prinzip s. Kapitel 9.3.1). Die analogen komprimierten Chrominanz und Luminanzsignale werden dabei innerhalb einer Zeile nacheinander gesendet. Diesen analogen Komponenten sind am Zeilenanfang die digitalen Steuer- und Tondaten vorangestellt.

Beim Systemvorschlag HD-MAC (***High Definition-MAC***) wird das gleiche MAC-Prinzip benutzt. Das 16:9-Format wird mit 1250 Zeilen und sehr hoher horizontaler Auflösung übertragen:

- 1250 Zeilen je Bild,
- 2:1 Zeilensprungverfahren,
- 50 Hz Halbbildfrequenz.

Die Kompatibilität zu D-MAC und D2-MAC wird durch eine Verschachtelung der 1250 Zeilen zu 625 Zeilen erreicht. Es müssen dabei natürlich zusätzliche Signale und Steuercodes eingefügt werden. Der einfache D-MAC-Empfänger ignoriert sie, der HD-MAC-Empfänger wertet sie aus und bildet das hochaufgelöste Bild mit 1250 Zeilen.

Die Konversion vom 1250-Zeilen-Bild zum 625-Zeilen-Bild im Sender und im Empfänger wird mit bewegungsadaptiver Signalverarbeitung bewerkstelligt. Dieses Prinzip benutzt auch MUSE (Kapitel 10.6). Dabei werden Bildbereiche, die sich nicht verändern bzw. nur geringe Bewegungsgeschwindigkeiten besitzen, mit geringerer Abtastrate abgetastet. Durch einen Versatz der Abtastung von einem zum nächsten Abtastdurchgang wird trotz der zeitlichen Unterabtastung für ruhende Bildteile die hohe Auflösung erreicht (Offset-Abtastung, Bild 10.10).

Für die kompatible Übertragung müssen aus 1250 Zeilen 625 Zeilen gebildet werden. Dazu dient das sogenannte *Line-Shuffling* (s. Bild 10.11).

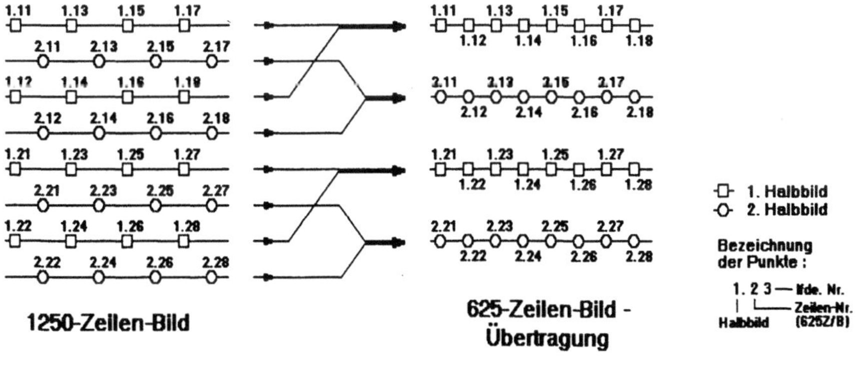

Bild 10.11 *Line-Shuffling*

Beim *Line-Shuffling* werden die versetzten Abtastwerte aus benachbarten Zeilen zu jeweils neuen, zu übertragenden Zeilen zusammengesetzt. Die Zeilenzahl halbiert sich dadurch auf den kompatiblen Wert von 625 Zeilen. Wegen des Zeilensprungverfahrens stammen benachbarte Zeilen aus dem jeweils anderen Halbbild.

Bei begrenzter Übertragungs-Bandbreite wird das so gebildete 625-Zeilen-Bild mit normaler Auflösung wiedergegeben. Bei großer Übertragungs-Bandbreite können aber aus den 625 Zeilen wieder 1250-Zeilen-Bilder gebildet werden.

Bei HD-MAC steht am Eingang des Coders ein sehr breitbandiges digitales Bildsignal an:

- 1250 Zeilen je Bild,
- 2:1 Zeilensprungverfahren,
- 50 Hz Halbbildfrequenz,
- 54 MHz Datentakt Luminanz (Y), mit mehr als 20 MHz Bandbreite

Der Datentakt von 54 MHz entspricht dem 4fachen des Y-Studiotaktes nach Gl. (8.3a).

Man wendet verschiedene Offset-Abtastungen an (Prinzip der Offset-Abtastung s. Kapitel 10.6). Dazu wird das Eingangssignal in drei Signalpfade unterschiedlicher Auflösung aufgeteilt und separat abgespeichert (s. Bild 10.12).

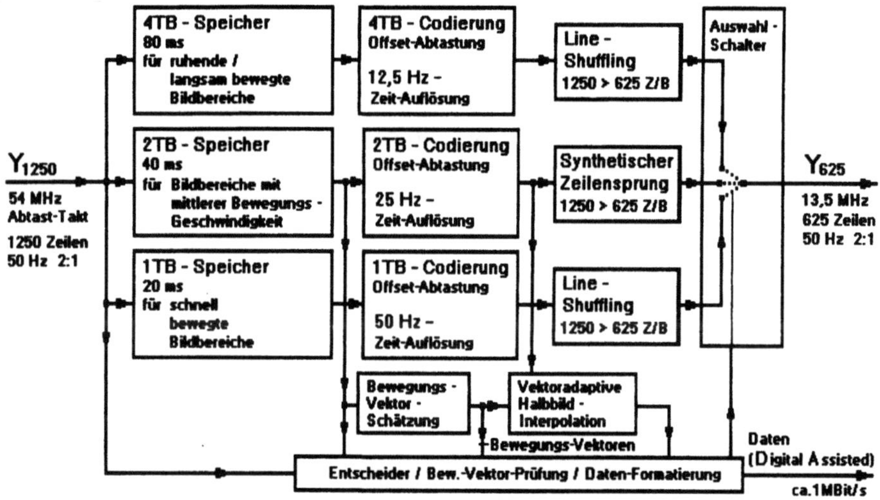

Bild 10.12 HD-MAC-Coder (EUREKA-Entwurf)

Im 4TB-Speicher (4TB = 4-Teilbilder) werden die Daten für ruhende bzw. langsam bewegte Bilder vorgehalten. Zwei hochaufgelöste Halbbilder werden zu einem hochaufgelösten Vollbild zusammengefaßt. Dieses Vollbild wird nach Vorfilterung offset-abgetastet (4:1) und weitergegeben (s. Bild 10.13(a)). Nach vier Abtastdurchgängen ist das gesamte Vollbild hochaufgelöst abgetastet. Die Abtastsignale werden per *Line-Shuffling* so zusammengefügt, daß sich schließlich für die Übertragung ein 625-Zeilen-Bild ergibt.

Bei der beschriebenen 4TB-Abtastung bleiben jeweils dazwischenliegende Halbbilder unberücksichtigt. Aus diesem Grund entnimmt man die Abtastwerte einer Bildabtastung tatsächlich allen aufeinanderfolgenden Halbbildern (in Bild 10.13 nicht dargestellt).

Der 2TB-Speicher (2TB = 2-Teilbilder) ist für Bildbereiche mit mittleren Bewegungsgeschwindigkeiten vorhanden. In ihm werden Daten hochzeiliger Halbbilder gespeichert. Nach Vorfilterung wird das Halbbild offset abgetastet (s. Bild 10.13(b)). Ein sogenannter synthetischer Zeilensprung wird angewandt: Für jedes zu übertragende Halbbild nutzt man nur jede zweite offset-abgetastete Zeile. Die ausgesparten Zeilen werden dann im jeweils folgenden Halbbild benutzt. Die Daten beider Halbbilder stammen somit aus einem Bewegungsablauf. Es wird wieder ein 625-Zeilen-Bild übertragen.

Im 1TB-Speicher (1TB = 1-Teilbild) befinden sich die Daten eines hochaufgelösten Halbbildes. Sie werden für schnell bewegte Bildteile vorgehalten. Auch hier wird vorgefiltert und offset-abgetastet (s. Bild 10.13(c)). Die örtliche Auflösung verringert sich dabei erheblich. Die Abtastung erfolgt jedoch aus dem halbbildweise erneuerten Daten des 1TB-Speichers. Änderungen des Bildinhalts werden deshalb unverzüglich weitergegeben. Dadurch erreicht man eine hohe zeitliche Auflösung. Die Abtastwerte werden auch hier per Line-Shuffling zum 625-Zeilen-Bild zusammengefügt.

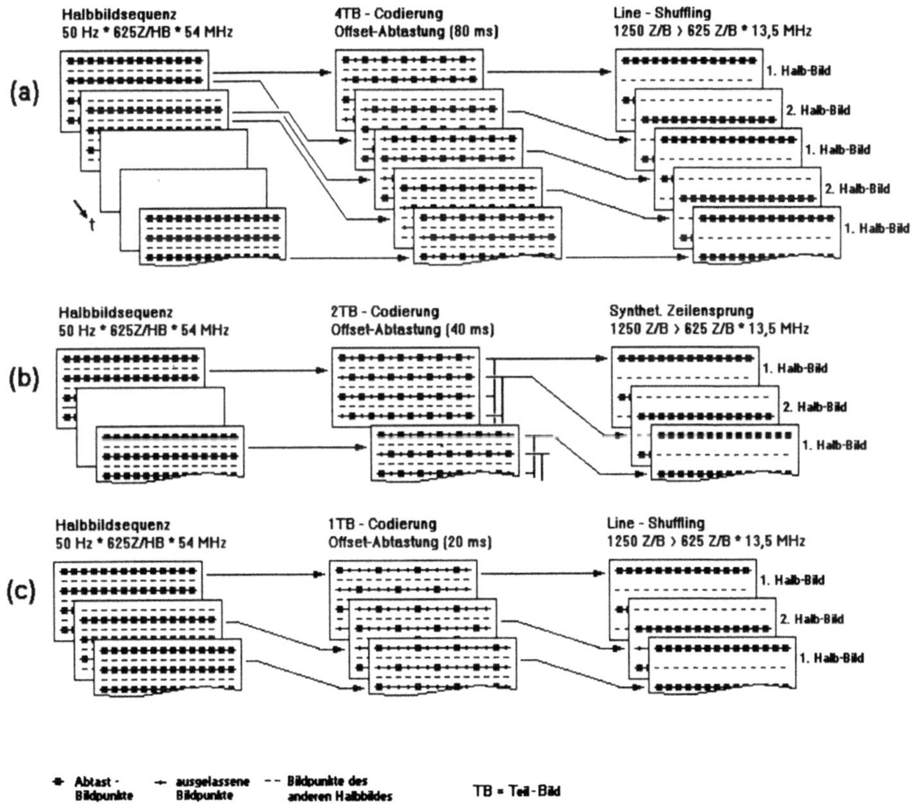

Bild 10.13 HD-MAC Offset-Abtastungen und 625-Zeilen-Zuordnung

Der HD-MAC-Coder (s. Bild 10.12) besitzt einen Bewegungsdetektor, der die Auswahl der Bildsignale (ruhend, bewegt, schnell bewegt) trifft. Er schaltet den Auswahlschalter um, an dessen Ausgang das zu übertragende Signal mit folgenden Daten steht:

- 625 Zeilen je Bild,
- 2:1 Zeilensprungverfahren,
- 50 Hz Halbbildfrequenz,
- 13,5 MHz Datentakt (Y_{625}).

Diesem Signal werden dann noch digitale Steuersignale (DA = **D**igital **A**ssisted) zugegeben. In ihnen sind insbesondere die Daten der Bewegungsvektoren für die bewegungsadaptive Rekonstruktion enthalten. Es handelt sich dabei um Bewegungsvektoren für relativ kleine Bildbereiche (16 x 16 Bildpunkte).

Zu den hier dargestellten HD-Signalen kommen für eine HDTV-Übertragung noch die Chrominanzsignale und die digitalen Tonsignale hinzu. Letztere spielen allerdings für das gesamte Datenvolumen keine wesentliche Rolle. Für eine grobe Abschätzung kann der Datentakt für Luminanz- und Chrominanzsignal insgesamt mit ca. 20 MHz angesetzt werden. Bei 8 Bit je Abtastwert kommt man so zu einer Datenrate von ca. 160 MBit/s.

Die Umwandlung des 625-Zeilen-codierten HD-MAC-Signals in ein hochaufgelöstes 1250-Zeilen-Signal erfolgt mittels HD-MAC-Decoder. Das Blockbild des Decoders für das Y-Signal ist in Bild 10.14 dargestellt.

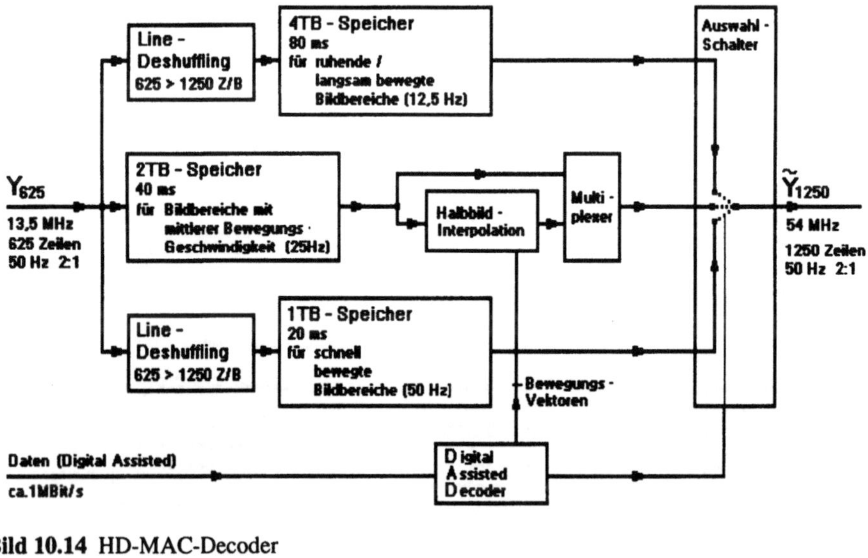

Bild 10.14 HD-MAC-Decoder

Im Decoder wird das Signal in drei Pfaden mit den 4TB-, 2TB- und 1TB-Speichern aufbereitet. Der Auswahl-Schalter schaltet jeweils einen Pfad durch. Die Auswahl erfolgt durch den DAD (***D**igital **A**ssisted **D**ecoder*, der die Steuerinformation des Coders auswertet.

Für HD-MAC stellt sich die Frage der digitalen Übertragung auf Glasfaserleitungen. Ziel ist die Übertragung auf 140-Mbit/s-PCM-Kanälen. Bei den heute diskutierten Lösungen geht man von verschiedenen Taktraten aus.

So kommt man in einem HDTV-Experimentalsystem [10.20] bei 72-MHz-Luminanztakt, 36-MHz-Chrominanztakt und 8 Bit/Abtastwert zu einer Ausgangsdatenrate von 1,15 GBit/s. Diesen enormen Datenstrom reduziert man schließlich auf nur 128 MBit/s (Unterabtastung, Cosinus-Transformation, mehrdimensionale adaptive Filter u.a.).

In den Veröffentlichungen [10.17], [10.18], [10.19] geht man von ca. 14 MHz HD-MAC-Bandbreite und dem MAC-Takt von 20,25 MHz (Gl. 9.2) aus. Mit 8 Bit/Abtastwert ergibt das 162 MBit/s. Die Reduzierung des Datenstroms wird mit der Differenz-Codierung (7-Bit-DPCM) erreicht, so daß auch hier eine Übertragung auf einem 140-MBit/s-Kanal möglich ist.

10.8 HDTV-Daten

Zwischen Japan, USA und Europa wird z.Z. ein heftiger Expertenstreit über eine künftige HDTV-Norm geführt. Das 16:9-Format ist unumstritten. Bei den Zeilenzahlen und der Halbbild-Frequenz (50 Hz oder 60 Hz) geht es jedoch kontrovers zu. Man unterscheidet dabei zwischen Produktions-, Studio- und Übertragungs-Standard. Wir beschränken uns hier auf den Übertragungsstandard.

Zur Zeit werden folgende Alternativen eines Übertragungs-Standards diskutiert:

Übertragungs-Standards:

(1) Europa für Europa
- 1250 Zeilen/Bild
- 50 Hz Halbbildfrequenz
- 2:1 Zeilensprungverfahren
- 1440 auflösbare horizontale Linien (pels) bei 54 MHz Takt
  oder
- 1920 auflösbare horizontale Linien (pels) bei 72 MHz Takt

(2) Europa für Nordamerika
- 1050 Zeilen/Bild
- 59,94 Hz Halbbildfrequenz
- 2:1 Zeilensprungverfahren

(3) Japan
- 1125 Zeilen/Bild
- 60 Hz Halbbildfrequenz
- 2:1 Zeilensprungverfahren

Vermutlich wird es leider keinen weltweiten Standard geben. Der kleinste gemeinsame Nenner ist das 16:9-Format.

Die Wiedergabe von HDTV-Bildern mit höherer Bildwechselfrequenz (>50 HB/s) wird in den Fernsehempfängern realisiert. So wird aus den 50-Hz-Halbbildern eine Umsetzung in 100-Hz-Halbbilder vorgenommen. Die Zeilenfrequenz liegt dann statt bisher bei 15,625 kHz bei 31,25 kHz bzw. bei 62,5 kHz. Schon heute sind Fernsehempfänger mit 100-Hz-Technik auf dem Markt.

10.9 Aufgaben und Lösungen

Im Anschluß an die folgenden Aufgaben finden Sie die zugehörigen Lösungen.

A 10.1 Erklären Sie die Begriffe *Cross-Colour* und *Cross-Luminance*.

A 10.2 Bei Q-PAL und PAL-Plus werden dreidimensionale (*h*-, *v*-, *t*-Bereich) Filterungen vorgenommen. Welches Ziel wird damit verfolgt (und erreicht)?

A 10.3 Warum werden bei PAL-Plus die 2 x 72 Helferzeilen vor und nach dem 4:3-Bildzeilen gesendet?

A 10.4 Bei MUSE werden die Signale der sichtbaren Zeilen im TCI-Format übertragen (s. Bild 10.9). Handelt es sich dabei um Zeit- oder Frequenzmultiplex? Sind die übertragenen Chrominanz- und Luminanzsignale analoger oder digitaler Natur?

A 10.5 Was versteht man unter Offset-Abtastung (s. MUSE, Bild 10.10)?

A 10.6 Erklären Sie das Verfahren *Line-Shuffling* (s. Bild 10.11). Warum wird es bei HD-MAC (Kapitel 10.7) angewandt?

L 10.1 Aufgrund der frequenzmäßigen Verkämmung von Luminanz- und Chrominanzsignal kommt es zu Übersprechen zwischen Luminanz und Chrominanz. Der eigentliche Grund liegt in der nicht vollständigen Trennung der Signale.

So gibt es ein farbiges Störmuster bei feinen Schwarz-Weiß-Mustern (farbiges Schillern). Man nennt diesen Effekt *Cross-Colour*.

An scharfen Farbkanten und Farbmustern kommt es zu Störungen des Luminanzsignals. Es treten Helligkeitsmuster auf, die im Original nicht vorhanden sind. Diesen Effekt nennt man *Cross-Luminance*.

Cross-Colour und *Cross-Luminance* lassen sich durch bessere Trennung von Luminanz- und Chrominanzsignal vermeiden. Eine Möglichkeit der Trennung besteht darin, beide Signale im Zeitmultiplex zu übertragen (MAC). Auch perfektere Filtertechniken (beim Frequenzmultiplex) können für eine wirksame Trennung sorgen (Q-PAL, PAL-Plus).

L 10.2 Luminanz (Y) und Chrominanz (V, U) werden dreidimensional derart gefiltert, daß keine Überschneidungen der beiden dreidimensionalen Spektren auftreten. Dadurch wird trotz des gemeinsamen Frequenzbandes eine vollkommenere (als bei PAL) Trennung von Luminanz und Chrominanz erreicht. Bei einer konventionellen Filterung (im Frequenzbereich) ist diese Trennung nur mit Verlust an horizontaler Auflösung zu erreichen.

L 10.3 Die 144 Helferzeilen stammen aus dem 16:9-Bild (jede vierte Zeile). Das 4:3-Bild (Helferzeilen fehlen) besitzt somit verminderte Auflösung, es entspricht aber bezüglich der Bildfläche dem ganzen 16:9-Bild. Ein normaler 4:3-PAL-Empfänger stellt die Helferzeilen schwarz dar (Amplituden im Synchronimpuls-Bereich). Es entstehen schwarze Streifen am oberen und unteren Bildrand. Würde man keine Helferzeilen, sondern einfach das 16:9-Bild mit voller Zeilenzahl senden, entstünde im 4:3-Empfänger ein vertikal gedehntes Bild. Auch eine Kennzeichnung jeder vierten Zeile (Helferzeile) im 16:9-Format ohne Vor- und Nachstellen wäre bezüglich der vertikalen Dehnung im 4:3-Empfänger wirkungslos, da er diesbezüglich über keine elektronischen Auswerteschaltungen verfügt.

L 10.4 Es handelt sich um Zeitmultiplex. Chrominanz und Luminanz werden als Analogsignal übertragen.

L 10.5 Die hochauflösende Abtastung eines Bildes wird in mehreren Durchgängen ausgeführt. Man läßt dabei je Abtastdurchgang horizontal und vertikal Abtastpunkte aus (Unterabtastung). Im jeweils folgenden Durchgang wird dann versetzt abgetastet, so daß schließlich nach mehreren Durchgängen das Bild fein gerastert abgetastet ist. Bei Bildvorlagen ohne Veränderungen während der Teilabtastungen (ruhende Bilder) erhält man auf diese Weise ein hochaufgelöstes Bild, ohne dafür die Übertragungsbandbreite enorm steigern zu müssen. Bei Bewegungen (in Bildbereichen) kommt es jedoch während der Teilabtastungen zu Veränderungen. Solche Bildbereiche müssen daher detektiert und mit verminderter Auflösung übertragen werden.

L 10.6 Beim Line-Shuffling werden jeweils zwei Zeilen eines 1250-Zeilen-Bildes zu einer Zeile eines 625-Zeilen-Bildes zusammengefügt. Die Abtastwerte der beiden Zeilen werden dabei auf Lücke versetzt. Die entstehende 625-Bild-Zeile besitzt daher doppelt so viele Abtastwerte (höhere Bandbreite).

Das Line-Shuffling wird aus Gründen der Kompatibilität angewandt: In einem 1250-Zeilen-Empfänger werden aus den 625 Zeilen wieder 1250 Zeilen gebildet. Ein 625-Zeilen Empfänger (mit minderer Bandbreite) nimmt die 625 Zeilen als Zeilen eines 625-Zeilen-Bildes auf und gibt sie mit verminderter Auflösung wieder.

Normfarbtafel

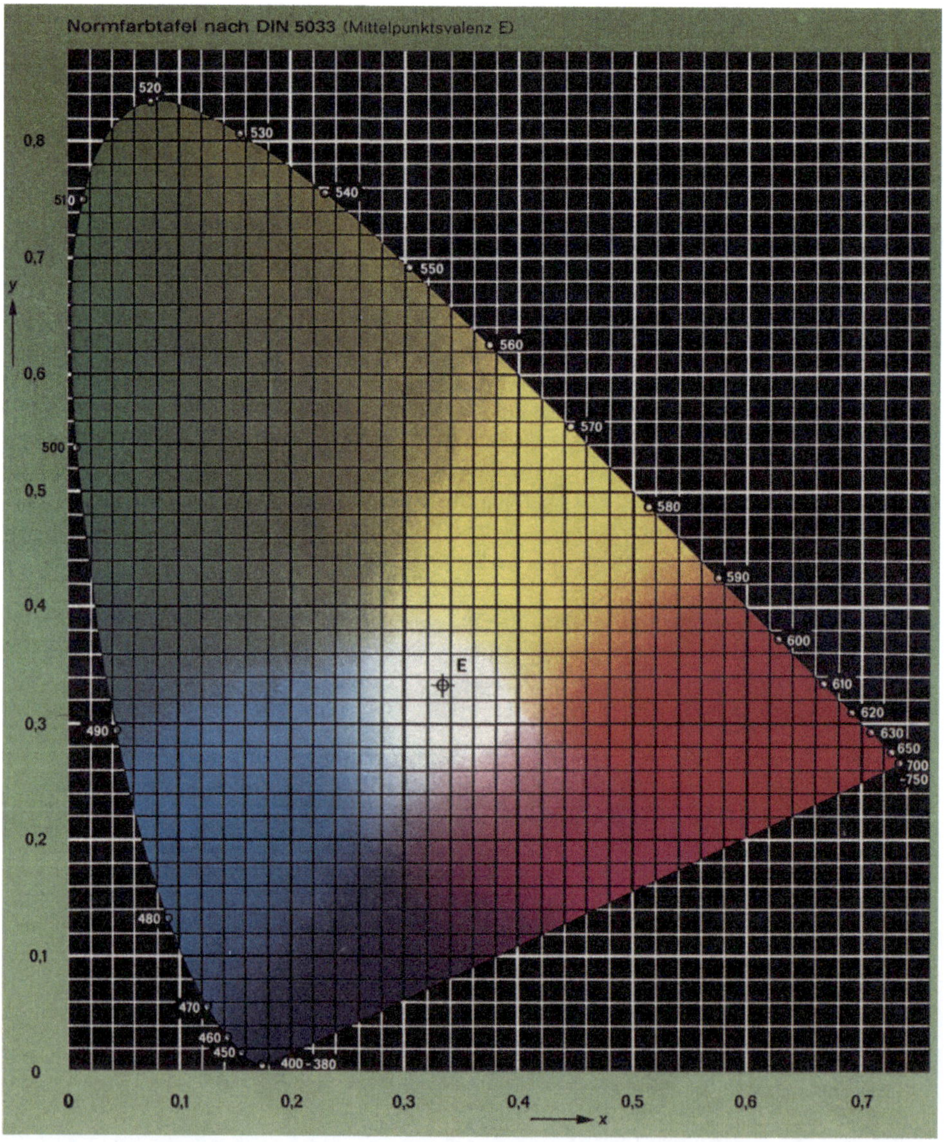

Bild A1 Normfarbtafel nach DIN 5033 (E Mittelpunktsvalenz)

Formelzeichen

A_{BF}	Amplitudenbewertungsfaktor, Preemphasis-Bewertungsfaktor (SECAM)
B_{Yth}	Videobandbreite, theoretisch erforderliche
B_Y	Videobandbreite Luminanz (mit Kellfaktor), Basisbandbreite Luminanz
B_F	Basisbandbreite Farb-Differenzsignale (NTSC, PAL, SECAM)
B_I	Basisbandbreite I-Signal (NTSC)
B_Q	Basisbandbreite Q-Signal (NTSC)
B_V	Basisbandbreite V-Signal (PAL) oder Farbwert Blau, Farbvalenz Blau (Farbmetrik)
B_U	Basisbandbreite U-Signal (PAL)
B_{DR}	Basisbandbreite DR-Signal (SECAM)
B_{DB}	Basisbandbreite DB-Signal (SECAM)
B_{MAC}	MAC-Basisbandbreite
B_C	Basisbandbreite der MAC-Farb-Differenz-Signale (C_R, C_B)
c	elektromagnetische Ausbreitungsgeschwindigkeit im Freiraum
C_{AW}	Konstante (Kamera/Bildröhre)
$\vec{E}_R$	Einheitsvektor Rot im RGB-System
$\vec{E}_G$	Einheitsvektor Grün im RGB-System
$\vec{E}_B$	Einheitsvektor Blau im RGB-System
$\vec{E}_X$	Einheitsvektor X im XYZ-System
$\vec{E}_Y$	Einheitsvektor Y im XYZ-System
$\vec{E}_Z$	Einheitsvektor Z im XYZ-System
f	Frequenz
f_H	Zeilenfrequenz, H-Frequenz (Horizontalfrequenz)
f_V	Halbbildfrequenz, V-Frequenz (Vertikalfrequenz)
f_{PSW}	Grundfrequenz einer Schwarz-Weiß-Punktfolge
f_{BT}	Bildträgerfrequenz
f_{TT1}	Tonträgerfrequenz Kanal 1 (Mono)
f_{TT2}	Tonträgerfrequenz Kanal 2
f_{FT}	Farbträgerfrequenz (NTSC, PAL)
f_{RY}	Frequenz des Rot-Differenzsignals (NTSC, PAL)
f_{BY}	Frequenz des Blau-Differenzsignals (NTSC, PAL)
f_{FTDR}	Trägerfrequenz DR-Signal (SECAM)

f_{FTDB}	Trägerfrequenz DB-Signal (SECAM)
f_{DR}	Momentanfrequenz in den DR-Zeilen (SECAM)
f_{DB}	Momentanfrequenz in den DB-Zeilen (SECAM)
f_{DRmax}	max. Frequenzhub in den DR-Zeilen (SECAM)
f_{DBmax}	max. Frequenzhub in den DB-Zeilen (SECAM)
f_{gBF}	Grenzfrequenz Preemphasis-Bewertungsfaktor (SECAM)
F_G	normierte Verstimmung Glockenfilter (SECAM)
f_{G0}	Glockenfilter-Bezugsfrequenz (SECAM)
f_{BitVT}	Bitrate Videotext
f_{BitVPS}	Bitrate Video-Programm-System
f_{TY}	Abtastfrequenz Y-Komponente (MAC)
f_{TV}	Abtastfrequenz V-Komponente (MAC)
f_{TU}	Abtastfrequenz U-Komponente (MAC)
f_{TYUV}	Abtast-Summen-Frequenz (MAC)
f_{BitYUV}	Bitrate digitales Fernsehen (Standard)
f_t	Frequenz (Zeitfrequenz)
f_h	horizontale Ortsfrequenz
f_v	vertikale Ortsfrequenz
$\vec{F}_{RGB}$	Farbvektor im RGB-System
$\vec{F}_{XYZ}$	Farbvektor im XYZ-System
G_V	Farbwert Grün, Farbvalenz Grün
g_{Re}	Gewichtsfaktor Rot (Re) für das Luminanzsignal
g_{Ge}	Gewichtsfaktor Grün (Ge) für das Luminanzsignal
g_{Be}	Gewichtsfaktor Blau (Be) für das Luminanzsignal
G_{SECAM}	Gewichtsfunktion Glockenfilter (SECAM)
h	Plank'sches Wirkungsquantum
he	relative Hellempfindung des Auges
he_{Re}	relative Hellempfindung bei Rot (Re)
he_{Ge}	relative Hellempfindung bei Grün (Ge)
he_{Be}	relative Hellempfindung bei Blau (Be)
K	Kellfaktor
k_{FMDR}	Modulationskonstante in den DR-Zeilen (SECAM)
k_{FMDB}	Modulationskonstante in den DB-Zeilen (SECAM)
K_{PY}	Kompressionsfaktor Luminanz-Signal (MAC)
K_{PC}	Kompressionsfaktor Chrominanz-Signal (MAC)
L_A	Leuchtdichte bei der Aufnahme (Kamera)

L_{A0}	Bezugswert zu L_A
L_W	Leuchtdichte bei der Wiedergabe
L_{W0}	Bezugswert zu L_W
L_{ABF}	A_{BF} in dB (SECAM)
m_e	Masse des Elektrons
m_{ni}	Modulationsgrad des f_V-modulierten Zeilensignals
n_R	DR-Trägerfrequenz-Faktor (SECAM)
n_B	DB-Trägerfrequenz-Faktor (SECAM)
R_V	Farbwert Rot, Farbvalenz Rot
s_h	horizontaler Weg
s_v	vertikaler Weg
t	Zeit
T_H	Dauer einer Zeile
T_{PSW}	Zeitdauer eines Punktes einer Schwarz-Weiß-Punktfolge
T_{PF}	Dauer eines Farbpunktes
T_{SVT}	Schrittdauer Videotext
T_{MACA}	Dauer der analogen Signal-Komponenten in der MAC-Zeile
T_{MACY}	Dauer der Luminanz- Komponente in der MAC-Zeile
T_{MACC}	Dauer der Chrominanz-Komponente in der MAC-Zeile
u	Momentanwert – Spannung (allgemein Signal),
U	Gleichwert – Indizierung durchgehend,
$\hat{u}$	Spitzenwert – nachfolgend wird nur jeweils eine Form aufgelistet
$\underline{U}$	Zeiger
U_A	Videosignal des Aufnahmewandlers (Kamera)
U_{A0}	Bezugswert zu U_A
U_W	Videosignal des Wiedergabewandlers (Bildröhre)
U_{W0}	Bezugswert zu U_W
u_{RK}	Kamerasignal Rot (nicht gammakorrigiert
u_{GK}	Kamerasignal Grün (nicht gammakorrigiert)
u_{BK}	Kamerasignal Blau (nicht gammakorrigiert)
u_{Hni}	Zeilensignal f_V-moduliert, Spektrallinie bei ($n \cdot f_H$ +/- $i \cdot f_V$; n,i = 0;1;2;..)
$\hat{u}_{Hn}$	Spektrallinie bei $n \cdot f_H$; n = 0;1;2;..
u_R	Rot -Signal (gammakorrigiert)
u_G	Grün-Signal (gammakorrigiert)
u_B	Blau-Signal (gammakorrigiert)
u_Y	Luminanzsignal (gammakorrigiert)

$u_{R\text{-}Y}$	Rot -Differenz-Signal
$u_{G\text{-}Y}$	Grün-Differenz-Signal
$u_{B\text{-}Y}$	Blau-Differenz-Signal
u_{FRY}	Modulationssignal Rot -Differenz (unreduziert)
u_{FBY}	Modulationssignal Blau-Differenz (unreduziert)
u_{FRB}	Modulationssignal Farb-Differenz, Chrominanzsignal (unreduziert, QAM)
u_V	V-Signal (Rot -Differenz reduziert, PAL)
u_U	U-Signal (Blau-Differenz reduziert, PAL)
u_I	I-Signal (NTSC)
u_Q	Q-Signal (NTSC)
$\underline{U}_{FT}$	Farbträgersignal (NTSC, PAL)
$\underline{U}_{FV}$	V-Modulationssignal (PAL)
$\underline{U}_{FU}$	U-Modulationssignal (PAL)
$\underline{U}_{FI}$	I-Modulationssignal (NTSC)
$\underline{U}_{FQ}$	Q-Modulationssignal (NTSC)
$\underline{U}_F$	Chrominanzsignal (reduziert, QAM (NTSC, PAL))
$\underline{U}_{Fn}$	Chrominanzsignal $\underline{U}_F$ der Zeile n (PAL)
$\underline{U}_{Fn}$**	rückgepoltes Chrominanzsignal $\underline{U}_F$ der Zeile n (PAL)
$\underline{U}_{FIf}$	$\underline{U}_{FI}$ fehlerbehaftet
$\underline{U}_{FQf}$	$\underline{U}_{FQ}$ "
$\underline{U}_{Ff}$	$\underline{U}_F$ "
$\underline{U}_{Ffn}$	$\underline{U}_{Fn}$ fehlerbehaftet (PAL)
$\underline{U}_{Ffn}$**	rückgepoltes Chrominanzsignal $\underline{U}_{Ffn}$ (PAL)
U_{Yf}	U_Y fehlerbehaftet
U_{Vf}	U_V "
U_{Uf}	U_U "
U_{Qf}	U_Q "
U_{Rf}	U_R "
U_{Gf}	U_G "
U_{Bf}	U_B "
u_{ISD}	I-Signal am Ausgang des I-Demodulators
u_{QSD}	Q-Signal am Ausgang des Q-Demodulators
u_{ID}	I-Signal nach dem Tiefpaß des I-Demodulators
u_{QD}	Q-Signal nach dem Tiefpaß des Q-Demodulators
u_{DR}	Farb-Differenz-Signal Rot (SECAM)
u_{DB}	Farb-Differenz-Signal Blau (SECAM)
u_{CR}	MAC-Chrominanz-Komponente Rot -Differenz-Signal
u_{CB}	MAC-Chrominanz-Komponente Blau-Differenz-Signal
u_{Y3D}	dreidimensionales Y-Signal (Q-PAL u.a.)
u_{V3D}	dreidimensionales V-Signal (Q-PAL u.a.)
u_{U3D}	dreidimensionales U-Signal (Q-PAL u.a.)

Us_{Y3D}	Betrag dreidimensionales Frequenzspektrum der Y-Komponente (Q-PAL u.a.)
Us_{V3D}	Betrag dreidimensionales Frequenzspektrum der V-Komponente (Q-PAL u.a.)
Us_{U3D}	Betrag dreidimensionales Frequenzspektrum der U-Komponente (Q-PAL u.a.)
u_{SLCD}	Schaltspannung Dioden-LCD-Schaltung
v_h	horizontale Abtastgeschwindigkeit
v_{0e}	Austrittsgeschwindigkeit eines Elektrons
v_{SVT}	Schrittgeschwindigkeit Videotext
W_A	Austrittsarbeit
W_K	kinetische Energie eines Elektrons
W_{LV}	Energiedifferenz zwischen Leitungs- und Valenzband
ΔW	Energiedifferenz, Energie eines Lichtquants
X	Farbwert X, Farbvalenz X
x	Normfarbwert x
x_{Re}	Normfarbwert x der Empfänger-Primärfarbe Rot
x_{Ge}	Normfarbwert x der Empfänger-Primärfarbe Grün
x_{Be}	Normfarbwert x der Empfänger-Primärfarbe Blau
x_C	Normfarbwert x für FCC-Weiß C (NTSC)
x_{65}	Normfarbwert x für EBU-Weiß D_{65} (PAL, SECAM)
x_W	Normfarbwert x für Weiß (IBK)
Y	Farbwert Y, Farbvalenz Y
y	Normfarbwert y
y_W	Weißwert y
y_{Re}	Normfarbwert y der Empfänger-Primärfarbe Rot
y_{Ge}	Normfarbwert y der Empfänger-Primärfarbe Grün
y_{Be}	Normfarbwert y der Empfänger-Primärfarbe Blau
y_C	Normfarbwert y für FCC-Weiß C (NTSC)
y_{65}	Normfarbwert y für EBU-Weiß D_{65} (PAL, SECAM)
y_W	Normfarbwert y für Weiß (IBK)
Z	Farbwert Z, Farbvalenz Z
z	Normfarbwert z
γ_A	Gammawert des Aufnahmewandlers (Kamera)
γ_W	Gammawert des Wiedergabewandler (Bildröhre)
λ	Wellenlänge
λ_{PR}	Wellenlänge des IBK-Primärstrahlers Rot
λ_{PG}	Wellenlänge des IBK-Primärstrahlers Grün
λ_{PB}	Wellenlänge des IBK-Primärstrahlers Blau

Abkürzungen

A	Austastwert
AM	Amplituden-Modulation
ASCII	American Standard Code for Information Interchange
B	Blau
Be	Empfänger-Primärfarbe Blau
BAS	Bild-Austast-Synchron-(-Signal)
BK	Breitband-Kommunikation (Kabelfernsehen)
CCIR	Comité Consultatif International des Radiocommunications
CIE	Commission Internationale de l'Eclairage (= IBK)
COM	Compressed Multisound (Ton in leeren Zeilen)
DBP	Deutsche Bundespost
DBS	Direct Broadcasting Satellite (direkt versorgender Fernseh-/Rundfunk-Satellit)
DPCM	Differenz-PCM
DPSK	Differential PSK (Differenz-Phasen-Umtastung)
EBU	European Broadcasting Union
EIRP	Equivalent Isotropic Radiated Power
EL	Elektrolumineszenz
FBAS	Farb-Bild-Austast-Synchron(-Signal)
FCC	Federal Communication Commission
FM	Frequenz-Modulation
G	Grün
Ge	Empfänger-Primärfarbe Grün
H-	Horizontal-(Zeilen)
HB	Halbbild
HD-MAC	High Definition-MAC (hochauflösendes MAC)
HDTV	High Definition Television
HLO-PAL	Half Line Offset-PAL
IBK	Internationale Beleuchtungs-Kommission
I-PAL	Improved PAL
ID-	Identifikations-(SECAM)
K1	Tonkanal 1
K2	Tonkanal 2
LC	Liquid Crystal (Flüssig-Kristall-Material)

LCD	Liquid Crystal Display (Flüssig-Kristall-Anzeige)
LHCP	Left Hand Circular Polarisation (linksdrehende Zirkularpolarisation)
LO	Lokaloszillator
LNC	Low Noise Converter
LT	linker Tonkanal
MAC	Multiplexed Analogue Components
MUSE	Multiple Subsampling Encoding
NTSC	National Television System Committee
PAL	Phase Alternation Line
PAL-Plus	weiterentwickeltes Q-PAL
PCM	Puls-Code-Modulation
PD	Phasen-Diskriminator
PLL	Phase Locked Loop
PSK	Phase Shift Keying (Phasen-Umtastung)
QAM	Quadratur-Amplituden-Modulation
Q-PAL	Quality-PAL
R	Rot
Re	Empfänger-Primärfarbe Rot
RHCP	Right Hand Circular Polarisation (rechtsdrehende Zikularpolarisation)
RT	rechter Tonkanal
S	Synchronwert
SECAM	Séquentiel à Mémoire
SIS	Sound-In-Sync (Ton in den H-Impulsbereichen)
SW	Schwarzwert
TB	Teilbild
TCI	Time Compressed Integration of Line Color Signals
TK	Ton-Kanal
UHF	Ultra High Frequency
V-	Vertikal-(Halbbild ggf. auch Bild)
VCO	Voltage Controlled Oscillator
VHF	Very High Frequency
VPS	Video-Programm-System
W	Weißwert
WARC	Word Administrative Conference
ZF	Zwischen-Frequenz

Literaturverzeichnis

Allgemeine Literatur

[A.01] Morgenstern B.
Farbfernsehtechnik
Teubner Studienskripten
Teubner Verlag 1989

[A.02] Dillenburger W.
Einführung in die Fernsehtechnik Bd.1
Schiele & Schön Verlag 1975

[A.03] Bernath K.W.
Grundlagen der Fernseh-System- und -Schaltungstechnik
Springer-Verlag 1982

[A.04] Bernath K.W.
Technik des Fernsehens
Springer-Verlag 1986

[A.05] Mäusl R.
Fernsehtechnik
Hüthig Verlag 1991

[A.06] Theile R.
Fernsehtechnik
Bd. 1: Grundlagen
Springer-Verlag 1973

[A.07] Wendland B.
Fernsehtechnik
Bd. I: Grundlagen
Hüthig Verlag 1988

[A.08] Wendland B., Schröder H.
Fernsehtechnik
Bd. II: Systeme und Komponenten zur Farbbildübertragung
Hüthig Verlag 1991

[A.09] Limann O., Pelka H.
Fernsehtechnik ohne Ballast
Franzis Verlag 1988

[A.10] Schönfelder H.
Bildkommunikation
Springer Verlag 1983

Normen

[N.01] CCIR
Rep. 308-2: Characteristics of monochrome television systems
(1951-1953-1956-1959-1963-1966-1970)
International Telecommunication Union Geneva

[N.02] CCIR
Television systems used around the world with
Rec. 470-2: Television systems (1970-1974-1986)
Rep. 624-3: Characteristics of television systems (with map indicating the usage of recommended TV systems) (1974-1978-1982-1986)
Annex I : Synopsis of TV systems characteristics
Annex II: Standardization of broadcast television – A short review
International Telecommunication Union Geneva

[N.03] CCIR
Recommendations and Reports of the XVIth Plenary Assembly Dubrovnik 1986
Vol.XI – Part 1: Broadcasting Service (television)
International Telecommunication Union Geneva

[N.04] CCIR
Recommendations of the CCIR, 1990
of the XVIIth Plenary Assembly Düsseldorf 1990
Vol. XI – Part 1: Broadcasting Service (television)
International Telecommunication Union Geneva

[N.05] CCIR
Recommendations of the CCIR, 1990
of the XVIIth Plenary Assembly Düsseldorf 1990
Annex to Vol. XI – Part 1: Broadcasting Service (television)
International Telecommunication Union Geneva

Literatur zu den Kapiteln

[1.01] Fernseh-Normen Kanaleinteilungen
Hörrundfunk- und Fernsehbereiche Standard CCIR
Kathrein '90
Katalog Empfangsantennen
S650/889/86/AI/Au, S. 145-149
Kathrein Rosenheim 1990

[1.02] Kennwerte zu den verschiedenen Varianten der Fernsehnormen
Funkschau 8/1988, S. 49

[2.01] Tholl H.
Bauelemente der Halbleiterelektronik
Teil 2: Feldeffekt-Transistoren, Thyristoren und Optoelektronik
Teubner Verlag 1978

[2.02] Manz F.
Trinicon-Farbkamera für Heimanwendungen; 1.Teil
Funkschau 1980, H. 2, S. 56-58

[2.03] Auer R.
Kameraröhren kontra CCD-Bildaufnehmer
Funkschau 12/1986, S. 34-37

[2.04] Siebert H.-P.
Der CCD-Chip im Detail
Funkschau 18/1986, S. 46-50

[2.05] Nolte A.
CCDs – Augen für die Videokamera
Funkschau 8/1990, S. 56-59

[2.06] Lüdemann G.
Halbleiter-Bildaufnehmer und Baugruppen für CCD-Kameras
Design & Elektronik, Ausgabe 12/1988, S. 49-51

[2.07] Farbstreifenfilter-Technik
Funkschau 1980, H. 7, S. 63-67

[2.08] Collet M., Gabler L., Kürzinger W., Euler G.
Vergleich von Halbleiterbildaufnehmern:
Interline-, XY- und Frame-Transfer-Konzept
Fernseh- und Kino-Technik 40 (1986), H. 10, S. 463-468

[2.09] Franken A., Lohuis W., Euler G.
Fortschritte bei Kameraröhren und Leistungsvergleich
Halbleiterbildaufnehmer/Röhre
Fernseh- und Kino-Technik 41 (1987), H.6, S. 269-276

[3.01] Manz F.
Die 68cm-Trinitron Farbbildröhre
Funkschau 1976, H. 16, S. 679-680

[3.02] Wright P.-H., Fritz K.
Das Super-Precision-In-Line-Farbbildröhrensystem
Funkschau 1978, H. 13, S. 590-593

[3.03] Nerstheimer K.
Neue Technik, neues Design
„45 AX" flat and square
Funkschau 17/1985, S. 31-34

[3.04] Neue Generation von LCD-Anzeigen
ntz 43 (1990), H. 11, S. 826-827

[3.05] Cushman S.
Flacher Farbbildschirm mit Flüssigkristallen
Funkschau 22/1984, S. 37-39

[3.06] Waldmann J.
EVA – auch seitlich betrachtet schön
Funkschau 12/91 Spezial, S. 4-5

[3.07] Begehr D.
Mehrere Wege zum flachen Bildschirm
Funkschau 20/1990, S. 74-76

[3.08] Das Flüssigkristall-Display – heute der Favorit
Funkschau 9/1988, S. 28-32

[3.09] Elektrolumineszenz-Displays – die Robusten
Funkschau 10/1988, S. 40-42

[3.10] jg
Die flachen Bildschirme werden größer
ntz 42 (1989), H. 1, S. 33

[3.11] Bildschirm mit Gardemaß
Funkschau 20/1988, S. 44-46

[3.12] Si
Farbbildröhre mit nur einer Strahlenkanone
Funkschau 1979, H. 7, S. 376-377

[3.13] Schall S.
Bildröhre ohne Schattenmaske
Funkschau 20/1982, H. 20, S. 60

[3.14] Reuber C.
Konzepte für Flachbildschirme
Elektronik Journal 7/91, S. 44-50

[3.15] Heydel J.
Der Bildschirm wird flach
net nachrichten elektronik + telematik
36 (1982), H. 10, S. 447-448

[3.16] Tischer K.-M.
Flachbildröhre aus dem Labor
Funkschau 19/1990, S. 88-93

[3.17] Tischer K.-M.
Flutkathodensysteme – Flächenhafte Elektronenquellen für Flachdisplays
Elektronik 1/1989

[3.18] Klipstein D.L.
Alte Ideen mit neuen Technologien
Funkschau 16/1991, S. 58-59

[3.19] Flinkenburg K.
Twisted Nematic Zelle
Vom Flüssigkristall zum flachen Bildschirm
Funkschau 22/1992, S. 72-75

[4.01] Stationäre Empfangssysteme
Katalog DS 2, Ausgabe 3, Ds 280210-002 19/Ap/887/0000
Hirschmann, Esslingen

[4.02] Dinsel S.
Das Zwei-Tonträger-Verfahren
Funkschau 1971, H. 4, S. 313-316

[4.03] Aigner
Eine neue Stereomatrizierung für den Fernsehton
Rundfunktechnische Mitteilungen 23 (1979), H. 1, S. 10-13

[4.04] Wolf P.
Die Übertragung von NF-Signalen in einer Zeile der Bildaustastlücke
Rundfunktechnische Mitteilungen 15 (1971), H. 2, S. 61-69

[4.05] Stendel G.
Integrierte Fernsehtonübertragung
ntz 30 (1977), H. 3, S. 232-234

[4.06] Gaßmann G., Eckert E.
Das COM-System, ein neues Vielton-Übertragungsverfahren
Funkschau 1970, H. 20, S. 689-692; H. 21, S. 749-750

[4.07] Dwuzet H.
Kombinierte Bild-Ton-Übertragung nach dem SIS-Verfahren
Funkschau 1974, H. 23, S. 891-893

[4.08] Wolf P.
Analyse eines Verfahrens zur Übertragung von NF-Signalen in zeitkomprimierter, analoger Form
ntz 25 (1972), H. 8, S. 352-358

[4.09] Stendel G., Burkhardt R.
Integrierte digitale Stereotonübertragung im Fernsehen
Rundfunktechnische Mitteilungen 23 (1980), H. 1, S. 26-30

[4.10] Dambacher P., Kislinger K.
Stereo- und Zweitontechnik beim Fernsehen
Fernseh- und Kino-Technik 35 (1981), H. 8, S. 273-278

[4.11] Bässig J.
Zweikanal-Tonübertragung im Fernsehen
Fernseh- und Kino-Technik 38 (1984), H. 8, S. 61-64

[4.12] Buhse U.
Stereo/Zweikanal-Tonstandards und die Verarbeitung von Mehrkanal-Tonsignalen in Multistandard-Fernsehgeräten
Fernseh- und Kino-Technik 40 (1986), H. 6, S. 242-248

[5.01] Richter M.
Einführung in die Farbmetrik
de Gruyter Verlag 1981

[5.02] Lang H.
Farbmetrik und Farbfernsehen
Oldenbourg Verlag 1978

[5.03] Kleinspehn H.-J.
Farbfernsehen
1.Teil Farbmetrische Grundlagen
Grundig Technische Informationen
13/1966 (Sonderheft), H. 1

[6.01] Mertz P., Gray F.
A theory of scanning and its relation to the characteristics of the transmitted signals in the telephotography and television
Bell Syst. Techn., J. 13 (1934), S. 464-515

[6.02] Köllner H.
Über die Zerlegung und den Aufbau eines Fernsehbildes
Telefunken-Zeitung 19 (1938), S. 46-60

[6.03] Kleinspehn H.-J.
Farbfernsehen
2.Teil Übertragungsverfahren NTSC-PAL
Grundig Technische Informationen, 13/1966, H. 4, (Sonderheft)

[6.04] Bruch W.
Das PAL-Farbfernsehsystem
Prinzipielle Grundlagen der Modulation und Demodulation
ntz 17 (1964), S. 109-121

[6.05] Schönfelder H.
Fernsehtechnik Teil 2
Justus v. Liebig-Verlag 1973

[6.06] Wilhelmy H. J.
NTSC jetzt farbstabil durch VIP
Funkschau 1978, H. 26, S. 1312-1314

[6.07] Schönfelder H., Teichner D.
Verbesserung der Farbfernseh-Bildqualität durch digitale Videosignalverarbeitung
ntz 39 (1986), H. 4, S. 226-236

[7.01] Sommerhäuser W.
Video Programmm System
Flexibel programmieren mit VPS
Funkschau 25/1985, S. 47-51

[7.02] Krischke W.
Die digitale Steuerung des WKC 2960 VD Infomat
(Videotext-Decoder mit 8-Seiten-Speicher verkürzt Wartezeit)
Grundig Technische Informationen, 2/3-85, S. 123

[7.03] Video
Digital ist Trumpf (I): Europäische Fernsehzukunft
darin
Programmkennung in der Datenzeile 16
Funkschau 1/1984, S. 45

[7.04] Gretlein M.
Videotext
Schlagzeilen aus dem Chip
Funkschau 7/1990, S. 51-53

[7.05] Lerch D.
Videotext
Die intelligente Lösung
Funkschau 25/1989, S. 54-55

[7.06] Huschke R., Sieben U.
Videotext-Decoder
Vom Fernseher zum Infoterminal
Funkschau 13/1989, S. 55-58

[7.07] Funkschau Arbeitsblätter
Videotext und Bildschirmtext
Teil 1: Funkschau 6/1988, F15/1, I-IV
Teil 2: Funkschau 7/1988, F15/2, I-IV
Teil 3: Funkschau 8/1988, F15/3, I-IV
Teil 4: Funkschau 9/1988, F15/4, I-III

[7.08] Dernedde-Jessen H.
Videotext
Videotext im Aufwind
Funkschau 22/1985, S. 54-57

[7.09] Gretlein M.
Videotext und Bildschirmtext
Funkschau 5/1981, S. 69-73

[7.10] Zwölfer U.
Videotext mit mehr Komfort
Elektronik 25/1990
Sonderdruck ITT Intermetall 6200-214-1D

[7.11] TPU 2735
Teletext Processor
ITT Semiconductors Edition, Feb. 22, 1990
ITT Internetall 6251-312-2E

[7.12] Otto H.-J.
Teletext international
Schau, was kommt von draußen rein
Funkschau 5/1992, S. 62-65

[7.13] Heller A.
VPS – Ein neues System
zur beitragsgesteuerten Programmaufzeichnung
Rundfunktechnische Mitteilungen 29 (1985), H. 4, S. 161-169

[7.14] Video-Programm-System (VPS)
Technische Richtlinien
ARD/ZDF Nr. 8 R2
IRT (Inst. für Rundfunk-Technik), 1984

[7.15] Mayer N.
Die Neue Fernsehtechnik
Franzis Verlag 1987

[7.16] Dambacher P., Henschke W.
Fernsehmeßtechnik mit Prüfzeilensignalen
Funkschau 1974, H. 8, S. 244-248

[7.17] Eitz G., Oberlies K.-U.
Videotext programmiert Videoheimgeräte (VPV)
Rundfunktechnische Mitteilungen 30 (1986), H. 5, S. 223-229

[7.18] Fernsehtext-Spezifikationen
Technische Richtlinien
ARD/ZDF Nr. 8 R4
IRt (Inst. für Rundfunk-Technik) 1986

[8.01] Grimm W., Reiss D., Seiler B., Teichmann W., Tippmann H.
Breitbandverteilnetze der Deutschen Bundespost
TTK (Taschenbuch Telekommunikation)
R. v. Decker's Verlag 1985

[8.02] Seiler B., Teichmann W.
Breitbandkommunikation (I): Kabelnetze
Kompendium 6 der „fernmelde-praxis"
Schiele & Schön 1986

[8.03] Seiler B.
Entwicklungsaktivitäten der DBP auf dem BK-Sektor (Teil I)
fernmelde-praxis 12/87, S. 453-527

[8.04] Hyperband
Eine unendliche Geschichte
Funkschau 5/1990, S. 52-55

[8.05] Krautkrämer W., Sauer K., Schlichthärle D., Knobling R.
Flexibles Systemkonzept zur Einführung von BK-Diensten im privaten Netzbereich
ntz 43 (1990), H. 12, S. 880-887

[8.06] Belegung in Breitbandkabelnetzen
Funkschau 5/1990, S. 54-55

[8.07] Betz M.
Mehr Bandbreite fürs Breitbandkabel
Funkschau 11/1987, S. 38-41

[8.08] Seiler B.
BK-Netze in modular-einheitlicher Technik
(Teil I) fernmelde-praxis 21/85, S. 799-818
(Teil II) fernmelde-praxis 23/85, S. 895-919

[8.09] Zimmermann R.
Kabelfernsehsysteme, ihre Technik und mögliche neue Nutzungsformen
ntz 36(1983) H.12 S.800-805

[8.10] Afsar E., Bauch H.
Kabelfernsehanlagen
Glasfaser für mehr Wirtschaftlichkeit
Funkschau 15/1989, S. 57-62

[8.11] Optischer Teilnehmeranschluß
Beitrag Funkausstellung Berlin 1991
Heinrich-Hertz-Institut für Nachrichtentechnik Berlin

[8.12] Hermes TH., Bünning H., Burmeister M., Großmann E., Hilbk U., Hoen B., Meißner P., Peters K., Raub F., Saniter J., Schmidt F., Westphal F.-J.
Kohärente Fernsehverteiltechnik
ntz 44 (1991), H. 1, S.14-20

[8.13] Spektrum
Passives optisches Teilnehmernetz in Amsterdam in Betrieb
ntz 44 (1991), H. 8, S. 570-572

[8.14] Sietmann
Glasfaser
Der optische Äther im Vormarsch
Funkschau 18/1991, S. 7 9-85

[8.15] Bauch H.
BIGFON – die Übertragungstechnik
telecom report 6 (1983), H. 2, S. 57-62

[8.16] Kummerow Th.
Bild- und Tonübertragung in Glasfaser-Breitband-Ortsnetzen
Teil 1: Systemkonzept
ntz 38 (1985), H. 3, S. 140-144

[8.17] Steigmeier H.
Lichtwellenleiter auf dem Vormarsch
telecom report 14 (1991), H. 5, S. 232-234

[8.18] Bünning H., Burmeister M., Dietrich E., Ehlers H., Meissner P., Saniter J., Teich G., Vathke J., Weich K.
A Bidirectional 1.5/1.3-μm Gbit/s Direct Detection System Overlayed by a Coherent 1.5-μm TV-Distribution System
Papers presented at E-FOC/LAN 91, the Ninth Annual European Fibre Optic Communications and Local Area Network Conference,
held June 19-21, 1991 at the Regent's College, London, UK

[8.19] Bachus E.-J., Strebel B., Foisel H.-M., Braun R.-P., Caspar Ch.
BB-Vermittlung in kohärenten Frequenzmultiplex-Glasfasernetzen
ntz 44 (1991), H. 1, S. 32-37

[8.20] Burkhardt R., Dierckx R., de Vitry J.
Entwicklungsfähige Lösung für die Lichtwellenleitertechnologie in der Teilnehmerschleife
Elektrisches Nachrichtenwesen, Bd. 64, Nr. 2/3, 1990, S. 250-259

[8.21] Sietmann R.
Optische Breitband-Übertragung
Ein Verstärker für alle Kanäle
1. Teil: Funkschau 18/1990, S. 52-55
2. Teil: Funkschau 19/1990, S. 101-102

[8.22] Gute Zukunftsaspekte für die optische Übertragungstechnik
ntz 44 (1991), H. 9, S. 647-648

[8.23] Optische Leistungsverstärker mit Erbiumdotierten Glasfasern
ntz 44 (1991), H. 2, S. 114

[8.24] Dietrich E., Eggemann R., Ehlers H.
Langer K.D., Teich G., Vathke J., Walf G., Weich K.
Hochratige optische Teilnehmeranschlußleitung
ntz 44 (1991), H. 2, S. 86-91

[8.25] Sietmann R.
Fibre to the Home
Das Rennen auf den letzten Metern
Funkschau 24/1990, S. 52-56

[8.26] Sietmann R.
Optische Verstärker
Quantensprünge in der Glasfaser
Funkschau 26/1991, S. 90-95

[8.27] Proebster W.
Tor für hochratige LWL-Übertragung geöffnet
Pilotprojekt Berlin V erprobt 2,5-Gbit/s-Digitalübertragung nach SDH-Standard
telecom report 14 (1991), H. 2, S. 88-91

[8.28] Glasfaserübertragung
Olympiareif mit 2,5 GBit/s
Funkschau 3/1991, S. 44-45

[8.29] Datenblatt (Preliminary)
EFA 6000
High-Power Erbium Optical Amplifier
British Telecom & DuPont
USE-0108-09-07-90
Sept. 1990

[8.30] Martin H.
Digitale Übertragung von Farbfernsehsignalen mit Stereo-Begleitton über ein Glasfaser-KTV-Netz
nachrichten elektronik 35 (1981), H. 8, S. 293-299

[8.31] Heidemann R.
Projekt Race 1051: Zukünftige (HD)TV-Verteilsysteme
ntz 45 (1992) H. 3, S. 182-187

[8.32] Weyland M., Roppelt E.
Breitbandkabelnetze
Glasfasertechnik auf dem Vormarsch
Funkschau 13/1992, S. 74-76

[9.01] Kriebel H.
Satelliten-TV-Handbuch
Franzis-Verlag 1988

[9.02] Pauli P., u.a.
TV-SAT
Fernseh- und Rundfunk-Satelliten-Empfang
expert verlag 1987

[9.03] Krieg B.
Satellitenfernsehen
Elektor Verlag 1987

[9.04] Dodel H., Schambeck W.
Handbuch der Satelliten-Direktempfangstechnik
Hüthig Verlag 1989

[9.05] Dodel H., Baumgart M.
Satellitensysteme für Kommunikation, Fernsehen und Rundfunk
Hüthig Verlag 1986

[9.06] Liesenkötter B.
12 GHz-Satellitenempfang
TV-Direktempfang für Praktiker
Hüthig Verlag 1986

[9.07] Boggel G.
Satellitenrundfunk
Hüthig Verlag 1985

[9.08] Kriebel H.
Rundfunksatelliten
Neue Chance für die Kraftpakete
Funkschau 6/1992, S. 76-79

[9.09] Sat.-Empfang im C-Band
Leckerbissen für Satellitenfreaks
Funkschau 5/1992, S. 66-67

[9.10] Sat-Empfang
Wellenjagd im C-Band
Funkschau 15/1990, S. 54

[9.11] Satelliten-Empfang
Satellitenprojekte bis 1995
Europas Satelliten 11 GHz (Ku-Band)
Europas Satelliten 12,5 GHz
Europas Satelliten 4 GHz (C-Band)
TELE-satellit 3/88, S. 31-34
TELE-audiovision Medien GmbH München

[9.12] Medien
TV-Programme über Satellit auf einen Blick
Funkschau 22/1991, S. 62-65

[9.13] Kriebel H.
Eutelsat
Die neue Generation
Funkschau 25/1991, S. 66-67

[9.14] Brandstätter R. Ephan N. Ilsanker A.
Astra-Flachantennen
Mehr als eine reine Design-Alternative
Funkschau 2/1992, S. 66-69

[9.15] Bathe P.
HDTV-Encoder
HD-Mac auf dem Siegerpodest
Funkschau 6/1992, S. 80-85

[9.16] Schaaf Ch., Tscheulin H.-J.
HD-Mac
Satelliten-TV undKabelfernsehen
Teil 1: Funkschau 19/1989, S. 63-65
Teil 2: Funkschau 20/1989, S. 73-75

[9.17] Dosch C.
D- und D2-MAC/Paket – Die Mitglieder der MAC-Fernsehstandardfamilie mit geschlossener Basisbanddarstellung
Rundfunktechnische Mitteilungen 29 (1985), H. 5, S. 229-246

[9.18] Kähler W.
Neue Fernsehnorm D2-MAC
ntz 38(1985,) H. 10, S. 720-721

[9.19] Tetzner K., Radke G.-L.
Satellitenfernsehen:
D2-Mac und die Folgen
Funkschau 18/1985, S. 59-63

[9.20] Zibold H., Huschke R.
MAC und das digitale Fernsehen
Sonderdruck aus Elektronik 18/1.Sept.1989
ITT Intermetall 6200-205-1D, Ausgabe 1989/10

[9.21] Dosch C.
C-MAC/Paket – Normvorschlag der Europäischen Rundfunkunion für den Satellitenrundfunk
Rundfunktechnische Mitteilungen 29 (1985), Nr. 1, S. 23-35

[9.22] Mäusl R.
repetitorium
Fernsehtechnik (IX)
9. MAC-Verfahren
Neues von Rohde & Schwarz
132 Winter 1990/91, S. 26-28
133 Frühjahr 1991, S. 31-32
134 Sommer 1991, S. 24-25

[9.23] Jungk K.
Sat-Hausverteilung
Wellencocktail in der Hausanlage
Funkschau 18/1990, S. 47-49

[9.24] Kaltenegger G.
Satelliten-Technik: Das Geheimnis des Scramblers
TELE-satellit 4-5/88, S. 78-82
TELE-audiovision Medien GmbH München

[9.25] Bock G.
Entschlüsseln von Pay-TV-Fernsehsignalen:
So funktioniert Scrambling
Funkschau 8/1985, S. 58-61

[9.26] Schepers Ch.
Eurocrypt
Der Schlüssel zum Scrambling-Problem?
Funkschau 5/1989 S.59-62

[9.27] Liesenkötter B.
12 GHz-Satellitenempfang
TV-Direktempfang für Praktiker
Hüthig-Verlag 1991

[10.01] Ziemer A., Matzel E.
TV-Ausstrahlungsnormen
Die neuen Wege des alten Pal
Funkschau 18/1989; S. 54-58

[10.02] Silverberg M.
Kompatible Bildqualitätsverbesserungen in einem Fernsehsystem nach Standard PAL
Dissertation Universität Dortmund
Lehrstuhl für Nachrichtentechnik; 1988

[10.03] Silverberg M.
Fernsehnormen
Das bessere Pal
Funkschau 1/1989, S. 46-50

[10.04] Ebener A.
Die Entwicklung des I-PAL-M Verfahrens und dessen Einbindung in das PAL Plus System
Rundfunktechnische Mitteilungen 34 (1990), H. 3, S. 110-125

[10.05] Fernsehen
Pal vor neuer Blüte
Funkschau 25/1988, S. 30-34

[10.06] Pal-Plus
Kompatibilität hat Vorrang
Funkschau 23/1990, S. 46-47

[10.07] Schmidt U., Köhne H.
Pal-Fernsehnorm
Adaptive Kammfilter verbessern Bildqualität
Funkschau 19/1991, S. 68-73

[10.08] Westerkamp D., Vreeswijk F.
Pal-Plus
Ein wichtiger Schritt zum 16:9-Breitbild
Funkschau 18/1991, S. 66-71

[10.09] Pal-Plus
Innovation fürs Fernsehen
Funkschau 12/91 Spezial, S. 38-40

[10.10] Ziemer A.
Mit EDTV auf dem kompatiblen Weg
Funkschau 2/1990, S. 36-41

[10.11] Ninomiya X., Ohtsuka Y., Izumi Y.
A single Channel Transmission System for HDTV Satellite Broadcasting: MUSE
Trans. IECE Vol. J68-D, No. 4, S. 647(1985),

[10.12] Boie W.
Fernsehsysteme mit verbesserter Bildqualität –
ein Vergleich zwischen MUSE und HDMAC
14. Jahrestagung der FKTG Kassel 1990

[10.13] Mica G.
TV-Satelliten
HDTV aus dem Orbit
Funkschau 11/1989, S. 40-46

[10.14] Deutrich J.
HDTV
Weiterentwicklung zum Fernsehen erhöhter Bildqualität in Europa
ntz Bd. 41 (1988), H. 7, S. 400-402

[10.15] Thiele M.
Fernsehsysteme
Step by Step zum neuen Fernsehen
Funkschau 1/1992, S. 37-39

[10.16] Schönfelder H.
HDTV
Probleme eines HDTV-Fernsehstudios
ntz 42 (1989), H. 9, S. 544-554

[10.17] Gendsior M., Wenger J., Witzany J.
HDMAC-Übertragung von Fernsehsignalen mit 140 Mbit/s
PKI Tech. Mitt. 1/1990, S. 77-84

[10.18] Gendsior M., Wenger J., Witzany J.
HD-MAC-Übertragung mit140 Mbit/s
ntz 42 (1989), H. 10, S. 638-647

[10.19] Gendsior M., Schmidt G., Wenger J.
HD-Mac
Signale auf der Glasfaser
Funkschau 1/1990, S. 51-55

[10.20] Grüneberg K., Hahn M., Höfker U., Klein H., Makai B., Schamel G., Stammnitz P., Zier D.
HDTV
Digitales HDTV-Experimentalsystem
ntz 42 (1989), H. 9, S. 556-563

[10.21] Mäusl R.
repetitorium
Fernsehtechnik ((VIII)
8. Hochzeilen-Fernsehen
Neues von Rohde & Schwarz 131, Herbst 1990, S. 17-19

[10.22] Euro-HDTV
Mit einem Kraftakt zum Erfolg, darin
– Das Projekt Eureka 95
– HDTV-Standards in der Diskussion
Funkschau 20/1988, S. 26

[10.23] Sandbank C., Moffat M.
High-Definition Television and Compatibility with Existing Standards Society of Motion Picture and Televion Engineers,Inc.
SMPT Journal, May 1983

[10.24] Wendland B.
High Definition Television
Entwicklungsalternativen für zukünftige Fernsehsysteme
Fernseh- und Kino-Technik 34 (1980), H. 2, S. 41-48

[10.25] Schönfelder H.
Fernsehtechnik
Möglichkeiten der Qualitätsverbesserung beim heutigen Fernsehsystem
Fernseh- und Kino-Technik 37 (1983), H. 5, S. 187-196

[10.26] Nishizawa T., Tanaka Y.
New approach to research and development of High-Definition Television
NHK (Nihon-Hoso-Kyokai)
Technical Monograph No.32, June 1982, S. 98-101

[10.27] Wendland B.
Entwicklungsalternativen für HDTV-Systeme
ntz Archiv 4 (1982), H. 10

[10.28] Clarke C.
High quality decoding for PAL inputs to digital YUV Studios
Proceedings of the 9th. International Broadcasting Convention
London 1982 (IEE Conf. Publ. 220)

[10.29] Windram M., Drury G.
Toward High Definition Television
12th. International Broadcasting Convention
London 1988

[10.30] Ziemer A.
Hochzeilen-Fernsehen (HDTV)
Fernseh- und Kino-Technik 41 (1987), H. 11, S. 506-508

[10.31] Teichner D.
PAL-Coder und -Decoder mit dreidimensionalen Filtertechniken
Fernseh- und Kino-Technik 42 (1988), H. 9, S. 403-422

[10.32] Müller-Römer F.
Künftige Fernsehsysteme
Fernseh- und Kino-Technik 43 (1989), H. 6, S. 286-294

Sachwortverzeichnis

GPSR Compliance

The European Union's (EU) General Product Safety Regulation (GPSR) is a set of rules that requires consumer products to be safe and our obligations to ensure this.

If you have any concerns about our products, you can contact us on ProductSafety@springernature.com

In case Publisher is established outside the EU, the EU authorized representative is:

Springer Nature Customer Service Center GmbH
Europaplatz 3
69115 Heidelberg, Germany

Batch number: 10577936

Printed by Printforce, the Netherlands